Ravikumar Kurup
Parameswara Achutha Kurup

Organizm izoprenoidalny, cholesterol i ewolucja człowieka

Ravikumar Kurup
Parameswara Achutha Kurup

Organizm izoprenoidalny, cholesterol i ewolucja człowieka

Wydawnictwo Bezkresy Wiedzy

Imprint
Any brand names and product names mentioned in this book are subject to trademark, brand or patent protection and are trademarks or registered trademarks of their respective holders. The use of brand names, product names, common names, trade names, product descriptions etc. even without a particular marking in this work is in no way to be construed to mean that such names may be regarded as unrestricted in respect of trademark and brand protection legislation and could thus be used by anyone.

Cover image: www.ingimage.com

This book is a translation from the original published under ISBN 978-620-0-43343-5.

Publisher:
Wydawnictwo Bezkresy Wiedzy
is a trademark of
Dodo Books Indian Ocean Ltd., member of the OmniScriptum S.R.L Publishing group
str. A.Russo 15, of. 61, Chisinau-2068, Republic of Moldova Europe
Printed at: see last page
ISBN: 978-620-0-81633-7

Organizm izoprenoidalny, cholesterol i ewolucja człowieka

RAVIKUMAR Kurup A. i Parameswara Achutha Kurup

Centrum Badań nad Zaburzeniami Metabolicznymi
TC 4/1525, Gouri Sadan, Kattu Road
Na północ od Cliff House, Kowdiar PO
Trivandrum, Kerala, Indie
Email: ravikurup13@yahoo.in

Spis treści

ROZDZIAŁ 1
ORGANIZM IZOPRENOIDALNY, CHOLESTEROL I EWOLUCJA CZŁOWIEKA

Neandertalczycy rozwinęli się przez archeologiczną endosymbiozę. Archaika może utleniać cholesterol i amoniak dla swojej energii. Pierwotny prymitywny organizm byłby organizmem izoprenoidalnym. Acetyl CoA może tworzyć się na powierzchniach aktynowych przez abiogenetyczne mechanizmy i generować związki izoprenoidalne, takie jak cholesterol i ubichinon. Utlenianie cholesterolu za pomocą katalizatora aktynowego może generować pirogronian będący konsekwencją utleniania pierścieniowego. Pirogronian przez transaminację może generować glutaminian, który może być odwodorniony do produkcji amoniaku. Utlenianie amoniaku może służyć energetyce archeologicznej. Amoniak może łączyć się z dwutlenkiem węgla w celu wytworzenia mocznika, który służy jako forma magazynowania amoniaku. Słoność krwi wskazuje na pochodzenie życia w wodzie, zwłaszcza słonawej wodzie z wód zacofanych. Słonawe wody jezior komunikujących się z morzem mogą generować molekuły organiczne. Jeziora przylegające do wulkanów mogą generować cykle mokro-suche, które mogą prowadzić do abiogenezy. Brackish jeziora przylegające do wulkanów można zobaczyć na starożytnym kontynencie lemuriańskim w Oceanie Indyjskim, którego częścią są półwysep Indie. Najbardziej prymitywnym protocellem byłaby kropla zdolna do podziału i replikacji. Stanowi to podstawę pierwszej membranowej teorii pochodzenia życia. Kropelki lipidowe utworzone z izoprenoidów byłyby prymitywną protokomórką lub organizmem izoprenoidalnym. Włączenie ubichinonu pozwoliłoby na prymitywny łańcuch transportu elektronów i syntezę ATP. Kropelki lipidowe to prymitywne organelle komórkowe widoczne w ludzkich komórkach. Kropla lipidowa służy jako locus do tworzenia nowej kropli i może rozmnażać się przez rozszczepienie. W ten sposób organelle kropli lipidowych są zdolne do samoreplikacji. Komórka powstaje jako układ symbiotyczny, mitochondria to riketsja, szkielet cytologiczny to spirochaeta, komórka okrywa archaea, peroksysom acinetobacter aceti, a jądro to wirus ospy. Organizmem izoprenoidalnym byłby pierwotny prymitywny protoarchaea. Archealna endosymbioza ostatecznie doprowadziła do ewolucji organizmu wielokomórkowego, naczelnych i homo neandertalczyków. Cząsteczka cholesterolu również odegrałaby rolę w przemianie homo neanderthalis w homo sapiens. Mutacje SLOS występują w ogólnej populacji homo sapiens w Kerali - jest to mutacja SLOS z udziałem 7DHCR. Indukcja mutacji SLOS prowadzi do zmniejszenia syntezy cholesterolu. Utlenianie cholesterolu jest wymagane w energetyce archeologicznej. Mutacja SLOS produkująca autyzm prowadzi do obniżenia syntezy cholesterolu i zmniejszenia ilości substratów dla energetyki archeologicznej. Wadliwa energetyka archeologiczna prowadzi do zmniejszenia gęstości archaików endosymbiotycznych i ewentualnego wyginięcia symbiotycznych gatunków homo neandertalczyków. Gatunek homo neandertalczyk o zmniejszonym zagęszczeniu endosymbiotycznym staje się gatunkiem homo sapiens.

Partenogeneza somatyczna zachodzi w wyniku przekształcenia komórki somatycznej w pluripotencjalną komórkę macierzystą, która może rozwinąć się w zarodki partenogenetyczne. Wynika to z hybrydyzacji dwóch różnych gatunków homo neanderthalis i homo sapiens. Ta międzygatunkowa hybrydyzacja powoduje konflikt wewnątrzgatunkowy i partenogenezę. Partenogeneza może być wywołana przez stres związany ze zmianami klimatycznymi oraz przez endosymbiotyczne archaiki i wiroidy RNA. Konflikt wewnątrzgatunkowy będący konsekwencją hybrydyzacji międzygatunkowej prowadzi do upodmiotowienia tryptofanowych szlaków katabolicznych i zwiększa ilość kynureniny, immunosupresji i ucieczki immunologicznej zarodków partenogenetycznych. Hybrydyzacja międzygatunkowa i konflikt wewnątrzgatunkowy skutkuje ekspresją genów reptilianu i syntezą digoksyny. Digoksyna produkowana przez archaiki endosymbiotyczne prowadzi do zwiększonego transportu tryptofanu i katabolizmu nad tyrozyną. Zwiększony katabolizm kynureniny u neandertalczyków powoduje ucieczkę immunologiczną i wzrost endosymbiotyczny w archawach. Endosymbiotyczny wzrost neandertalczyków powoduje neandertalizację gatunku. Neandertalizacja gatunku i hybrydyzacja międzygatunkowa oraz konflikty wewnątrzgatunkowe skutkują porfiriami i zwiększoną percepcją EMF na niskim poziomie za pośrednictwem porfirii, zanikiem korowym i dominacją móżdżku. Wywołuje to móżdżkowe zaburzenia poznawcze afektywne z cechami autystycznymi, impulsywnością, agresywnością, pożądaniem władzy, zwiększonym popędem seksualnym, alternatywną seksualnością, przestępczością, cechami kanibalistycznymi i anarchicznymi obyczajami społecznymi. Gatunki neandertalczyków dzięki endosymbiotycznemu wzrostowi archeologicznemu i transformacji komórek macierzystych miały aseksualny tryb rozmnażania z partenogenezą. Skutkuje to dominacją samic, zespołem amazońskim, kulturą męskich eunuchów i matriarchią. Hybrydyzacja międzygatunkowa i konflikt wewnątrzgatunkowy skutkuje fenotypem SLOS z obniżoną syntezą cholesterolu. Powoduje to zmniejszenie syntezy hormonów płciowych, co prowadzi do aseksualności i naprzemiennej seksualności. Neandertalczycy byli matriarchalnymi i czczą matkę boginię.

Ekspresja genów reptilianów i fenotyp SLOS powodują powstawanie cech serpentynowych. Geny dla prymitywnego kompleksu mózgu reptilianów wyrażają się agresją, przemocą, impulsywnością, kanibalizmem, anarchią, niemoralnością, żądzą władzy i dominacji. Fenotyp SLOS powoduje rozwój cech prymitywnych, takich jak rozwój ogona lub cauda, rozszczepu podbródka, widocznych cienkich długich zębów i kłów, piegów, łusek w skórze i syndaktycznie lub taśmowo. Synteza digoksyny i zmniejszenie transportu tyrozyny powoduje zmniejszenie syntezy dopaminy i melaniny, przyczyniając się do powstania plemienia białych bogów anarchicznych. Ekspresja genów reptilianów i synteza digoksyny prowadzi do nadpobudliwości współczulnej i zdolności do regulowania temperatury ciała w zależności od temperatury otoczenia, co powoduje zimną krew. Archaika indukuje fruktolizę i fruktozemię dzięki indukcji reduktazy aldozowej, co prowadzi do zwiększonej syntezy lipidów i mukopolisacharydów oraz zespołu hibernacji, przyczyniając się do otyłości i zwiększenia ilości tkanki tłuszczowej podskórnej, jak u gadów. Ewolucja żebra szyjki macicy, wierzchołka wdowy w brwiach okulistycznych i wydatnego drugiego palca u stóp spowodowana jest wzrostem cech recesywnych wynikających z chowu wsobnego. Hodowla wsobna jest wynikiem fenotypu autystycznego oraz zmniejszonego kontaktu społecznego i społecznego wycofywania się. Ten autystyczny fenotyp z chowem wsobnym i partenogenezą prowadzi do zmniejszenia różnorodności genetycznej i wyginięcia neandertalczyków. Neandertalczycy mają zwiększoną podskórną tkankę tłuszczową, łuszczącą się skórę, co jest częściowo spowodowane albinizmem i ekspozycją na promieniowanie UV, a także syntetycznym defektem cholesterolu, zwiększonym wydzielaniem soli przez ekrynowe gruczoły potowe oraz dominującym szlakiem tryptofanowym i syntezą serotoniny wytwarzającej szyszynkę lub trzecie oko. Wzmożony katabolizm tryptofanowy wywołuje epidemiczny zespół oshtorana. Neandertalizacja prowadzi do powstania epidemicznego zespołu anarchicznego. Neandertalizacja wywołuje również zespół męskiego eunucha i matrilinealizmu. Neandertalczycy byli w większości przypadków partenogenetyczni. Mózgowe zaburzenie poznawcze afektywne i aktynoidalny archaiczny magnetyt i porfirion indukowane postrzeganiem kwantowym skutkowały równością i uniwersalnością. Prymitywne plemiona neandertalczyków są reprezentowane przez Sasów, Saków, Basków, Etrusków, Drawidów, Celtów i Berberów. Najbardziej dominującym plemieniem Neandertalczyków są Anglosasi, którzy stworzyli równe społeczeństwo z uniwersalną kulturą amerykańską, uniwersalnym językiem angielskim, uniwersalnym systemem monetarnym reprezentowanym przez dolara oraz zjednoczeniem wszystkich grup etnicznych w amerykańskim marzeniu o tolerancji i inkluzywności. Neandertalczycy mieli cechy węży, a kultury neandertalskie na całym świecie są reprezentowane przez kult węży, co widać na przykładzie Sumerii, Drawidiuszów z południowych Indii, Toma z Egiptu i Meksyku. Plemiona Naga i Naga lore z południowych Indii reprezentują kulturę neandertalską. Współczesna wersja kultów węży widoczna jest w symbolu zawodu lekarza, przedstawieniu dolara oraz w wolnym murze. Wolne murarstwo anglosaskie obejmuje wszystkie religie i jest pierwszą uniwersalną religią i jest neandertalskie. Populacje neandertalczyków były reprezentowane przez poszczególne grupy krwi, uniwersalny dawca O Rh -ve i AB Rh -ve, uniwersalny odbiorca.

Małpa wodna ewoluowała od małp bonobo do homo neandertalczyków w słonawych wodach tylnych półwyspu Indyjskiego. Neandertalczycy wyewoluowali przez archeologiczną endosymbiozę. Archaiki mogą utleniać cholesterol i amoniak dla swojej energii. Archaiki wyewoluowały w komorach hydrotermicznych w oceanie, a amoniak powstał z azotu z siarczkiem żelaza jako katalizatorem. Ciekły amoniak może zastąpić wodę jako rozpuszczalnik życia. W wyniku amidowania mogą powstawać amidy, które mogą tworzyć polipeptydy. Ciekły amoniak może zastąpić wodę w DNA i RNA. Prymitywne archaiki uzyskują energię poprzez utlenianie amoniaku. Pochodzenie życia na innych planetach i galaktykach również wykorzystywałoby amoniak jako rozpuszczalnik. Pierwotny prymitywny organizm byłby organizmem izoprenoidalnym. Acetyl CoA może tworzyć się na powierzchniach aktynowych przez mechanizmy abiogenetyczne i generować związki izoprenoidalne, takie jak cholesterol i ubichinon. Utlenianie cholesterolu za pomocą katalizatora aktynowego może generować pirogronian będący konsekwencją utleniania pierścieniowego. Pirogronian przez transaminację może generować glutaminian, który może być odwodorniony do produkcji amoniaku. Utlenianie amoniaku może służyć energetyce archeologicznej. Amoniak może łączyć się z dwutlenkiem węgla w celu wytworzenia mocznika, który służy jako forma magazynowania amoniaku. Synteza mocznika została wykazana w mózgu neandertalskim i do pewnego stopnia w mózgu homo sapien i jest związana z zaburzeniami neurodegeneracyjnymi. Słoność krwi wskazuje na pochodzenie życia w wodzie, zwłaszcza w wodzie słonawej z wód zacofanych. Słonawe wody jezior komunikujących się z morzem mogą generować cząsteczki organiczne. Jeziora przylegające do wulkanów mogą generować cykle mokro-suche, które mogą prowadzić do abiogenezy. Brackish jeziora przylegające do wulkanów można zobaczyć na starożytnym kontynencie lemuriańskim w Oceanie Indyjskim, którego częścią są półwysep Indie. Najbardziej prymitywnym protocellem byłaby kropla zdolna do podziału i replikacji. Stanowi to podstawę pierwszej membranowej teorii pochodzenia życia. Kropelki lipidowe utworzone z izoprenoidów byłyby prymitywną protokomórką lub organizmem izoprenoidalnym. Włączenie ubichinonu pozwoliłoby na prymitywny łańcuch transportu elektronów i syntezę ATP. Kropelki lipidowe to prymitywne organelle komórkowe widoczne w ludzkich komórkach. Kropelki lipidowe składają się z rdzenia z cholesterolu i triacyloglicerolu i są otoczone monowarstwą fosfolipidową warstwą. Różne fosfolipidy w kropli lipidowej to fosfatydylocholina, fosfatydyloetanoloamina i fosfatydylo inozytol. Powierzchnia kropli lipidowej jest ozdobiona białkami regulującymi metabolizm lipidów. Białka w kropli lipidowej nazywane są perilipiną 1-5. Z kropelkami lipidowymi związane są białka takie jak jaskółki i starożytne, wszechobecne białko 1 AUP 1. Kropla lipidowa służy jako locus do tworzenia się nowej kropli i może się rozmnażać przez rozszczepienie. W ten sposób organelle kropli lipidowych są zdolne do samoreplikacji. Komórka powstaje jako układ symbiotyczny, mitochondria to riketsja, szkielet cytologiczny to spirochaeta, komórka okrywa archaea, peroksysom acinetobacter aceti, a jądro to wirus ospy. Organizmem izoprenoidalnym byłby pierwotny prymitywny protoarchaea. Cholesterol zostałby utleniony do produkcji pirogronianu i amoniaku. Utlenianie amoniaku zapewniłoby energetykę archaicznej kropli lipidów. Ubichinon służyłby do celów prymitywnego łańcucha transportu elektronów.

Organelle kropli lipidowych mogą oddziaływać na lizosomy, mitochondria, jądro i siateczkę endoplazmatyczną. Kropla lipidowa składa się z lipidów obojętnych, trójglicerydów i estrów sterylowych w siatkówce endoplazmatycznej. Kropla lipidowa jest organelą komórkową. Kropelki lipidowe zawierają również białka i są pęcherzykami składowymi zapobiegającymi ich degradacji. Kropelki lipidowe mogą wchodzić w interakcje z porfirynami, o czym świadczy farnezylacja hemu. W wyniku izoprenylacji porfiryny mogą zostać włączone do kropli lipidowych. Porfjrion może mieć funkcję łańcucha transportu elektronów. Porfjrion może służyć jako wzorzec do tworzenia RNA i DNA. W ten sposób kompleksy porfirów z kropelkami lipidów służyłyby jako wydajne protocele, które ewoluowały w eukarioty, prokarioty i archaiki. Kropelki lipidów są pobierane przez takie bakterie jak Chlamydia, które tworzą inkluzje bakteryjne. Kompleksy porfirów z kropelkami lipidowymi mogą również prowadzić do ewolucji RNA i wirusów DNA. Kropelki lipidowe służą jako organelle komórkowe do replikacji wirusów, co zostało udowodnione przez wirusa HCV. Lipidowe kropelki służą jako organelle komórkowe do replikacji wirusów, co zostało udowodnione przez wirusa HCV i wirusa dengi. Kropla lipidowa byłaby pierwotną, prymitywną kroplą lipidową, która po pokryciu skóry porfirami generowałaby sekwencje RNA i DNA, a także polipeptydy tworzące bardziej złożone archaiki. Kompleksy porfirów w postaci kropli lipidowych służyłyby do abiogenetycznej replikacji archetypów z porfirami służącymi jako wzorce. Lipidowe kompleksy porfirów w kroplach służą do generowania nowych wirusów RNA i DNA, które mogą być zintegrowane z ludzkim genomem lub przechowywane w organelle kropli lipidowych. Lipidowa kropelka organelle służy do replikacji wirusów i rozprzestrzenia się poprzez działanie jako platforma do tego celu. Kropelki lipidowe biorą udział w montażu kapsli wirusowych. Kropla lipidowa może również służyć jako platforma do gromadzenia się archai i bakterii takich jak chalamydia. Kropla lipidowa może oddziaływać na mitochondria wytwarzając indukcję białek rozpraszających (UCP) i rozpraszających łańcuch transportu elektronów. Kwasy tłuszczowe mogą stymulować białka UCP. Zostało to wykazane w mitochondriach tłuszczu brunatnego. Kropla lipidowa zawiera kwasy tłuszczowe, ubichinon, który może rozdzielić fosforylację oksydacyjną i modulować funkcję mitochondriów. Indukcja kropli lipidowych białek UCP hamuje fosforylację oksydacyjną mitochondriów i aktywuje glikolizę wytwarzając fenotyp Warburga. Kropla lipidowa kojarzy się z mitochondriami i chroni je przed autofagią i mitofagią. Kropelki lipidowe chronią mitochondria przed uszkodzeniem, gromadząc się wokół nich. Istnieje związek między kroplą lipidową a mitochondrami, a połączenie kropli lipidowej z mitochondrami jest ważne dla beta-utleniaczy kwasów tłuszczowych. Kropla lipidowa jest również związana z peroksyzmem modulującym syntezę cholesterolu i kwasów tłuszczowych. Aktywacja kropli lipidowych AMPK hamuje syntezę cholesterolu i kwasów tłuszczowych. Kropelki lipidowe zawierają glicerol diacylowy (DAG), acyl CoA kwasu tłuszczowego i ceramid. Mogą one wytwarzać insulinooporność. Kropelki lipidowe związane są z syntezą glicerolu acylowo-tłuszczowego, desaturacją stearylu CoA i SREBP. Kropelki lipidowe dominują w komórkach macierzystych, komórkach nowotworowych i komórkach zarodkowych i indukują ich powstawanie. Kropelki lipidowe są widoczne w komórkach nowotworowych i prowadzą do oporności na raka oraz chemioterapii. Kropelki lipidowe są związane z białkami histonowymi. Białka histonowe w połączeniu z DNA czynią je toksycznymi. Kropelki lipidowe magazynują białka histonowe i uwalniają je, gdy są potrzebne do tworzenia chromatyny. Kropelki lipidowe biorą zatem udział w acetylacji i deacetylacji histonu przez enzymy HDAC i HAT. Kropelki lipidowe regulują w ten sposób ekspresję genów. Kropelki lipidowe są widoczne w powiązaniu z jądrem i jądrem. Kropelki lipidowe są postrzegane jako platforma do wiązania i degradacji białek. Kropelki lipidowe biorą udział w handlu błonami, dokowaniu pęcherzykowym, endocytozie i egzocytozie.

Kropelki lipidowe są związane z siateczką endoplazmatyczną. Pomiędzy siateczką endoplazmatyczną a kroplami lipidowymi istnieją mosty, które umożliwiają transport białek pomiędzy tymi dwoma organelami. Są one zaangażowane w reakcję na stres ER i degradację białek wspomaganą ER. Degradacja białek związana z ER zależy od kropli lipidowych, zwłaszcza w przypadku białek syntetyzujących cholesterol reduktazy HMG CoA i apo B 100. Stres ER powoduje nieprawidłową reakcję białek i reguluje ich budowę, strukturę i funkcję. W ten sposób kropla lipidowa może modulować budowę i funkcjonowanie białek. Kropla lipidowa bierze udział w tworzeniu białek prionowych. Priony biorą udział w degeneracji neuronów i nowotworach. Kropelki lipidowe biorą udział w rozwijaniu odpowiedzi białkowej związanej ze stresem ER. Kropla lipidowa jest również związana z lizosomem modulującym degradację źle rozłożonych białek. W ten sposób kropla lipidowa moduluje strukturę i funkcje białek oraz wytwarzanie białek prionowych. Kropelki lipidowe są oryginalnymi protokomórkami, a białka prionowe stanowią kolejną grupę prymitywnych organizmów. Kropelki lipidowe są widoczne w pierwotnych komórkach zarodkowych i komórkach partenogenetycznych i mogą indukować partenogenezę. Kropla lipidowa doprowadziła do ewolucji archaiki w wodach słonawych, jak również do ostatecznej ewolucji homo neandertalis. Kropla lipidowa organelle w homo neanderthalis indukuje powstawanie komórek zarodkowych i macierzystych oraz partenogenezę i rozmnażanie bezpłciowe przyczyniając się do matriarchii w homo neanderthalis. Lipidowa kropelka organelle jest ewolucyjnie pierwotną protokomórką i prymitywną archaiką i stanowi podstawę endosymbiozy i neandertalizacji. Archaiki wiążą się z receptorem mytacyjnym, powodując dysfunkcję mitochondriów i hamując cykl TCA oraz wynikającą z tego aktywację szlaku glikolitycznego dla energetyki. Wytwarza to metaboliczny fenotyp Warburga w homo neandertalis. Homo neandertalis jest uzależniony od utleniania organizmu ketonowego w celu zaspokojenia jego potrzeb energetycznych i utrzymuje się na diecie ketogenicznej. Spożywanie diety ketogenicznej powoduje katabolizm aminokwasów i wytwarzanie amoniaku, który może być utleniony przez archaika dla jego potrzeb energetycznych. Amoniak może łączyć się z dwutlenkiem węgla produkującym mocznik, na który może oddziaływać ureaza archeologiczna generująca amoniak ponownie. Mocznik może hamować funkcje mitochondriów i produkować modulację białek poprzez karbomylowanie. Może więc wpływać na metabolonom. Zahamowanie cyklu TCA kieruje acetyl CoA do szlaku mewalonianu syntetyzującego cholesterol, który może być utleniony przez archaika dla jego potrzeb energetycznych. Utlenianie pierścienia cholesterolowego generuje pirogronian, który jest aktywowany przez SGPT generujący glutaminian, który jest katabolizowany przez dehydrogenazę glutaminianu generującą amoniak. Amoniak może być utleniany przez archaiki ze względu na swoją energetykę. Amoniak może być również przetwarzany na mocznik w cyklu mocznikowym do przechowywania amoniaku. Karbomylowanie białek za pośrednictwem mocznika prowadzi do dysfunkcji komórek somatycznych i wynikającego z tego przejęcia ludzkich komórek przez endosymbiotyczne archaiki produkujące zespół zombie z maszynerią komórkową przejętą do syntezy i utleniania cholesterolu, jak również do tworzenia i utleniania amoniaku, który służy archeologicznej energetyce. Mocznik służy jako substrat do przechowywania amoniaku. Małpa wodna ewoluowała w słonawych wodach zacofanych półwyspu indyjskiego i Kerali. Małpa wodna wyewoluowała z małp bonobo i ostatecznie rozwinęła się w homo neandertalczyka. Homo neanderthalis i małpa wodna miały wodnisty dom słonawej wody, a mocznik służył jako podłoże do zrównoważenia zawartości soli w płynach ustrojowych z wysoką zawartością soli w słonawej wodzie. Małpa wodna i homo neandertalczyk żywiły się rybami, małżami, krabami, a także bulwami roślin wodnych i nawyki te nie wymagały silnych samców i były wykonywane głównie przez samice. Archeologiczny katabolizm cholesterolowy powodował u małp wodnych niski poziom hormonów płciowych, a homo neandertalczyk wytworzył fenotyp bezpłciowy z naprzemiennymi zachowaniami płciowymi. Ta kolonia fenotypów bezpłciowych była matriarchalna i dominująca płciowo, a w jej skład wchodziły głównie grupy posłusznych eunuchów płci męskiej. Wysoka zawartość soli w organizmie spowodowana życiem w słonawych wodach posłużyła do wywołania u dominującej samicy partenogenezy. Synteza mocznika z amoniaku była również istotna w indukcji procesu partenogenezy. Mocznik może indukować rozwój żeńskich komórek płci żeńskiej do rozwoju zarodków partenogenetycznych. Mocznik może sprzyjać transformacji, jak również zachowaniu komórek macierzystych i zarodkowych. Endosymbiotyczne archaiki mogą powodować transformację komórek zarodkowych, jak również transformację komórek macierzystych i indukować partenogenezę. Partenogeneza byłaby dominującą formą rozmnażania u małp wodnych i homo neandertalczyków.

Synteza mocznika może występować w wątrobie, skórze i mózgu homo neandertalczyka oraz w pewnym stopniu w homo sapiens. Mózg homo neandertalczyka ewoluował w wyniku endosymbiotycznej endosymbiozy magnetotaktycznej. Archaiki magnetotaktyczne i porfiryny mogą wytwarzać zwiększoną absorpcję niskich poziomów EMF, powodując zanik korowy i dominację móżdżku. Wytwarza to móżdżkowe zaburzenie poznawcze afektywne homo neandertalicznego fenotypu mózgu z jego impulsywnym zachowaniem, wycofaniem społecznym, kreatywnością i autystycznymi, jak również schizofrenicznymi fenotypami. Endosymbiotyczne archaiki wykorzystują amoniak jako substrat energetyczny, a amoniak jest przechowywany w cząsteczce mocznika do wykorzystania w miarę potrzeb. Synteza mocznika w mózgu homo neandertalczyka jest pod tym względem znacząca i służy do celów endosymbiotycznej energetyki archaea. Mózg homo neandertaliczny może być uważany za kwantową, obliczeniową kolonię magnetotaktyczną. Komórki i obwody neuronalne homo neandertalczyka są przekształcane w obwody zombie przez karbomylowanie neuronów i białek synaptycznych przez mocznik mózgu. Tak więc synteza mocznika w mózgu ma ogromne znaczenie dla funkcjonowania magnetotaktycznej kolonii archeologicznej zdominowanej przez mózg homo neandertalczyków. Synteza mocznika ma również duże znaczenie w adaptacji małpy wodnej i homo neandertalczyków do słonych wód słonawych w Kerali oraz w utrzymaniu równowagi między zawartością sodu w płynach ustrojowych a słoną wodą słoną. Cząsteczka mocznika jest również ważna w generowaniu i konserwacji komórek macierzystych i komórek zarodkowych, a także w ich indukcji partenogenetycznej niezbędnej do tworzenia zarodków przez rozmnażanie bezpłciowe. Tak więc utlenianie amoniaku i synteza mocznika jest kluczowa w endosymbiotycznej energetyce archeologicznej, która ożywia rusztowanie zombie neandertalskiego ciała i mózgu, utrzymanie sieci magnetotaktycznych kolonii archeologicznych, które funkcjonują jako siła sterująca w neandertalskim mózgu zombie oraz w generowaniu komórek macierzystych i zarodkowych, a także w indukcji partenogenezy. Kropelka lipidowa syntetyzuje anandamid jako agonista receptora kanabinoidowego. N arachidonoilofosfatydyloetanoloamina (NAPE) jest aktywowana przez fosfolipazę C i D do produkcji fosfoanandaminy, która jest aktywowana przez fosfatazy (fosfatazy białkowej tyrozyny) do produkcji anandaminy. Anandamid może wpływać na neurotransmisję w mózgu i odgrywać rolę regulacyjną w mózgu. Może modulować neurotransmisję mózgu. Anandamid może hamować transmisję glutamatergiczną, gabergiczną, glicynergiczną, cholinergiczną, noradrenergiczną i serotoninergiczną. Anandamid jest kannabinoidem i może wytwarzać senny stan halucynacji charakterystyczny dla zachowań neandertalistycznych.

Archeologiczny peptydoglikan błony śluzowej i lipopolisacharyd mogą indukować powstawanie kropel lipidowych. Kropelki lipidowe nazywane są również ciałami lipidowymi, ciałami oleistymi i adiposomami i stanowią specyficzny zestaw organelli komórkowych. Jest on niezbędny do przechowywania i hydrolizy neutralnych lipidów i jest widoczny w tkankach tłuszczowych. Jest rezerwuarem cholesterolu i gliceryny acylowej do tworzenia błon. Białka są wykrywane w kropli lipidowej i są dynamicznymi organelami uczestniczącymi w regulacji metabolizmu lipidów i ich magazynowania. Kropelki lipidowe są miejscem syntezy i metabolizmu eikozanoidów i biorą udział w reakcji zapalnej. Kropelka lipidowa hamuje układ odpornościowy komórki. Zmienia on komórkowy układ odpornościowy na typ TH 2. Kropelki lipidowe hamują wydzielanie makrofagów TNF alfa. Tłumi proliferację limfocytów typu IL 2. Hamuje cytotoksyczne limfocyty T i komórki NK. Hamuje system przetwarzania antygenów makrofagów. Kropelki lipidów hamują układ odpornościowy i mogą modulować patogenezę chorób autoimmunologicznych. Kropelki lipidowe są ważne w regulacji układu odpornościowego. Anandamid w postaci kropli lipidowych może indukować AMPK, który może stymulować szlaki kataboliczne i blokować szlaki anaboliczne. AMPK w postaci kropli lipidowych może aktywować utlenianie aminokwasów i kwasów tłuszczowych oraz hamować syntezę białek. Aktywacja AMPK w postaci kropli lipidowych i anandamidu może zwiększyć komórkowy NAD wytwarzając sygnalizację sirtuinową i aktywność deacetylazy histonowej. Może to prowadzić do wydłużenia życia neandertalczyków. W ten sposób organelle kropli lipidowych mogą regulować układ endokrynny, szlaki metaboliczne, funkcje i strukturę białka, funkcje i strukturę jądra, odpowiedź immunologiczną, funkcje mitochondrialne i długowieczność jednostki. Lipidowa kropelka organelle jest najbardziej prymitywnym symbiotycznym organelle komórki i może modulować wszystkie aspekty funkcji komórki i produkować neuro-immuno-endokrynogenetyczno-metaboliczne integracji.

Fenotyp neandertalczyka daje wskazówki co do pochodzenia człowieka. Plemiona Naga w południowych Indiach były hipotezowane, że pochodzą ze starożytnej lemuryjskiej masy ziemskiej, która została rozbita przez tsunami i trzęsienia ziemi. Pozostałości fenotypu neandertalskiego można zobaczyć u australijskich aborygenów, nowozelandzkich Maorysów, Dravidiańskich Tamilów i Nairów. Społeczeństwa te są w przeważającej mierze matriarchalnymi i wężowymi wyznaniami. Homo neandertalczyk być może powstawał w Lemuriański oceanowy masa wspierać the teoria the wodny małpa początek ludzie. Przyjęta teoria o pochodzeniu człowieka postuluje pochodzenie człowieka od naczelnych na afrykańskich sawannach. Kilka punktów daje wskazówkę co do pochodzenia gatunku ludzkiego z wody. Zachowanie neandertalczyków można porównać do zachowania małp bonobo lub lemurów widzianych na starożytnym kontynencie lemuriańskim. Homo neandertalczyk pochodziłby od małp bonobowatych w zacofanych wodach Lemurii komunikujących się z morzem. Małpy bonobo z powodu braku pokarmu zaczęłyby żerować w zacofanych wodach i w morzu na ryby i bulwy lilii wodnych. Ryby te zawierają niezbędne kwasy tłuszczowe, takie jak kwas dokoza heksaenowy, a bulwy zawierają dużo węglowodanów. Mózg jest uzależniony wyłącznie od węglowodanów i ciał ketonowych dla energii. Niezbędne kwasy tłuszczowe zwiększają wzrost mózgu. Wzrost mózgu u ludzi nazywa się encefalizacja, która jest bardziej niż u naczelnych i jest odpowiednikiem ssaków morskich, takich jak delfiny i wieloryby. Małpy bonobo wlatywały do wody i stały w wodzie generując zjawiska dwunożności. Uwolniłoby to ich ręce do łowienia ryb i łamania skorupiaków w celu wytworzenia pożywienia. Uwolniłoby to również ręce do zbierania i zjadania bulw roślin wodnych. Gatunkom ludzkim, w przeciwieństwie do naczelnych, brakuje włosów, ale podobnie jak ssakom wodnym. Gatunki ludzkie mają zwiększoną zawartość tłuszczu podskórnego, podobnie jak ssaki wodne i w przeciwieństwie do ssaków naczelnych. Ludzie mają ekrynowe gruczoły potowe i gruczoły łzawiące przydatne w środowisku wodnym. Tchawica ludzka jest umieszczona w dolnej części szyi, w przeciwieństwie do tchawicy u ssaków naczelnych, gdzie jest bardziej nosowa. Język ludzki wskazuje na wodne pochodzenie dla gatunku ludzkiego. Aby język ludzki mógł się rozwijać, musisz świadomie kontrolować swój oddech, który nie istnieje u ssaków naczelnych, ale u ludzi i ssaków wodnych. Ludzie mają odruch nurkowy. Gładka skóra z nielicznymi włosami i grubym tłuszczem podskórnym jako izolacja wskazuje na wodne pochodzenie dla ludzi takich jak wieloryby i delfiny wodne. Również nogi i ręce z pajęczyną wskazują na pochodzenie wodne. Gruczoły łojowe z ich tłustą wydzieliną wskazują na wodoszczelność u ludzi i pochodzenia wodnego. Homo neanderthalis w odróżnieniu od homo sapiens jest raczej typem pływania w wodzie. Homo neanderthalis miał dłuższe płuca i zwiększoną pojemność oddechową, co pomagało mu nurkować w wodzie i pływać w niej. Homo neanderthalis ze względu na swój fenotyp SLOS i albinizm miał niedobór witaminy D. Witamina D jest syntetyzowana z cholesterolu. Homo neandertalczyk był cienki w porównaniu z homo sapiens bogatym w witaminę D. Długie płuca i cienka kość pomagały homo neandertalczykom unosić się w wodzie. Pochodzenie zatok przynosowych polegało na tym, że gatunek ludzki trzymał głowę nad wodą. Zachowania seksualne człowieka są jak u ssaków wodnych i w przeciwieństwie do ssaków naczelnych z przednią częścią populacji. Wszystkie te różnice wskazują na wodne pochodzenie człowieka lub hipotezę o wodnym pochodzeniu małpy. Homo neandertalczyk pochodzi od małp bonobo Lemuriańskich, które wlatywały do wody w poszukiwaniu pożywienia. Zachowania seksualne i rozwiązłość małp bonobo oraz alternatywna seksualność są porównywalne z homo neanderthalis. Homo neanderthalis powstaje w wyniku archeologicznej endosymbiozy. Wody oceanu i rozlewisk są bogate w morskie archaiki, które są zdolne do acetogenezy i metanogenezy. Wody zacofane i morze półwyspu południowoazjatyckiego są bogate w aktynowce, bathyarchaeota. Są one zdolne do acetogenezy i są źródłem węgla organicznego. Aktynowce tworzyłyby rusztowania do tworzenia złożonych cząsteczek życia, takich jak RNA, DNA, białko, izoprenoidy i złożone węglowodany. To produkowałoby wiroidy RNA, wiroidy DNA, izoprenoidalne organizmy i priony na aktynowskich powierzchniach, które miałyby symbiozę do tworzenia archaicznych i ewentualnie wielokomórkowych organizmów. Organizmy wielokomórkowe powstające na abiogenetycznych powierzchniach aktynidalnych w połączeniach wsteczno-oceanicznych widzianych w południowych Indiach półwyspu, które oderwały się od lądu lemuryjskiego, wyewoluowałyby w eukarioty, prokarioty, wielokomórkowe organizmy i symbiotyczne rośliny/zwierzęta. Małpy bonobo lemuryjskie wyewoluowałyby w homo neandertalis na skutek archaicznej endosymbiozy na aktynowych wybrzeżach zacofanych, jeziorach i oceanach półwyspu indyjskiego. Resztki homo neanderthalis widziane są u australijskich aborygenów, Maorysów i Dravidian, którzy są matriarchalnymi i wężowymi czcicielami. Wodna małpa i homo neandertalczyk ewoluowałyby w aktynowskich piaszczystych brzegach zacofanych wód i jeziorach Lemurii i półwyspu Indyjskiego. Społeczności Dravidian są matriarchalne i żeńskie dominujące. Tam być wysoki stopień consanguinity i inbreeding w Dravidian matrilineal społeczność. Parthenogeneza był dominująca w takich społecznościach z matriarchicznymi zespołami produkującymi męskie eunuchy i oshtoran syndromy. Homo neanderthalis jadł dietę mięsożerną. Zęby były dłuższe w porównaniu z homo sapiens, a kły wyraźniejsze niż kły węży. Krowy i byki były udomowione przez homo neandertalczyków, którzy pierwotnie byli myśliwymi i wojownikami polującymi na mamuty. Udomowienie krów i byków powodowało wysokie spożycie mleka i mięsa, w tym wołowiny. Doprowadziło to do wykształcenia się dorosłej populacji odpornej na laktozę. Gen tolerancji na laktozę powstał 12 000 lat temu. Związek pomiędzy krowami a neandertalczykami można określić jako pasożytniczą symbiozę obligatoryjną. Pochodzenie kultu krów i byków w półwyspie indyjskim może być z nim powiązane. Zwiększone spożycie mięsożernego mleka i mięsa powodowało zwiększone spożycie tryptofanów i katabolizm, generując więcej kynurenin produkujących immunosupresję i ucieczkę immunologiczną niezbędną do partenogenezy. Tłumienie immunologiczne powodowało również zimną krew neandertalczyków do przetrwania w zimnym, wodnistym klimacie. Elementy tej kultury są nadal widoczne w matriarchalnych Dravidian społeczności półwyspu indyjskiego. Aktynoidalne brzegi morza i zacofane brzegi półwyspu Indie są miejscem, z którego pochodzi homo neandertalczyk lub małpa wodna. Kultura Półwyspu Dravidiańskiego jest matriarchalna i tradycje religijne nadal trwają z kulturą czczenia węży. To może być nazwany jako syrena kultury. Teoria małp wodnych znajduje echo w kulturze półwyspu indyjskiego. Istniały małpie królestwa z małpami wodnymi budującymi nawet mosty lądowe w morzu, co zostało zauważone w eposie Ramajana. W tym kontekście istotny jest mit o Hanumanie i jego armii wojowniczych naczelnych lub małp wodnych. Wojownicze małpy wodne miały zbudować most lądowy między Sri Lanką a półwyspem Indiami. Wojownicze małpy wodne miały królestwa rządzone przez takich królów jak Bali i Sugreeva. Naczelne wojowniczki były inteligentne i mogły poruszać się po oceanie i namorzynach oraz zachowywały się jak małpy wodne.

Bezwłosość ludzka, gruby tłuszcz podskórny, pajęczyny w stopach i palcach, kształt nozdrza - wszystko to wskazuje na wodniste pochodzenie rasy ludzkiej na namorzynowych bagnach, zacofalniach i morzach. Obecność odruchu nurkowego u ludzi, pocenie się, łzawienie, opadanie krtani ludzkiej w szyi, wzorce układu włosowego, obecność błony dziewiczej i kazeiny vernix u dzieci takich jak foki wskazują na wodniste pochodzenie dla człowieka. Zachowania reprodukcyjne ludzi z populacją czołową, taką jak ssaki wodne, wskazują na wodniste pochodzenie u ludzi. Małpy człekokształtne zeszły z drzew i przeszły przez fazę akwaborealistyczną, gdzie przebiły się przez bagna żerując na mięczakach, owocach i rybach wytwarzających dwunożne zwierzęta. Konieczność wydalania dużej ilości soli w wodzie morskiej lub słonawej prowadzi do powstania łez i ekrynowych gruczołów potowych. Nos ludzki jest wystający w przeciwieństwie do nosa ssaków naczelnych, aby chronić go przed wodą. Ludzka bezwłosość, gęsty podskórny tłuszcz i pocenie się wskazują na wodniste pochodzenie dla człowieka i dwunożność. Encefalizacja mózgu była spowodowana dużym spożyciem kwasów tłuszczowych omega-3 i omega-6 z ryb. Ludzka szczęka jest krótka z krótkimi zębami, w przeciwieństwie do szympansów wskazujących na jedzenie morskiej żywności. Wszystkie nagie ssaki są wodne jak delfin, manatee, słoń, świnia i nosorożec. Ludzie są jedynymi nagimi małpami. Zwiększony podskórny tłuszcz lub blubber u niemowląt ludzkich oraz maź płodowa u niemowląt wskazują na wodniste pochodzenie dla gatunku ludzkiego. Ludzie mają gruczoły łzawiące i gruczoły potowe, które wydalają sól w środowisku morskim. Dzieci ludzkie są pulchne z 16-procentową zawartością tłuszczu w organizmie, a mleko ludzkie zawiera 25-procentową zawartość tłuszczu. Dzieci przewracają się na swoim ciele i pływają w wodzie z nosem w powietrzu. Fakt, że ludzkie dzieci potrafią pływać, wskazuje na wodniste pochodzenie dla gatunku ludzkiego. Ręka szympansa jest lekka i mocna do zwisania z drzewa. Ręka ludzkiego dziecka jest zbyt ciężka i słaba i może chwytać się za włosy matki podczas pływania w wodzie. Ludzkie dzieci wykształciły reakcję chwytania dla tego typu ewolucji. Samica gatunku ludzkiego ma długie, tłuste, pokryte łojem włosy na skórze głowy. Niemowlęce szympansy mają mocną szyję, która jest utrzymywana na stałym poziomie. Ludzkie dziecko osiąga stabilną szyję w wieku sześciu miesięcy, ale jeśli dziecko zostanie umieszczone w wodzie, szyja staje się silna. Ludzka mowa powstała w wyniku świadomej kontroli oddychania, której szympans nie jest w stanie osiągnąć. Mowa zawdzięcza swoje powstanie również położeniu krtani w szyi. Szczypce chwytające człowieka zostały opracowane w celu wydobywania mięsa z muszli ryb i małży, co nazywane jest precyzyjnym chwytem. Teoria ta została wysunięta przez Elaine Morgan. W rozlewiskach znajdują się lilie wodne i bulwy, których korzenie były spożywane przez prymitywnych ludzi wraz z rybami, małżami, ślimakami i rybami w skorupkach. Korzenie i liście lilii wodnej i lotosu zawierają alkaloidy, takie jak nupharyn i aporfina, które są psychoaktywne i wywołują stan snu neandertalczyków. The lotos i lilie wodne kojarzyć z tworzenie mit jak the słońce Bóg Ra wyłaniać się od the lotos w primordial woda i the Brahma the twórca siedzieć na the lotos. Homo neandertalczyk pojawił się jako pierwszy na lemurskiej ziemiance, która była bardziej podobna do wielkiej wyspy, podatnej na rozbijanie się na niezależne lądowiska z powodu rozległych tsunami w tym regionie. Doprowadziło to do chowu wsobnego u neandertalczyków, co doprowadziło do utraty różnorodności genetycznej i ekspresji genów reptiliańskich. Przyczyniłoby się to również do ewentualnego wyginięcia neandertalczyków. Małpa wodna pojawiłaby się jako homo neandertalczyk na lądzie lemuriańskim i w jego odosobnionych regionach, takich jak zacofane wody połączone z morskimi regionami Kerali z piaskami aktynowców. Wskazuje na to trwałość społeczeństwa matrilinowego w Dravidianach z Kerali i wykrywanie endosymbiotycznych archaicznych we krwi populacji Kerali. Psychometryczny iloraz neandertaliczny jest wysoki w populacji Kerala z dużą częstością występowania autyzmu. Matematyczność i pokrewieństwo jest powszechne w populacji Dravidian Nair w Kerali. Drawidianie mają tendencję do posiadania fenotypu neandertalczyka. The Dravidian Nairs postulować mieć Scythian początek. Kult wężów, muzyka wężowa i tańce wężowe są powszechne w Kerali. Społeczności w Kerali są w większości mięsożerne i spożywają wołowinę. Kultura w Kerali jest bardziej tolerancyjna i Keralici migrują na całym świecie i mieszają się z różnymi społecznościami. Tolerancja i inkluzywność jest cechą ilorazu NQ. Świątynie wężowe są szeroko rozpowszechnione w Kerali. Kerala ma większą częstość występowania neandertalskich sekwencji genomowych związanych z chorobami takimi jak autyzm, schizofrenia, ADHD, uzależnienia, zespół metaboliczny, choroby autoimmunologiczne i nowotwory. To jest kuszące, aby zlokalizować pochodzenie wyprostowanej małpy wodnej w rozległych zacofanych wodach i jeziorach Kerala z jego połączeń z morzem i jego aktynowców piasku bogate brzegi. Wody zacofane są bogate w świeże ryby i małże i lilie wodne i lotosy dając bulwy i korzenie. Homo neanderthalis wyewoluował z archeologicznej endosymbiozy i archaiki morskie są dominujące w morzach Oceanu Indyjskiego i zacofalniach Kerali. Kult węża jest dominującym tematem w kulturze Dravidian Nair, a wąż Bóg Anantha jest dominującym bóstwem. To kusi nas do spekulacji na temat pochodzenia dwunożności, gatunku ludzkiego i homo neandertalczyków w Kerali.

Pochodzenie małpy wodnej wskazuje na dominującą rolę samicy tego gatunku w ewolucji człowieka. Ludzkie teorie ewolucyjne skupiają się na samcach zbieraczy myśliwych i narzędziowców. Wodne pochodzenie bipedalizmu i gatunku ludzkiego wskazuje na dominującą rolę kobiety w ewolucji człowieka. Anatomia ciała samic z wiszącymi gruczołami sutkowymi i zaokrąglonymi gluteriami jest przeznaczona do unoszenia się na wodzie i pływalności, a nie do seksualnego przyciągania. Prowadzi to do ginekocentrycznego podejścia do ewolucji, w przeciwieństwie do podejścia androcentrycznego. Ewolucja była w zasadzie przeznaczona do ochrony i wychowania dzieci. Ludzie ewoluowali na bagnach, w wodach zacofanych i morzu i nie są biologicznie ani społecznie gorsi od mężczyzn. Homo neandertalczycy mają cechy odmienne od szympansów. Wzorce społeczne homo neanderthalis można porównać do małp bonobo. Społeczeństwo małp bonobo jest skupione na samicach i egalitarne. Seks jest częścią relacji społecznych i służy jako substytut agresji. Małpy bonobo mają różne rodzaje seksualności heteroseksualnej, od samca do samca i od samicy do samicy. Częstotliwość interakcji seksualnych jest większa, ale tempo rozrodu małp bonobo jest takie samo jak szympansów. Szympansy rozwijały się na otwartej, suchej sawannie, podczas gdy małpy bonobo nadal żyły na drzewach i wisiały na drzewach. Drzewiaste siedlisko małp bonobo prowadzi je do ewolucyjnej formy życia, w której mogą zwisać z namorzynowych drzew na bagnach i ostatecznie brodzić w wodzie. Małpy bonobo są małpami świniowatymi, których samce ważą 43 kg, a samice 33 kg. Są wszystkożerne i jedzą owoce, małą ilość kręgowców i bezkręgowców. Mają fantazyjną zabawę i uprawiają seks w pozycjach misyjnych. Mają bardzo zróżnicowaną seksualność i zachowania grupowe. Seks był środkiem do nawiązywania stosunków społecznych. Samice bonobo łączyły się między sobą i prowadziły wspólnotę. Mężczyzna bonobo jest przywiązany do swojej matki i zależy od niej w kwestii ochrony przez całe życie. Społeczeństwo bonobo można porównać do matriarchalnego żeńskiego dominującego społeczeństwa neandertalskiego.

Dominujący model kobiecej ewolucji człowieka stawia pytanie, kto wyewoluował pierwszy - mężczyzna czy kobieta. Oryginalne skamieniałości gatunku ludzkiego są w przeważającej mierze żeńskie, a skamieniałości męskie ewoluowały po miliardach lat. Oryginalny gatunek ludzki stanowiłby skupisko samic dwunożnych w wodach bagiennych żerujących na bulwach lilii wodnych i lotosu oraz rybach, małżach i skorupiakach. Samice mogą rozmnażać się poprzez partenogenezę jak zwierzęta niższe. Dlatego naturalne jest, że samice gatunku rozwijają się jako pierwsze. Związek seksualny w takich samicach tylko w primodialnych społeczeństwach był lesbijski. Ewolucja samców nastąpiła w późniejszym czasie. Model macho ewolucji człowieka z samcem łowcy i samcem narzędziowca oraz samicą wspólnikiem ewoluującym razem jest bardzo mało prawdopodobny. Kolejny etap ewolucji człowieka został postulowany jako międzygatunkowe hybrydy. Został on przedstawiony przez Eugene'a McCarthy'ego. McCarthy wskazał na kilka cech mężczyzn ludzi podobnych do świń. Organy wieprzowe mogą być przeszczepiane ludziom bez odrzucenia. Świnie takie jak ludzie są bezwłose, mają grubą warstwę podskórnego tłuszczu, wystający nos i ciężkie rzęsy oczu. Genetyczna sekwencja świń zawiera podobny element SINE ALU jak u ludzi. Zjawisko przekraczania bariery gatunkowej jest reprezentowane przez powstawanie epidemii świńskiej grypy u ludzi. Wczesna dwubiegunowa samica tylko gatunku ludzkiego wygenerowałaby międzygatunkowe mieszańce świń ludzkich. W ten sposób powstałyby międzygatunkowe mieszańce samców i samic. Organ płciowy samca odpowiada ogonowi ssaków. Podobnie organy płciowe takich gatunków jak węże odpowiadają pączkom kończyn. Zarodek ludzki w różnych stadiach rozwoju można porównać do ryb, płazów i zwierząt niższych. Międzygatunkowa hybryda doprowadziłaby do rozwoju samca i samicy tego gatunku. Ssaki wodne, takie jak krowy, byki, świnie, słonie, nosorożce, żółwie, krokodyle, węże wodne i żółwie olbrzymie przyczyniłyby się do powstania międzygatunkowych hybryd. Wygenerowałoby to populację dwunożnych samców i samic na bagnach o różnych rodzajach interakcji seksualnych - heteroseksualnych, biseksualnych, homoseksualnych i lesbijskich. Różnorodność genetyczna jest wymagana, aby gatunek mógł przetrwać. Tak więc heteroseksualność jako sposób zachowania seksualnego stałaby się akceptowalna dla społeczeństwa jako takiego. Opisano koniugację bakteryjną i archeologiczną z komórkami ludzkimi. Chimery ludzi i zwierząt zostały wyprodukowane w laboratoriach. W laboratoriach ludzkich wytworzono międzygatunkowe hybrydy i wyprodukowano populacje. Międzygatunkowe mieszańce obejmują dzo między jakiem a bydłem, zubron między krową a żubrem, cama między wielbłądem a illamą, jakulo między jakiem a bawołem, owce-kozy i muły. Przykładem tego jest Roślina Małp Człekokształtnych.

Międzygatunkowe mieszańce byłyby chronione przed izolacją i zniszczeniem przed- i po-cygotycznymi zjawiskami immunosupresji i ucieczki immunologicznej za pośrednictwem tryptofanu katabolitu kynureniny. Dieta ryb w wodach bagiennych jest bogata w tryptofan. Hinduski mit o stworzeniu ryby Matsya, żółwia Koorma, dzika Varaha i lwa Narasimha wskazują na pokolenie międzygatunkowych hybryd jako główny linczowy punkt ewolucji. Pokolenie ludzkiej struktury mózgu również zależy od międzygatunkowej hybrydyzacji. Kompleks reptiliański mózgu jest dominujący u neandertalczyków. Kompleks reptilianów jest widoczny u amniotów, do których należą ssaki, gady i ptaki. W skład kompleksu wchodzą zwoje podstawne, pnia mózgu i móżdżek. Stanowi to podstawę zaburzeń poznawczych móżdżku afektywnych u neandertalczyków. Mózg reptilianów jest miejscem wyobraźni, intuicji, instynktu, kompulsywności i marzeń. Komunikuje się on za pomocą symboli i archetypów. Jest miejscem obsesyjnego nieładu kompulsywnego, przesądów, rytuałów, niewolnictwa i konformacji do wszelkich czynności. Jest to miejsce terytorialności, agresji, rasizmu, przemocy i hiperseksywności. Kompleks reptiliański dominuje u płazów, ryb i gadów. Mózg neandertalski ma zanik kory mózgowej i dominację móżdżku. Mózg gadów i geny gadów raptiliańskich dominują u neandertalczyków, co wskazuje na hybrydyzację międzygatunkową pierwszych ewoluujących samic neandertalskich i tylko samic matriliniowych społeczeństwa neandertalskiego. Hybrydy międzygatunkowe oznaczają znaczenie nawet palcowych zwierząt kopytnych, takich jak świnie i bydło, w kulturze i religii człowieka. Do kopytnych parzystokopytnych zalicza się bydło, świnie, jelenie, wielbłądy, owce, kozy i hipopotamy. Kopytne parzystokopytne to nosorożec i konie. Walenie wodne, takie jak wieloryby, delfiny i purpura, wyewoluowały z parzystych zwierząt kopytnych. Delfiny mogą komunikować się z ludźmi. Walenie wodne i nawet palce tworzą razem rodzinę zwaną cetardiodactyla. Parzystokopytne tworzą duże grupy społeczne z hierarchią, grupami haremowymi i kawalerskimi. Zaznaczają swoje terytorium poprzez wydzielinę gruczołową. Zwierzęta kopytne potrafią pływać, a wieloryby i delfiny galopować w wodzie. Antygeny świń są bardzo podobne do antygenów ludzkich, a organy świń mogą być ksenotransplanowane na ludzi. Odrzucenie jest spowodowane obecnością retrowirusa u świń, który infekuje ludzi. Celowe usunięcie retrowirusowego DNA od świń sprawia, że świnia jest cennym źródłem do przeszczepu organów. Retrowirusowo usunięta świnia została sklonowana i rozwinięta do embrionów i wszczepiona do loch. Świnie służą jako rezerwuar dla ludzkich narządów do przeszczepów. Organy wieprzowe mogą być przeszczepione ludziom, jeśli są uodpornione na surowicę ludzką. Surowica końska jest wykorzystywana do wytworzenia przeciwciał przeciwko tężcowi i anty-venom węża. Spożywanie wołowiny prowadzi do rozwoju choroby prionowej u ludzi. Insulina świńska może być wstrzykiwana ludziom, a zastawki serca świń mogą być przeszczepiane ludziom. Produkty krowie, takie jak mleko, gnój i mocz, są stosowane jako leki dla ludzi. Ludzkie komórki macierzyste wstrzykiwane do embrionów świń powodują rozwój chimer ludzkich świń. Te chimery dla świń mogą być używane do przeszczepów organów. Rozwój zarodków ludzkiej chimery wolframowej wskazuje na znaczenie hybrydyzacji międzygatunkowej w ewolucji człowieka. Oznacza to kult krowy jako Kamadhenu lub matki bogini w kulturze hinduskiej, kult Wisznu, dzika jako jednego z awatarów Wisznu oraz religijny związek pomiędzy szatanem a świniami w religiach semickich. The Hinduski gwiazda znak w religia i astrologia mieć figuratywny zwierzę przedstawienie. Wskazuje to na międzygatunkową hybrydyzację odgrywającą ważną rolę w ewolucji.

Somatyczna partenogeneza jest spowodowana zmianami klimatycznymi. Zmiany klimatyczne mogą powodować arktyczną endosymbiozę i archaiczną partenogenezę wywołaną przez wiroidy RNA. W odpowiedzi na stres komórki somatyczne mogą zostać przekształcone w komórki macierzyste przez endosymbiotyczne archaea. Metabolonomia komórek macierzystych - glikoliza beztlenowa, dysfunkcja PDH, dysfunkcja mitochondriów z niedoborem CoQ, dysfunkcja dehydrogenazy ketonowej o rozgałęzionych łańcuchach, homo cystynuria i demitelacja genomowa, porfirie i wytwarzanie reaktywnych form tlenu, SLOS (Smith Lemli Opitz) prowadzące do zubożenia cholesterolu, niskich hormonów płciowych, niedoboru witaminy D i niedoboru kwasu żółciowego. Komórki macierzyste mogą ulegać endoreduplikacji, fuzji i pączkowania komórek oraz pękać jak bakterie wytwarzające poliploidalność. Te poliploidalne komórki mogą stać się parthogenicznymi embrionami. Komórki poliploidalne są odporne na stres i niestabilne genomowo. Komórki poliploidalne są genomowo, metabolicznie i fenotypowo różne i niestabilne. Mogą zostać przekształcone w różne tkanki, takie jak mózg, wątroba i serce, tworząc embriony somatyczne. Wielokrotne zarodki somatyczne z poliploidalnością wytwarzają liczne zaburzenia osobowości - schizofrenię, autyzm i zaburzenia nastroju. Wielokrotne zarodki somatyczne z poliploidią są antygenowe i mogą wywołać chorobę autoimmunologiczną. Wielokrotne zarodki somatyczne z poliploidiami są niestabilne genomowo i mogą produkować raka. Partogeneza może prowadzić do zmian społecznych, w tym społeczeństw matrilinowych, naprzemiennych płci i różnych tożsamości. Wielokrotne zarodki somatyczne z poliploidią są niestabilne metabolicznie i genotypowo prowadzi do neurodegeneracji. Wielokrotne zarodki somatyczne z różną niestabilnością metaboliczną mogą prowadzić do zespołu metabolicznego. Dysfunkcja mitochondriów wywołana przez wiroidy Archaea i RNA oraz regulowana glikoliza powodują transformację komórek macierzystych komórek somatycznych. Komórki somatyczne, które są komórkami macierzystymi przekształcają się w układzie aktywacji immunologicznej oraz wydzielania cytokin, mogą zostać przekształcone w komórki kiełkowe - spermę oraz komórki jajowe. Może to prowadzić do zapłodnienia i partenogenezy. Archeologiczna digoksyna może wytwarzać wewnątrzkomórkowy niedobór magnezu i nieudaną mitozę z powodu dysfunkcji wrzeciona. To może produkować komórki poliploidalne. Komórki poliploidalne mogą przejmować funkcje komórek macierzystych. Komórki macierzyste mogą naśladować komórki linii germinalnej. Programy mejotyczne poliploidalnych komórek macierzystych mogą się aktywować generując zarodki rozszczepiające, morule, które mogą zostać przekształcone w sferoidy guza. Sferoidy mogą być przekształcone w blastocysty i zarodki po implantacji produkujące onkogenezę. Mogą również udawać, że wytwarzają przerzuty.

Neandertalczycy jedli wysokobiałkową, wysokotłuszczową dietę nie-wegetariańską, polując i zmiatając mamuty i inne zwierzęta. Spowodowało to duże obciążenie tryptofanu w układzie wytwarzającym tryptofanurię i tryptofanemię. Mięso zawiera wysoki poziom tryptofanu i hemoglobiny, które mogą indukować enzym indoleaminy 2,3-dioksygenazy i tryptofanu 2,3-dioksygenazy, które są enzymami hemu. Neandertalczycy jedli dietę o niskiej zawartości błonnika, co powodowało zmniejszenie podaży krótkołańcuchowych kwasów tłuszczowych, zwłaszcza maślanu z jelit. Maślan może tłumić indoleaminę 2,3-dioksygenazy i tryptofanu 2,3-dioksygenazy i błonnika brakuje diety w neandertalach może regulować aktywność indoleaminy 2,3-dioksygenazy i tryptofanu 2,3-dioksygenazy, co powoduje wzrost katabolizmu tryptofanu wzdłuż ścieżki kynureniny. Naturalne substancje, które są niewystarczające w diecie nie wegetariańskiej, takie jak alkaloidy mosiądzu, kurkumina, kofeina, herbata i kokaina może hamować indoleaminy 2,3-dioksygenazy i tryptofanu 2,3-dioksygenazy, która staje się ponad aktywny w neandertalach produkujących tryptofan katabolizm. Tryptofan jest metabolizowany do formyl kynureniny, hydroksykynureniny, kwasu kynureninowego, kwasu 3-hydroksyantranilowego, kwasu chinolinowego i NAD. Kynurenina może wiązać się z receptorem AHR tworząc immunomodulację i immunosupresję. Może wytwarzać tolerancję immunologiczną w przypadku embirogenezy, partenogenezy, autoimmunizacji, nowotworów, tolerancji na lipopolisacharydy i przewlekłych infekcji. Kynurenina może wytwarzać supresję komórek T i odporność prowadzącą do immunotolerancji ważnej w wyżej wymienionych stanach. W ten sposób strumień szlaku kynureniny może przyczyniać się do embriogenezy i partenogenezy poprzez wytwarzanie tolerancji immunologicznej. Guzy mogą uciec przed zniszczeniem immunologicznym przez tłumienie komórek NK i T. Tak więc metabolizm nowotworów zależy od aktywacji katabolizmu tryptofanu wzdłuż szlaku kynureniny. Szlak kynureninowy jest aktywowany w tolerancji na lipopolisacharydy i przewlekłe infekcje wytwarzające immunosupresję i immunotolerancję. Archealna endosymbioza zależy od immunotolerancji i immunosupresji poprzez aktywację katabolizmu tryptofanowego wzdłuż szlaku kynureninowego. Katabolizm tryptofanowy wzdłuż szlaku kynureniny może również przyczyniać się do zaburzeń psychicznych. Kynurenina blokuje receptor NMDA i receptor nikotynowy alfa-7. Prowadzi to do regulacji w dół transmisji NMDA i cholinergicznej. Kynurenina może również regulować transmisję dopaminergiczną. Prowadzi to do schizofrenii i autyzmu. Katabolizm tryptofanu wzdłuż szlaku kynureniny blokuje syntezę serotoniny z tryptofanu, przyczyniając się do zaburzeń depresyjnych i lękowych. Katabolizm tryptofanowy wzdłuż szlaku kynureninowego może prowadzić do syntezy kwasu chinolinowego i aktywacji immunologicznej, a w konsekwencji do autoimmunizacji, tolerancji immunologicznej i aktywacji immunologicznej. Kynurenina może wytwarzać immunosupresję i blokadę NMDA, podczas gdy kwas chinolinowy może wytwarzać aktywację immunologiczną i eksitotoksyczność NMDA. Katabolizm tryptofanowy wzdłuż szlaku kynureniny może wytwarzać kwas chinolinowy ważny w neurodegeneracji. Strumień tryptofanu wzdłuż szlaku kynureniny może generować kwas chinolinowy, który może wytwarzać niskiej klasy zapalenie i insulinooporność powodując zespół metaboliczny. Tak więc strumień tryptofanu wzdłuż szlaku kynureniny może wytwarzać choroby autoimmunologiczne, neurodegenerację, schizofrenię, depresję, autyzm, raka i zespół metaboliczny. Indukcja enzymu heme indoleaminy 2,3-dioxygenazy i tryptofanu 2,3-dioxygenazy może prowadzić do zubożenia hemu i indukcji syntazy ALA zwiększającej syntezę porfiryn i produkującej porfirie. Porfiryny mogą tworzyć samoreplikujące się porfiryny. Porfiryny tworzą szablon do tworzenia wiroidów RNA, DNA i izoprenoidów, które mogą się symbiozować w celu utworzenia endosymbiotycznej archaiki poprzez abiogenezę. Indukcja indoleaminowej 2,3-dioksygenazy i tryptofanu 2,3-dioksygenazy wytwarza kynureninę, która może tłumić układ odpornościowy generując immunotolerancję i archaiczną endosymbiozę. Tak więc ładunek tryptofanu i indukcja indoleaminy 2,3-dioksygenazy i tryptofanu 2,3-dioksygenazy powoduje systemowe zaburzenia cywilizacyjne w populacji neandertalczyków. Ładunek tryptofanu i indukcja 2,3-dioksygenazy indoleaminowej i 2,3-dioksygenazy tryptofanowej może powodować tolerancję immunologiczną i immunosupresję przez kynureninę produkującą archaiczną endosymbiozę i neandertalizację gatunku. Ładunek tryptofanu i indukcja 2,3-dioksygenazy indoleaminowej i 2,3-dioksygenazy tryptofanowej może powodować immunotolerancję, która może przyczynić się do partenogenetycznej embriogenezy lub ciąży somatycznej w wielu tkankach u neandertalczyków. Ładunek tryptofanu i indukcja indoleaminy 2,3-dioksygenazy i tryptofanu 2,3-dioksygenazy może produkować autystyczne schizofreniczne plemię Neandertalczyków z partenogenezą i matriarchią.

Archealna endosymbioza powoduje neandertalizację gatunku. Archaika może aktywować enzym AMPK (kinaza monofosforanowa adenozyna). Neandertalczycy spożywali ketogenną dietę nie wegetariańską bogatą w tłuszcze i białka. Ketogeniczna dieta neandertalczyków może indukować aktywację AMPK. Fenotyp małży wodnych zjadł wiele ryb w diecie, a kwasy tłuszczowe ryb mogą powodować aktywację AMPK. Fenotyp małpy wodnej zjadł również wiele bulw roślin zacofanych, takich jak lotos i lilie wodne, zawierających dużą ilość glukomannanu, który wytwarza aktywację AMPK. Bulwy roślin wodnych zawierają dużą ilość błonnika, którego trawienie generuje krótkołańcuchowe kwasy tłuszczowe, takie jak octan, maślan produkujący aktywację AMPK. Aminokwasy i kwasy tłuszczowe mogą indukować aktywację AMPK. Aktywacja AMPK może indukować stan niskiego poziomu glukozy i braku tlenu w epoce lodowcowej. Neandertalczycy mieli fenotyp dominujący w móżdżku o zwiększonej aktywności współczulnej wytwarzający impulsywny strach, ucieczkę, fenotyp walki. Katecholaminy - epinefryna i noradrenalina oraz dopamina mogą wytwarzać aktywację AMPK. Aktywacja AMPK może skutkować jednoczesną aktywacją mtora, co prowadzi do dendrytycznych wad cięcia kręgosłupa i autystycznego mózgu neandertalczyka. Aktywacja AMPK skutkuje jednoczesną aktywacją HIF alfa i indukcją fenotypu Warburga i fenotypu komórek macierzystych. Aktywacja AMPK może indukować uwolnienie białek UCP od fosforylacji oksydacyjnej, prowadząc do dysfunkcji mitochondriów. Aktywacja AMPK prowadzi do zwiększenia katabolizmu i zmniejszenia anabolizmu. Aktywacja AMPK prowadzi do utraty masy ciała. Aktywacja AMPK może również prowadzić do zwiększonej sygnalizacji insuliny i aktywności IGF. Nasila się glikoliza, utlenianie kwasów tłuszczowych i aminokwasów. Synteza białek jest zahamowana. Aktywacja AMPK zmniejsza syntezę kwasów tłuszczowych, cholesterolu i trójglicerydów oraz zwiększa ich rozkład. Zwiększone utlenianie aminokwasów prowadzi do katabolizmu tryptofanowego, w wyniku którego powstają zwiększone ilości kynurenin, które są ważne w procesie ucieczki immunologicznej i partenogenezy. Aktywacja AMPK, w wyniku której powstaje fenotyp komórek macierzystych, prowadzi do generacji komórek zarodkowych. Aktywacja AMPK może aktywować oocyt do rozwoju zarodków partenogenetycznych. Aktywacja AMPK może zwiększać wewnątrzkomórkowe oscylacje wapniowe, zwiększać wewnątrzkomórkową ROS i stosunek AMP/ADP powodując szokową i falową aktywację oocytów produkujących partenogenezę. Aktywacja AMPK może hamować układ odpornościowy wytwarzający ucieczkę immunologiczną i partenogenetyczną embriogenezę. Aktywacja AMPK może zwiększyć długość życia gatunku i zachować fenotyp neandertalczyka. Aktywacja AMPK może wytworzyć ochronę serca i neuroprotekcję. Aktywacja AMPK jest ważna dla płodności, transformacji komórek macierzystych i generowania komórek zarodkowych. Aktywacja AMPK może rozdzielić fosforylację oksydacyjną, jak również spowodować biogenezę mitochondriów. Aktywacja AMPK ma działanie antyoksydacyjne poprzez indukowanie NRF 2, dysmutazy nadtlenkowej i UCP. Aktywacja AMPK powoduje zmniejszenie generacji wolnych rodników, które pełnią rolę posłańców dla endogennej replikacji retrowirusowej. Wytwarza to sztywny genom, wadliwą łączność synaptyczną i zanik kory mózgowej. Aktywacja AMPK indukuje glikogenolizę i hamuje glikogenezę. Aktywacja AMPK zwiększa również transport glukozy. Fosforylacja oksydacyjna mitochondriów jest blokowana przez aktywację AMPK poprzez indukcję białek UCP. Glukoza jest przekształcana w fruktozę przez reduktazę aldozową i dehydrogenazę sorbitolową indukowaną przez archaiki i trafia do szlaku fruktolitycznego. Powoduje to fruktozemię i zwiększoną syntezę lipidów i mukopolisacharydów, co prowadzi do powstania zespołu hibernacji charakterystycznego dla metabolizmu neandertalskiego. Aktywacja AMPK skutkuje również zahamowaniem syntezy białek i zwiększeniem autofagii/mitofagii oraz odnową organizmu, zwiększając żywotność gatunku. W ten sposób indukowana przez archaika aktywacja AMPK prowadzi do wygenerowania gatunku partenogenetycznego, który jest dominującym gatunkiem żeńskim i macierzyńskim. Aktywacja AMPK następuje w okresie hibernacji, a u neandertalczyków występuje zespół hibernacyjny. 5' AMPK może aktywować AMPK powodując hipometabolizm i hibernację. Endosymbiotyczne archaiki syntetyzują digoksynę przez katabolizm cholesterolowy. Archaiki endosymbiotyczne używają cholesterolu jako substratu energetycznego. Digoksyna może wytwarzać błonową inhibicję ATPazy potasowo-sodowej, co może prowadzić do syntezy ATP błonowej. ATPaza sodowo-potasowa funkcjonuje jako enzym syntetyzujący ATP w neandertalach. Niski poziom EMF może również wytwarzać inhibicję ATPazy potasowo-sodowej i prowadzić do syntezy ATP błonowej. ATP działa na ectoATPazy, które przekształcają ATP do 5' AMP, który może aktywować AMPK produkując upregulation katabolicznych ścieżek. Katabolizm cholesterolu może generować kwasy żółciowe, które mogą rozdzielić fosforylację oksydacyjną i regulować funkcję mitochondriów prowadzących do metabolizmu hibernacji. Aktywacja AMPK może prowadzić do katabolizmu cholesterolowego i dalszej syntezy digoksyny. Aktywacja AMPK może zwiększyć poziom NAD w komórkach, powodując aktywację sirtuiny-1. Sirtuina jest NAD zależna od deacetylazy histonowej. Aktywacja sirtuiny-1 może spowodować odmłodzenie w obecności ograniczenia kalorycznego występującego podczas hibernacji. Sirtuina-1 pośredniczy w aktywacji AMPK w zależności od modulacji funkcji mitochondriów. Aktywacja Sirtuiny może indukować hibernację i odmłodzenie. Modulacja genów Sirtuiny obejmuje naprawę DNA, stan zapalny, syntezę i przechowywanie tłuszczu oraz metabolizm glukozy. Sirtuina może wytwarzać deacetylację i wzmacniać węglowy szkielet białek zwiększając ich trwałość. Aktywacja AMPK, akumulacja NAD, aktywacja sirtuiny i aktywacja HIF alfa występują razem. Może to powodować stan hibernacji i ucieczkę immunologiczną prowadzącą do partenogenezy. Neandertalczycy jedli dietę wysokotłuszczową o wysokiej zawartości białka ketogennego, jak również dietę bogatą w bulwy zacofane zawierające błonnik pokarmowy. Dieta ketogeniczna, aminokwasy, ograniczenie kaloryczności, kwasy tłuszczowe i błonnik pokarmowy generowane przez krótkołańcuchowe kwasy tłuszczowe mogą indukować aktywację AMPK, akumulację NAD, aktywację sirtuin i immunosupresję, prowadząc do ucieczki immunologicznej i partenogenezy. Aktywacja AMPK i aktywacja sirtuiny może prowadzić do fenotypu Warburga, transformacji komórek macierzystych, generacji komórek zarodkowych i stymulacji oocytów, prowadząc do partenogenezy.

Ewolucja neandertalczyków została określona przez archeologiczną endosymbiozę. Gatunek ludzki wyewoluował w homo neandertalczyk na podstawie archeologicznej endosymbiozy. Archeologiczna endosymbioza była mediowana przez tryptofanowy szlak kataboliczny kynureniny. Kynureniny mogą wytwarzać immunosupresję i tolerancję immunologiczną, co prowadzi do archeologicznej endosymbiozy. Szlak kynureninowy powoduje blokadę receptora NMDA, cholinergicznego receptora nikotynowego alfa-7, zmniejszenie produkcji serotoniny i zwiększenie transmisji dopaminergicznej. Wytwarza to autystyczne, schizofreniczne plemię neandertalczyków z mniejszą funkcją wykonawczą na froncie i większą dominacją móżdżku w zachowaniu impulsywnym typu. Indukcja indolaminy 2,3-dioksygenazy i tryptofanu 2,3-dioksygenazy doprowadziła do skierowania katabolizmu tryptofanu wzdłuż ścieżki kynureniny. Neandertalczycy jedli wysokobiałkową, nie wegetariańską dietę tryptofanową, co doprowadziło do indukcji katabolizmu tryptofanowego. W diecie neandertalczyków brakowało błonnika pokarmowego, a trawienie błonnika powodowało wytwarzanie krótkołańcuchowych kwasów tłuszczowych, zwłaszcza maślanu, co powodowało wzrost aktywności 2,3-dioksygenazy indolaminowej i 2,3-dioksygenazy tryptofanowej oraz wzrost katabolizmu tryptofanowego. Ścieżka kynureniny powoduje wytwarzanie kwasu chinolinowego, który może wytwarzać chroniczną aktywację immunologiczną i insulinooporność. Kwas chinolinowy jest również zaangażowany w neurodegenerację. Komórki immunologiczne indukowane przez kynureninę oraz supresja komórek NK mogą prowadzić do rozwoju raka. Archaiczna endosymbioza wywołana przez immunotolerancję wywołaną przez kynureninę może prowadzić do raka, choroby autoimmunologicznej, zespołu metabolicznego, neurodegeneracji, schizofrenii i autyzmu poprzez wytwarzanie archeologicznego cholesterolu katabolitu digoksyny. Tak więc większe obciążenie tryptofanu dzięki diecie mięsnej i diecie o niskiej zawartości błonnika powoduje generowanie kynureniny, która ma działanie podobne do ketaminy i wytwarza zachowania neandertalskie. Indukcja enzymów hemowych indolaminy 2,3-dioksygenazy i tryptofanu 2,3-dioksygenazy powoduje zubożenie hemu, aktywację syntazy ALA i porfirii. Porfiryny mogą się samoorganizować tworząc porfiryny i mogą działać jako wzorzec do generowania izoprenoidalnych organizmów, wiroidów RNA, wiroidów DNA, które wszystkie symbiozowały do tworzenia archaicznych aktynowców. Porfiony mają falowo-cząsteczkowe istnienie i w obecności membranowych interkalacji porfionu z inhibicją ATPazy potasowej sodowej za pośrednictwem porfionu może skutkować pompowanym systemem fononowym i dipolarną percepcją kwantową za pośrednictwem porfionu. Inhibicja ATPazy potasowo-sodowej i błony komórkowej z udziałem porfiru może prowadzić do zwiększenia poziomu wapnia wewnątrzkomórkowego i zmniejszenia poziomu magnezu wewnątrzkomórkowego, co prowadzi do dysfunkcji mitochondriów, dysfunkcji błony komórkowej, zaburzeń w przetwarzaniu białka golgi związanego z ciałem, defektu funkcji DNA i RNA oraz zaburzeń funkcji komórek. To zwiększenie wewnątrzkomórkowego wapnia i zmniejszenie magnezu z powodu hamowania ATPazy potasowo-sodowej może spowodować aktywację immunologiczną, pobudzenie glutaminianów, aktywację onkogenów i stany chorobowe. Tolerancja immunologiczna wytwarza raka, transformację komórek macierzystych i partenogenezę. Komórki macierzyste raka mogą rozwijać programy mejotyczne generujące zarodki partenogenetyczne, które mogą przetrwać i rosnąć w obecności tolerancji immunologicznej tworzonej przez kynureniny. Wiele zarodków partenogenetycznych może tworzyć wiele osobowości prowadzących do schizofrenii i autyzmu, rosną do raka, jego metabolizm komórek macierzystych ze zwiększoną glikolizą i dysfunkcją mitochondriów może produkować zespół metaboliczny, komórka macierzysta za pośrednictwem zwiększonej glikolizy może prowadzić do aktywacji immunologicznej i normalnego obumierania tkanek kosztem zarodków partenogenetycznych może produkować degenerację. Przewlekłe zapalenie wywołane przez kwas chinolinowy i inne katabolity tryptofanowe produkujące chorobę autoimmunologiczną i kwas chinolinowy związane ze śmiercią i zwyrodnieniem komórek. Szlak kataboliczny tryptofanu powoduje powstawanie u neandertalczyków zespołów cywilizacyjnych prowadzących do ich wyginięcia. Ładunek tryptofanu u wyższych naczelnych i homo sapiens, spowodowany zwiększonym spożyciem mięsa mięsożerców w stepach euroazjatyckich, spowodował u nich immunosupresję, immunotolerancję, archeologiczną endosymbiozę i neoneandertalizację kynureniny. W ten sposób ładunek tryptofanowy, spowodowany dietą o wysokiej zawartości mięsa i niskiego błonnika, przyczyniłby się do powstania i immunotolerancji kynureniny, co doprowadziłoby do archaicznej endosymbiozy i ewolucji homo neandertalczyków i homo neoneandertalczyków. Neandertalczycy z powodu archaicznej endosymbiozy mieli transformację komórek macierzystych, aktywację programów mejotycznych w komórkach macierzystych, generację komórek zarodkowych i partenogenezę. Efektem tego była dominacja kobiet i społeczeństwa matriarchalne. Hybrydyzacja wewnątrzgatunkowa i konflikt wewnątrzgenomowy również przyczyniły się do partyzantogenezy i reptilianowej ekspresji genów wynikającej z hybrydyzacji międzygatunkowej i konfliktu wewnątrzgenomowego. Do genów dotkniętych konfliktem należą: PDH, BKCD, SLOS, porfiria, choroba Hartnupa, obniżona synteza cholesterolu, synteza CoQ i synteza witaminy D. Cecha Hartnupa rozwijałaby się, aby przeciwdziałać obciążeniu tryptofanów u neandertalczyków wynikającemu z diety wysokomięsnej. W ten sposób powstaje tzw. zwiększony katabolizm tryptofanowy i katabolity kynureninowe, które są mediatorami zespołu otorynowego opisywanego początkowo na obszarach okołokaspijskich. Endemiczne zespoły sztormu występowałyby w populacji neandertalczyków, powodując oporne zaburzenia myślenia i nastroju, zaburzenia ruchowe, w tym pląsawicę i tik, a także schizofrenię i autyzm. Generowanie zaburzeń tikowych jako część epidemii lub endemicznego zespołu sztorcowego prowadziłoby do generowania języka tikowego. Ludzki język, w tym starożytne, takie jak akkadyjskie i sanskryckie, rozwinął się najpierw w obszarach periokaspijskich. Endemiczne zespoły sztormu mogą również prowadzić do zmian w metabolizmie tłuszczów w wątrobie i marskości wątroby. Może powodować dysfunkcję nadnerczy i nadpobudliwość wytwarzającą nadpobudliwość współczulną i niedoczynność przywspółczulną prowadzącą do nadciśnienia tętniczego, chorób naczyniowych, nowotworów i chorób autoimmunologicznych. Częstość występowania zespołów toczniopodobnych i stwardnienia rozsianego jest wysoka w endemicznym zespole naczyniowym. Katabolizm tryptofanowy w zespole naczyniowym może powodować dysfunkcje poznawcze takie jak choroba Alzheimera, choroba Parkinsona i śmierć komórek. Partenogeneza może prowadzić do autystycznego fenotypu z dominacją móżdżku i móżdżku zaburzenia poznawcze afektywne. Partenogeneza indukowana ekspresją genów reptilianów może produkować porfirii i porfiryn indukowanych postrzegania pozazmysłowego. W ten sposób powstaje kreatywne plemię z postrzeganiem kwantowym.

Archealna endosymbioza i neandertalizacja zależały od immunotolerancji i immunoparaliżu z wykorzystaniem szlaku kynureniny. Ścieżka kataboliczna tryptofanu i kynureniny może mieć działanie podobne do ketaminy ze względu na blokadę NMDA powodującą ekstazy, CCAS, porażenie korowe mózgu i pozazmysłowe postrzeganie. Katabolizm tryptofanowy jest ukierunkowany na szlak kynureninowy, co prowadzi do wyczerpania melatoniny i aktywności nocnej oraz braku snu. Katabolity tryptofanowe kynureniny i kwasu kynureninowego mogą powodować zmniejszenie syntezy insuliny, zmniejszenie uwalniania insuliny, zmniejszenie aktywności biologicznej insuliny powodującej insulinooporność. Zespół katabolitów tryptofanowych może prowadzić do nadaktywności współczulnej i zespołu dysautonomicznego wytwarzającego odpowiedź na loty lękowe i impulsywność. Indukcja genów reptiliańskich przez konflikt wewnątrzgenomowy i hybrydyzację międzygatunkową może prowadzić do ekspresji szlaku shikimatycznego produkującego alkaloidalne neurotransmitery - LSD, nikotynę, strychninę, meskalinę produkującą stany szamańskie i pozazmysłową percepcję. W wyniku indukcji zubożenia IDO i hemu może dojść do powstania porfirii i pozazmysłowej percepcji za pośrednictwem porfirii. Wyczerpanie hemu może zmniejszyć aktywność enzymów hemowych. Enzym hemowy cytochromu C oksydazy jest inaktywowany, co prowadzi do dysfunkcji mitochondriów. Hemowe enzymy katalazy i peroksydazy glutationowej są inaktywowane produkując wolny stres rodnikowy. Enzym hemerowy cytochrom P450 jest inaktywowany, wytwarzając wadliwą syntezę kwasu żółciowego z powodu niedoboru cholesterolu 7 alfa hydroksylazy, powodując zespół metaboliczny X z powodu niedoboru kwasu żółciowego. Niedobór enzymu hemecytochromu F450 powoduje wytwarzanie wadliwej dehydrogenazy aromatazy i dehydrogenazy beta-hydroksy steroidowej, powodując zmniejszenie syntezy testosteronu, estrogenu i kortyzolu. Wytwarza to bezpłciowy i naprzemienny stan neandertalu płciowego. Enzym heme lanosterolu 14-alfa demetylazy jest inaktywowany, hamując syntezę cholesterolu i zespół zubożenia cholesterolu. Hemowy enzym kwasu retinowego hydroksylaza i hydroksylaza cholekalcyferolowa są niewystarczające produkując brak witaminy D i A, wadliwą odporność i niekontrolowaną proliferację komórek.

Początkowym zdarzeniem jest zwiększona ścieżka kataboliczna tryptofanu wytwarzająca immunotolerancję i immunoparaliż za pośrednictwem kynureniny. Powoduje to wzrost endosymbiotyczny i neandertalizację. Powoduje to konwersję komórek somatycznych do komórek zarodkowych i aktywację programów mejotycznych, co prowadzi do partenogenezy. Homo neandertalina rozmnaża się poprzez partenogenezę. W rozrodzie płciowym dochodzi do nieprawidłowego funkcjonowania, co prowadzi do powstania gatunku partenogenetycznego. Partenogeneza jest indukowana przez aktynowce i wiroidy RNA. Stres wywołany przez zmiany klimatyczne może wywołać partenogenezę. Enzymy hemowe cytochromu P 450 zależne od aromatazy i dehydrogenazy beta-hydroksy steroidowej są wadliwe, co skutkuje brakiem hormonów płciowych wytwarzających bezpłciowość i naprzemienność płciową. Enzymy hemerowe NOS, CBS i HO1 są wadliwe, co prowadzi do braku gazotransmiterów NO, CO i H2S, a w konsekwencji do dysautonomii i dysfunkcji seksualnej. Partenogeneza powoduje powstawanie wielu zarodków w tkankach, co prowadzi do powstawania wielu osobowości oraz schizofrenii i autyzmu. Partenogeneza powoduje również powstawanie nowotworów i chorób autoimmunologicznych. Partenogeneza w mózgu może prowadzić do śmierci normalnej tkanki i neurodegeneracji. Metabolizm komórek macierzystych zarodków partenogenetycznych ze zwiększoną glikolizą i dysfunkcją mitochondriów prowadzi do powstania zespołu metabolicznego. Zubożenie hemu prowadzi do powstawania porfirii i porfirii powodujących postrzeganie ilościowe. Związana ze szlakiem katabolicznym tryptofanu kynurenina może wytwarzać zespół ketaminowy podobny do schizofrenii. Podobny zespół schizofreniczny i autystyczny może wystąpić u neandertalczyków z powodu alkaloidów tryptofanowych syntetyzowanych przez aktywację genu reptiliańskiego - LSD i meskaliny. W ten sposób powstaje szamańskie, duchowe, kwantowe spostrzegawcze społeczeństwo. Indukowane porfirynem kwantowe postrzeganie niskiego poziomu EMF może powodować zanik korowy i CCAS i stan impulsywny, stan agresywny, przemoc, przestępczość, duchowość i terroryzm. Neoneandertalczycy tworzą małe kolonie i grupy plemienne. W wyniku percepcji kwantowej za pośrednictwem porfiru powstają spójne małe grupy, w których wspólne życie tworzy społeczeństwo anarchiczne. Społeczeństwo anarchiczne powstaje w wyniku zaburzeń poznawczych móżdżku afektywnego i zaniku korowej percepcji kwantowej. To społeczeństwo anarchiczne jest małe i plemienne, gwałtowne i agresywne, duchowe i transcendentalne. Powoduje to utratę tożsamości narodowej i recesję na rzecz prymitywnych tożsamości plemiennych. Cywilizacyjne tożsamości narodowe załamują się i są zastępowane przez małe tożsamości plemienne, powodując trwałą wojnę, niestabilność i kryzys. Rozmnażanie się partenogenetyczne u neandertalczyków i neonandertalczyków, jak również brak hormonów płciowych związanych z aseksualnością i naprzemienną seksualnością powoduje matriarchalne dominowanie kobiet w małych grupach społecznych. Może się to zdarzyć w otoczeniu neoneandertalczyków w wyniku endosymbiotycznego wzrostu archeologicznego. W matriarchalnym społeczeństwie neoneandertalczyków dominują kobiety, a mężczyźni zostają zredukowani do marginalnej roli w społeczeństwie, tworząc kompleksy nienawiści i słabości. Można to porównać do tworzenia społeczeństwa żeńskich amazonek i męskich eunuchów. Świat ma tendencję do przekształcania się w anarchiczne społeczeństwo amazońskich kobiet i męskich eunuchów. Reprezentuje to wykastrowany męski syndrom z pozbawieniem godności, integralności, pasji i dumy. Społeczności neandertalczyków funkcjonowały jako anarchiczne małe społeczności żyjące wspólnie. Brakowało w nich koncepcji altruistycznej, egoistycznej i obsesyjnej miłości oraz rodziny nuklearnej. Żyli jako małe grupy 15-20 osobowe o świadomości grupowej. Wywołane porfirią pozazmysłowe postrzeganie kwantowe zaowocowało dobrze zespolonymi anarchicznymi społecznościami, w których dzieci żyły wspólnie i wychowywały się. Relacje seksualne stały się partnerstwem pomiędzy równymi i funkcjonalnymi. Były rozwiązłe, samowystarczalne i nie były w społecznie usankcjonowanych związkach jak małżeństwo. Obowiązkiem męskiego eunuchoida była mała społeczność, która służyła związkom w społeczności zależnym od wspólnej świadomości opartej na pozazmysłowej percepcji kwantowej. Społeczności neandertalczyków i neoneandertalczyków były matriarchalne i równoprawne pod względem płci i nie miały żadnego hierarchicznego przywództwa. Nie było królów ani królowych i było to społeczeństwo bezpaństwowe. Było to stowarzyszenie dobrowolne i nie istniało żadne prawo pisane ani kontrola, chyba że w drodze konsensusu. Reprezentowane jest ono przez starożytne społeczeństwa indyjskie w okresie buddyjskim w historii Indii określane jako Janapadams. Były to małe społeczeństwa bezpaństwowe rządzone przez równość i konsensus. Starożytna cywilizacja harappańska była również zorganizowana jako bezpaństwowe społeczeństwo anarchistyczne. To samo odnosi się do starożytnych królestw celtyckich w Walii, Szkocji, Basku, Katalonii i Bretanii. Koncepcja społeczeństw anarchistycznych jest wzorowana na Mandalach w Azji Południowo-Wschodniej, które obejmują współczesną Indonezję, Wietnam, Laos, Kambodżę, Myanmar i Tajlandię.

Cywilizacje te były przedłużeniem cywilizacji południowo-indyjskiej Dravidian, wywodzącej się z cywilizacji harappańskiej. W czasach nowożytnych odrodziły się społeczeństwa anarchistyczne w postaci współczesnej Grama Swaraj z Gandhiego, której filozofia była w zasadzie anarchiczna. Gandhi pochodził z obszaru Indii, gdzie cywilizacja harappańska rozwijała się w czasach prehistorycznych. Te same anarchistyczne społeczeństwa można zobaczyć w żydowskim Kibucu. Żydzi, Celtowie, Drawidianie wszyscy mieli neandertalskie pochodzenie. Stanowiło to podstawę prymitywnych, anarchicznych społeczności neandertalczyków. Związany z globalnym ociepleniem endosymbiotyczny wzrost archeologiczny powoduje neandertalazję. W archaicznych archaikach aktynowców kwantowa percepcja niskiego poziomu EMF skutkuje zanikiem korowym i dominacją w móżdżku, co prowadzi do zaburzeń poznawczych afektywnych w móżdżku. Percepcja kwantowa za pośrednictwem archaicznych porfirów prowadzi do powstawania niewielkich, powiązanych ze sobą społeczności neonandertalczyków o anarchicznych formach organizacji. Cywilizacja ludzka w wyniku globalnego ocieplenia i neandertalizacji mózgu cofa się, tworząc małe plemienne wspólnoty anarchiczne w wiecznych działaniach wojennych, których efektem jest koniec państw narodowych. Rozpoczął się neoneandertalistyczny świat anarchii. Matriarchalne społeczeństwa z partenogenetycznymi kobietami prowadzą do syndromu wykastrowanych eunuchów płci męskiej i społeczeństw równych płci. Anarchia staje się normą życia politycznego na świecie z towarzyszącymi jej katastrofalnymi zniszczeniami. Zespół eunucha płci męskiej w połączeniu z mózgowym zaburzeniem poznawczym afektywnym w świecie anarchicznym o plemiennych tożsamościach może powodować terroryzm, przestępczość, kreatywność, agresję, przemoc, brak empatii i autystyczne plemię. Partenogenetyczni neoneandertalczycy ostatecznie wyginą z powodu braku różnorodności genów w populacji.

Zmiany klimatyczne i narażenie na pola EMF w internecie o niskim poziomie mogą wywołać aktywność HO1 i zwiększoną syntezę porfiryn. Porfiryny mogą tworzyć porfiryny, które działają jako wzór do tworzenia wiroidów RNA, wiroidów DNA i izoprenoidów w procesie abiogenezy. Są one symbiozą do tworzenia aktynowych archaicznych i wiroidów RNA. W wyniku tego dochodzi do endosymbiotycznej transformacji komórek macierzystych za pośrednictwem archaeów. Endosymbiotyczne archaiki mogą indukować aktywację receptorów opłat i aktywować HIF alfa, co prowadzi do metabolizmu komórek macierzystych o zwiększonej glikolizy i dysfunkcji mitochondriów. Endosymbiotyczne archaiki mogą indukować reduktazę aldozową i metabolizm fruktozy, powodując frukotemię, syntezę lipidów, mukopolisacharydozę, porfirie i zespoły hibernacji/zombie. Zwiększona glikoliza i fenotyp Warburga mogą aktywować układ odpornościowy. Programy mejotyczne komórek macierzystych ulegają aktywacji i prowadzą do powstawania komórek zarodkowych i partenogenezy. Tak więc zmiany klimatyczne i ekspozycja na Internet powodują zmiany w rozrodczości do dominującego rozrodu bezpłciowego i partenogenezy. Powoduje to powstanie fenotypu bezpłciowego męskiego eunucha. Skutkuje to równouprawnieniem płci i dominacją kobiet. Populacja płci męskiej zostaje wywłaszczona i jest peryferyjna w stosunku do funkcji społecznych. W ten sposób powstaje społeczeństwo eunuchów i matriarchów płci męskiej. Społeczeństwo wycofuje się do reżimu matriarchalnego z powszechnymi konsekwencjami społecznymi. Porfiriony i aktynoidalne archaiki magnetotaktyczne mogą odbierać pola elektromagnetyczne niskiego poziomu, powodując czołowy zanik korowy i dominację móżdżku. Prowadzi to do zaburzenia funkcji poznawczych móżdżku na skalę epidemiczną. Móżdżek jest miejscem impulsywnego zachowania, agresji, przestępczości, postrzegania pozazmysłowego, zjawisk duchowych i snów, a także transu. Powoduje to powstanie impulsywnego społeczeństwa bez żadnej logiki czy rozumu, wytwarzającego bezprawie i anarchię. W ten sposób powstaje anarchiczny świat neonandertalczyków z małymi społecznymi grupami plemiennymi i upadkiem zorganizowanego społeczeństwa obywatelskiego i państw narodowych. Konsekwencją tego jest powszechny bezprawie, wojny, przestępczość, terroryzm, obietnica seksualna, upadek rodziny nuklearnej, alternatywna seksualność, wspólne życie i rozpad struktur społecznych społeczeństwa homo sapien. Otwiera się anarchiczny, eunuchoidalny świat neoneandertalczyków. Tak więc zmiany klimatyczne i internet powodują zmiany seksualne, anarchiczne zmiany społeczne i zmiany reprodukcyjne. Neandertalczycy żyją w wymarzonym świecie wyobraźni i zjawisk paranormalnych modulowanych przez przerost móżdżku i funkcję. W ten sposób powstaje duchowy świat transu i religijności. Mózg neandertalczyków aktywuje domyślną sieć w płacie przedtrzonowym, wytwarzając senny dzień, twórczą wizualizację, zjawiska fantazji, depersonalizację i zmienioną świadomość. Zwiększony katabolizm tryptofanowy produkuje kynureninę, która blokuje receptor NMDA produkujący ketaminę lub fencyklidynę schizofreniczną psychozy na skalę epidemiczną. Zwiększony poziom kynureniny może również blokować receptor alfa 7 nikotynowej acetylocholiny, zmniejszać aktywność serotoninergiczną i aktywować receptor dopaminergiczny. Ścieżka kataboliczna tryptofanu wytwarza również alkaloidy halucynogenne, takie jak strychnina, meskalina i LSD. W neonandertalach przyczynia się to do powstawania stanów szamańskich w ciągu dnia. To przyczynia się do kreatywności, autyzmu, schizofrenii, braku kontaktów społecznych, małych populacji plemiennych i wymarzonego świata w społeczeństwie neandertalskim. Zwiększona ilość porfirów produkuje postrzeganie kwantowe i świat marzeń. Neandertalczycy tworzą małe grupy społeczne i brakuje im kontaktów społecznych z nie spokrewnionymi populacjami produkującymi małe, autystyczne plemiona. Neoneandertalczyków i homo sapiens można wyróżnić następujące zjawiska nieświadomości kontra świadomość, religii kontra nauka, magia kontra logika, sen kontra obudzenie i psychiczne kontra materiał. Neoneandertalczycy mają wielkie zdolności paranormalne i społeczeństwo było bardziej religijne i duchowe. Stworzyli oni miasta snów, które były klasycznie psychopatyczne, magiczne i przypominające sen. Neandertalska kultura magii, kultury i ducha była inna niż homo sapiens. Mity, folklor i religijność pochodzą od neandertalczyków. Kult węży jako symbol Boga i wykorzystanie kryształów i minerałów, czego przykładem są formy medycyny Siddha, są neandertalskie. Malowali oni skórę i twarz tworząc rozległe tatuaże, nosili ozdoby i byli niezwykle ceremonialni i rytualni. Stworzyli taniec jako formę kultu porównywalną z koncepcją Sziwy jako tancerki niebieskiej. Neandertalskie plemiona były nocne i znały gwiazdozbiory wielkiego niedźwiedzia, małego niedźwiedzia i drako. Neandertalczycy byli plemieniem nocnym ze względu na wrażliwość na światło spowodowaną porfiriami, które sprawiały, że preferowali noc do dnia. Bogowie neandertalczycy pochodzili z kosmosu zewnętrznego, a cywilizacja została zasiana przez kontakty międzygalaktyczne pośredniczące w oddziaływaniach kometarnych i asteroidalnych. Komety i asteroidy niosły magnetotaktyczne aktynoidalne archaiki, które tworzyły kolonie przekształcające się w homo neandertalczyków. Neandertalczycy byli religijni, mieli ceremonie pogrzebowe i wierzyli w życie pozagrobowe. Cywilizacja Dravidiańska, Uluzzian i Chatelperonean, a także Baskowie i Katalończycy byli neandertalczykami. Były to cywilizacje snów, rytuałów, tańców, religijności i transu z powodu epidemii CCAS. Neandertalczycy byli plemieniem nocnym, które czciło księżycową boginię, było matriarchalnym zbiorem pożywienia, a kobiety rządziły społeczeństwem. Homo sapiens byli słońcem czczącym patriarchalnych myśliwych wojowników i mężczyzn rządzących społeczeństwem. Kobiety były tylko adiunktami. Społeczeństwo neandertalczyków było religijne, rytualne, symboliczne i miało kosmologiczne podejście do świata. Było to społeczeństwo twórczej wyobraźni. Było to społeczeństwo w przeważającej mierze partenogenetyczne i aseksualne. Tantryczna forma duchowości i poczucie duchowego przebudzenia wskazane przez Kundaliniego ukazywały aseksualną naturę i eunuchoidalność charakterystyczną dla plemienia neandertalczyków. Móżdżek jest miejscem twórczych wizualizacji, paranormalnych i snów. W mózgu neandertalskim dominował móżdżek, tworząc stany transu, sny, telepatię, uzdrawianie psychiczne, zjawiska poltergeistyczne i religijność. Była to wysoka cywilizacja snów zapośredniczonych przez móżdżek. Móżdżek wytwarza ataksyjny zespół motoryczny oraz dysmetrię myśli. Dysmetria myśli prowadzi do autystycznego i schizofrenicznego plemienia neandertalczyków i neonandertalczyków, wytworzonego przez zmiany klimatyczne i ekspozycję w Internecie. Móżdżek jest miejscem występowania powszechnych guzów zarodkowych, a partenogeneza wywołana artefaktem jest wyższa w móżdżku produkującym przerost móżdżku, dominacja móżdżku i dysfunkcja móżdżku. Partenogeneza indukowana przez archanioła wywołuje dominację neandertalskiego mózgu w móżdżku i wymarzoną cywilizację neandertalczyków.

Umysł homo sapiens może charakteryzować się ego, a homo neandertalczykiem id. Cechy homo sapiens to słońce, faszyzm, psychoza, logika, nauka, przebudzenie, dorosły, dzień, Bóg, mężczyzna i yang, natomiast cechy homo neandertalczyków to komunizm, księżyc, nerwica, intuicja, religia, senny dzień, dziecko, noc, diabeł, kobieta i ying. Cro-Magnonowie byli myśliwymi, patriarchalnymi i czcicielami słońca. Homo neandertalczycy byli czcicielami księżyca, patriarchalnymi i zbieraczami żywności. Homo neandertalczycy zamieszkiwali Europę i Środkowy Wschód. Gooch postulował podwójną spiralną koncepcję umysłu w przeciwieństwie do dominacji półkulistej. Podwójna spirala umysłu Goocha obejmuje móżdżek, który zajmuje się snem i kreatywnością oraz mózg zajmujący się logiką. Jego koncepcja świętego życia człowieka, podwójna helisa umysłu, miasta snów, kreacje przestrzeni wewnętrznej i podzielonego ja są obszernie opisane w jego pracy. Móżdżek jest miejscem zjawisk paranormalnych i nadprzyrodzonych i rodzi wytwory z przestrzeni wewnętrznej. Są to kreacje z przestrzeni wewnętrznej, za pośrednictwem której móżdżek tworzył podstawy dla wampirów, troglodytów, demonów i asurasów. Kora mózgowa jest miejscem ego, a móżdżek miejscem id. Móżdżek staje się dominującym miejscem dzięki artefaksie i wiroidowej partenogenezie zarodkowej. Krzyżowanie się Cro-Magnona z neandertalczykami spowodowało wybuch duchowości, artyzmu i kreatywności. Ludzkie zachowanie można wytłumaczyć podwójną spiralną koncepcją umysłu. Socjaliści są neandertalczykami i konserwatystami Cro-Magnona. Neandertalczycy mieli rude włosy ze skośnym czołem i byli czcicielami księżyca. Kult księżycowy był powszechny w Żyznym Półksiężycu, który obejmował Turcję, Egipt, Harappę, Sumerię i Arabię. Podstawą tych cywilizacji był księżyc. Społeczeństwa neandertalskie były matriarchalne, całkowicie rozwiązłe i napędzane seksem i prowadzone przez kobiety. Można je porównać z zachowaniami bonobo naczelnych. Neandertalczycy byli krótkowzroczni, leworęczni i niedowidzący. Cro-Magnony były wyższe, dalekowzroczne i praworęczne. Neandertalczycy żyli wspólnie, a Cro-Magnonowie byli monogamiczni i związani parami. Neandertalczycy mieli większy móżdżek, piknikowy typ ciała, nieatletyczny typ ciała, leworęczność, mniej łysienia typu męskiego, wydatne brwi oczu, recesywne podbródki, byli neurotyczni, a mniej psychozy, bardziej hipnotyzujący i lepszy wzrok w nocy. Fenotyp neandertalczyka można zaobserwować u osób porzucających naukę, uzależnionych, alkoholików, bezrobotnych i bezsennych. Żyli w świecie marzeń sennych i wzmożonej aktywności seksualnej, a także naprzemiennej seksualności. Neandertalczycy byli zorganizowani religijnie byli widziani na południu Europy, na wschodzie Europy wśród nietykalnych, podczas gdy Cro-Magnonowie mieli duże społeczeństwo obywatelskie i byli widziani w północnej Europie, Europie Zachodniej, wspólnotach Braminów i byli wyżsi. Polityczne idee rewolucji francuskiej, rosyjskiej i talibów były neandertalskie, podczas gdy idee nazistów i KKK były Cro-Magnonami. Neandertalczycy byli w zasadzie społeczeństwem marzycielskim, księżycowym i byli reprezentowani przez Celtów, czarownice, kabalistów, różokrzyżowców i judaistów. Nazistowska nienawiść do Żydów i zachodnia nienawiść do islamu wynikają z ich neandertalskiego pochodzenia. Homo sapiens natomiast byli czcicielami słońca. Neandertalczycy byli leworęczni i leworęczni, a Cro-Magnonowie praworęczni i prawoskrętni. The Neandertalczyk społeczeństwo reprezentować Nairs, Nagas, Sakas, Scythians, Saxons, Celts, Berbers, Sumerians, Dravidians, Harappans, Etruskowie i Egipcjanin. Księżyc był czczony w Egipcie, Babilonie, Indiach, Sumerii, Asyrii, Akkadyjczykach i Chaldejczykach. Bóg księżycowy był nazywany jako grzech i Thoth. Są to najstarsze ludzkie bóstwa i są reprezentowane przez Sziwę w Indiach. Egipski bóg Izyda, celtycki bóg Morgana, grecki bóg Artemida, Afrodyta i Selena byli przedstawicielami boga księżycowego. Wszystkie pogańskie święta zależą od cykli księżycowych. The księżycowy Bóg czcić w the Kabbala, the Talmuds, the Ur Chaldees, Harappa i w the Żyzny Półksiężyc. Cywilizacja Harappan miała Sziwę z jej półksiężycem symbolizującym księżycowy kult. Soma była bóstwem przewodniczącym ceremonii Rig Vedic i jest reprezentowana przez księżyc. Soma jest właściwie napojem z mleka, miodu, marihuany i innych ekstraktów roślinnych, które wytworzyły stan halucynacji. Kultura hinduska była neandertalska i księżycowo-centryczna, podobnie jak kolejne sekty hinduizmu Shaivite, takie jak Aghoras i Nagas. Określenie na chorobę psychiczną - szaleńca pochodziło od księżycowego kultu. Cywilizacja Cro-Magnon była przeciwieństwem, gdzie słońce było dominującym elementem, a logika - kulturą społeczeństwa. Wojny historii i nienawiść do takich cywilizacji jak Żydzi, islam i hinduiści opierały się na neandertalskim pochodzeniu i ich księżycowym kulcie.

Neandertalczycy rozwinęli się poprzez wysiew kometarnych genów reptiliańskich z kosmosu. Międzygalaktyczne porfiryny, wiroidy RNA, wiroidy DNA i wzorce replikujące archaiki magnetotaktyczne są podstawą genów kometarnych i wysiewania życia na Ziemi. Replikacja wzorca i partenogeneza są związane z ewolucją neandertalczyków. Konflikt wewnątrzgatunkowy i hybrydyzacja międzygatunkowa powoduje ekspresję genów reptiliańskich w niedoborze ludzkiego PDH, dysfunkcji mitochondriów, SLOS i porfirii. Partenogeneza i matriarchia są ze sobą powiązane, podobnie jak SLOS, aseksualność i alternatywna seksualność. Prowadzi to do powstawania anarchicznych społeczeństw anarchicznych o charakterze hierarchicznym. Równość i wrażliwość na płeć są związane z wężowym kultem Khylsta i Capracoitów - Nagów i Asurasów - Drawidiuszów i Sumerów - Punktów i Egipcjan. Matka Bogini, lud wężowy i Neandertalczycy są synonimami. The Dravidians, Celt, Egipcjanin, Żyd, Berber, Sakas, Nagas, Nairs, Asuras i Neanderthals być partenogenetyczny. Spożywali oni wysokotłuszczową dietę wysokobiałkową - mleko i miód, a także mieli utrzymującą się tolerancję dorosłych na laktozę. Przyczyniło się to do spożycia diety ketogenicznej, metabolizmu komórek macierzystych i partenogenezy. Globalne ocieplenie i zmiany klimatyczne mogą prowadzić do archaicznej endosymbiozy i neandertalizacji gatunku. Prowadzi to do hybrydyzacji międzygatunkowej i konfliktów wewnątrzgatunkowych przyczyniających się do partenogenezy. Wiroidy Archaea i RNA mogą indukować partenogenezę. Partenogeneza może prowadzić do matriarchii i dominacji samic. Partenogeneza może powodować ekspresję genów reptilianów, porfirii, pozazmysłowej percepcji i fenotypu autystycznego. Prowadzi to do powstania twórczej, duchowej i matriarchalnej populacji. Ma to podobieństwo do kolonii mrówek i pszczół. Zachowują się one jak partenogenetyczne społeczeństwa neandertalczyków. Ekspresja genów reptilianów wytwarza fenotyp SLOS, niski poziom cholesterolu i brak hormonów płciowych, co prowadzi do bezpłciowości i naprzemiennej seksualności.

Partenogeneza może prowadzić do chorób człowieka. Partenogenetyczna Ciąża somatyczna może prowadzić do raka. Zarodki partenogenetyczne zachowują się jak autoantygeny powodujące chorobę autoimmunologiczną i autoimmunologiczną. Partenogeneza i glikoliza komórek macierzystych może prowadzić do aktywacji limfocytów i choroby autoimmunologicznej. Partenogeneza w mózgu może prowadzić do wielu osobowości powodujących schizofrenię i autyzm. Partenogeneza zarodków w tkance nerwowej może prowadzić do neurodegeneracji poprzez głodowanie komórek gospodarza. Partenogeneza prowadzi do powstania fenotypu Warburga. Fenotyp Warburga przyczynia się do glikolizy beztlenowej, dysfunkcji mitochondriów i zespołu metabolicznego. Partenogeneza może prowadzić do ewolucji płciowej i naprzemiennej seksualności. Partenogeneza prowadzi do braku zapotrzebowania na rozmnażanie seksualne. Ekspresja genów reptilianów i fenotypu SLOS powoduje zubożenie cholesterolu i niedobór hormonów płciowych. Powoduje to powstanie fenotypu bezpłciowego. Ekstremalne zmiany klimatyczne mogą powodować symbiozę archeologiczną i partenogenezę. Prowadzi to do hybrydyzacji międzygatunkowej i konfliktów wewnątrzgatunkowych. Prowadzi to do powstania społeczeństwa matrilinowego i dominacji kobiet. Status samców jest niski w społeczeństwach matrilinealnych. W społeczeństwach neandertalskich dominowały kobiety. Hybrydyzacja międzygatunkowa i konflikt wewnątrzgatunkowy prowadzi do archaicznej i RNA wiroidowej partenogenezy. Ekspresja genów reptilianów wytwarza fenotyp SLOS, niski poziom cholesterolu, niskie stężenie hormonów płciowych i bezpłciowość. Prowadzi to do naprzemiennej seksualności, społeczeństw matrilinealnych, dominacji kobiet i zespołu DEVI. Przyczynia się to do powstawania fenotypu autystycznego i neandertalistycznych plemion autystycznych.

Partenogeneza wywołana zmianami klimatycznymi jest wynikiem pośrednictwa archaicznych i wiroidów RNA. Prowadzi to do powstania społeczeństwa matriliniowego, matriarchicznego i aseksualnego. Ekspresja genów reptilianów i porfirii prowadzi do generowania porfirii i pozazmysłowej percepcji. Partenogeneza i kult Bogini Matki są ze sobą powiązane. Porfiryny wytwarzają pozazmysłowe postrzeganie kwantowe i cywilizację kwantową. Prowadzi to do kreatywności i autyzmu. Powrót Nagas i Asuras z powodu zmiany klimatu jest związany z archeologiczną endosymbiozą i partenogenezą. Archaea i wiroidy mogą indukować partenogenezę. Archaea and RNA viroid indukują dysfunkcję mitochondriów i regulowaną glikolizę, co prowadzi do transformacji komórek macierzystych komórek somatycznych. Metabolizm komórek macierzystych obejmuje glikolizę beztlenową, dysfunkcję PDH, mutację CoQ 2 i dysfunkcję mitochondriów. Komórki somatyczne będące komórkami macierzystymi ulegają transformacji w układzie aktywacji immunologicznej i wydzielania cytokin, mogą być przekształcone w komórki kiełkowe - plemniki i komórki jajowe. Może to prowadzić do zapłodnienia i partenogenezy. Porfiryny są wynikiem wewnątrzgenomowej hybrydyzacji konfliktowo-gatunkowej i ekspresji genów reptiliańskich.

Archaiki mogą indukować aktywację receptorów HIF alfa i toll, co prowadzi do glikolizy, dysfunkcji mitochondriów i GABA shunt. Prowadzi to również do syntezy porfiryn i porfiryn. Porfiryny mogą wytwarzać postrzeganie pozazmysłowe/kwantowe. Porfiryny mogą powodować percepcję kwantową i cywilizację kwantową istniejącą w wielorakich światach. Archaiki aktynowców i porfiryny pełnią funkcję magnetotaktyczną, czego efektem jest funkcja neuronów lustrzanych. Prowadzi to do powstania plemienia autystycznego. Kora mózgowa staje się atroficzna, a kora mózgowa dominująca, wytwarzając zaburzenie poznawcze afektywne. Hybrydyzacja międzygatunkowa i konflikt wewnątrzgatunkowy prowadzi do symbiozy archeologicznej i partenogenezy. Istnieje konflikt wewnątrzgatunkowy i hybrydyzacja międzygatunkowa powodująca to zjawisko. Skutkuje to ekspresją genów reptiliańskich i aktywacją szlaku kwasu shikimowego. Prowadzi to do zwiększonej syntezy dopaminy. Transmisja hiperdopaminergiczna może wytwarzać endemiczną chorobę la tourette z tikami motorycznymi i wokalnymi. Syczenie jak tiki wokalne doprowadziło do ewolucji języka.

Neandertalczycy spożywają dietę wysokotłuszczową o wysokiej zawartości białka, ketogenną. Prowadziło to do hibernacji, fruktolizy i fruktozemii, lipogenezy i odkładania się tłuszczu, gromadzenia się mukopolisacharydów, partenogenezy i metabolizmu komórek macierzystych, glikolizy i dysfunkcji mitochondriów. Dieta wysokotłuszczowa o wysokiej zawartości białka może prowadzić do zmniejszenia SCFA, modulowanej acetylacji histonu, ekspresji HERV i modulacji genomowej. Niski poziom krótkołańcuchowych kwasów tłuszczowych, w tym maślanu, wynikający z diety o niskiej zawartości błonnika, prowadzi do zmniejszenia ekspresji HDAC, co jest związane z ekspresją HERV. Ekspresja genu Reptilian może prowadzić do homo cystynurii i modulacji ekspresji genomowej poprzez demetylację. Neandertalizacja mózgu powoduje pozazmysłowe postrzeganie, zanik korowy, dominację móżdżku i zaburzenia poznawcze afektywne (CCAS). Współczynnik neandertalażu jest związany z neurotycznością, społecznym strachem, unikaniem społecznym, depresją, zaburzeniami dwubiegunowymi i autyzmem. Iloczynnik neandertalczyka jest związany z obawą przed obcymi, agresywnym zachowaniem i ograniczeniem społecznym. NQ jest również związany z rozwiązłością seksualną, emocjonalnym stoicyzmem i strachem w sytuacji społecznej. NQ wiąże się również z lękiem, ksenofobią, brakiem empatii, współczuciem. Współczynnik NQ jest związany z brakiem pamięci operacyjnej i świadomości oraz rozwojem pamięci długoterminowej. Współczynnik NQ jest związany z ryzykownymi zachowaniami fizycznymi, społecznymi i seksualnymi. Współczynnik NQ odnosi się do małych grup liczących 8-10 osób. Grupy neandertalczyków były małe. Grupy homo sapien liczyły 150 i były duże. NQ tworzą sojusze w ramach grup krewnych i więzi rodzinne były silne. Homo sapiens mogli tworzyć sojusze z grupami nie spokrewnionymi i rozwiniętymi dużymi cywilizacjami.

Fenotyp autystyczny i schizofreniczny został przypisany przez Leo Kannera i Bruno Bettelheima jako chłodzona matka matriarchalnego fenotypu neandertalskiego. Homo neandertalczyk jest żeńskim dominującym matriarchalnym społeczeństwem. Mózg neandertalczyka przyczynia się do zaburzenia funkcji poznawczych móżdżku z dużą częstością występowania autyzmu i schizofrenii. Prowadzi to do rodzicielskiego zimna, obsesyjności, społecznej izolacji i rytualizmu. Autystyczne i schizofreniczne neandertalskie matki rodzą autystyczne i schizofreniczne dzieci. Autyzm i schizofrenia są zaburzeniami socjalizacji. Matki dzieci autystycznych i schizofrenicznych są społecznie wycofane i zdominować ich dzieci prowadzące do tego, co jest nazywane jako zespół Mahlera lub symbiotyczny zespół psychotyczny. Jest to syndrom różnicowania i deanimacji, w którym dziecko postrzega siebie jako przedłużenie matki. Neandertalczycy mają magnetotaktyczne archaiczne i porfirynowe postrzeganie kwantowe, a dominująca matka jest niezróżnicowana psychologicznie od dzieci neandertalczyków. Dzieci neandertalczyków z matek dominujących stają się społecznie wycofane i odizolowane, co prowadzi do paleologicznego procesu myślenia przyczyniającego się do autyzmu i schizofrenii. Mózg neandertalczyków ewoluuje w wyniku symbiozy archeologicznej, a archeologiczny katabolizm cholesterolowy prowadzi do obniżenia poziomu cholesterolu i kwasów żółciowych w neandertalach. Archaiki używają cholesterolu jako substratu energetycznego i mają aktywność oksydazy cholesterolowej. Kwasy żółciowe mogą wiązać się z receptorami węchowymi i modulować zachowanie płata limbicznego i człowieka. Kwasy żółciowe biorą udział w wiązaniu społecznym, a ich niedobór w neandertalach przyczynia się do powstawania mniejszych społeczeństw i ciasnych grup rodzinnych. Niedobór kwasów żółciowych przyczynia się do zmniejszenia więzi społecznych u neandertalczyków oraz do powstawania autyzmu i schizofrenii. Relacje rodzinne w społeczeństwie matriarchalnym są napięte, co prowadzi do powstania zespołu pustej twierdzy.

Porfiryiry mają falowo-cząsteczkowe istnienie i mogą istnieć w przestrzeni międzygalaktycznej. Tworzą szablon do tworzenia abiogenetycznych organizmów izoprenoidalnych, wiroidów DNA, wiroidów RNA, podwójnych szablonów helikalnych przypominających gady. Tworzenie się wszechświata zależy od abiogenetycznego pola magnetycznego związanego z międzygalaktycznym polem magnetycznym w archaicznych archaikach. Geny kometarne pochodzące z międzygalaktycznych archaicznych i wiroidów przez asteroidalny wpływ życia nasion w ziemi. Archaiki międzygalaktyczne i geny kometarne wytworzyły ewolucję życia na Ziemi. Archeologiczne kolonie aktynowców stały się wielokomórkowe i ewoluowały w neandertalczyków. Partenogenetyczne embriony neandertalczyków mają szablon pośredniczący w replikacji.

Hybrydyzacja międzygatunkowa i konflikt wewnątrzgatunkowy doprowadziły do powstania archaicznych i wiroidowych procesów partenogenezy. Spowodowało to matriarchię i dominację samic. Ekspresja genów reptilianów i fenotyp SLOS powodowały niski poziom cholesterolu, hormonów płciowych i bezpłciowość. W ten sposób powstała kultura równości płci i alternatywnej seksualności. ESP wywołane przez porfirynę może prowadzić do zjednoczonej świadomości, równości i jedności. Prowadzi to do powstania anarchicznego i niehierarchicznego społeczeństwa. Neandertalizacja mózgu może prowadzić do zaburzeń poznawczych afektywnych w móżdżku. CCAS prowadzi do ewolucji złości i duchowości. CCAS prowadzi również do nielogicznych, impulsywnych aktów przyczyniających się do terroryzmu. Pozazmysłowa percepcja i ataksja spowodowana dysfunkcją móżdżku może prowadzić do kreatywności, tańca, malarstwa i sztuki.

Hybrydyzacja międzygatunkowa i konflikty wewnątrzgatunkowe mogą prowadzić do partyjogenezy - archaiki i indukcji wiroidowej. Ekspresja genów reptilianów i metabolizm komórek macierzystych prowadzi do dysfunkcji mitochondriów, niedoboru PDH, glikolizy, fruktolizy, fruktozemii, lipogenezy, zespołu hibernacji, mukopolisacharydozy i zespołu zombie. Wytwarza to zespół metaboliczny z otyłością i cukrzycą imitujący nawyki reptilianów. Hybrydyzacja międzygatunkowa i konflikty wewnątrzgatunkowe prowadzą do zmian klimatycznych, archaiczności i partenogenezy wywołanej przez wiroidy. Ekspresja genów reptilianu wytwarza HIF alfa i zwiększa aktywację immunologiczną glikolizy. Partenogeneza somatyczna jest związana z autoimmunizacją. Ekspresja genów gadów szpikułowych i synteza digoksyny prowadzi do aktywacji immunologicznej. Geny Reptilianu i ekspresja HLA są ze sobą powiązane. Geny HLA pochodzą od neandertalczyków. Indukowana przez wiroidy archaiczna i RNA aktywacja receptora poboru opłat może prowadzić do aktywacji immunologicznej. To powoduje chorobę autoimmunologiczną. Hybrydyzacja międzygatunkowa i konflikty wewnątrzgatunkowe mogą prowadzić do partenogenezy, archaiki i wiroidów wywołanych RNA. Ekspresja genu reptilianów prowadzi do porfirii. Porfiryny są związane z postrzeganiem ilościowym. Neandertalczycy są oporni na retroviral z mniejszą ekspresją HERV, co prowadzi do zaników korowych i dominacji móżdżku, przyczyniając się do CCAS. Percepcja kwantowa indukowana przez porfiryny może prowadzić do powstania cywilizacji kwantowej. Wynika to z neandertalizacji mózgu, zmniejszenia kory mózgowej. Hybrydyzacja międzygatunkowa i konflikt wewnątrzgatunkowy, jak wspomniano wcześniej, może prowadzić do partenogenezy - archaiki i wiroidy indukowane. Ekspresja genów reptilianów prowadzi do wytworzenia porfirii i porfirii wytwarzającej ESP i percepcję kwantową. Funkcjonalność neuronów lustrzanych jest związana z porfirią archaiczną. Prowadzi to do percepcji kwantowej i cywilizacyjnej, a także do biologicznej reinkarnacji.

Tabela 1. Wywiad partenogenetyczny w ciążach kobiet

Grupa	Procent
Matrilineal Nair	11
Nie-matrylinowy	2

Tabela 2. Współczynnik neandertalczyka

Grupa	NQ
Matrilineal Nair	Wysoki
Nie-matrylinowy	Niski poziom

Referencje

1. Gordon Scherer (2013). The Serpent People. Blog: Węże. Mar. 22, 2013.
2. Geher, G., Holler, R., Chapleau, D., Fell, J., Gangemi, B., Gleason, M., Rolon, V., Shimkus, A., & Tauber, B. (2017). Using Personal Genome Technology and Psychometrics to Study the Personality of the Neanderthals. *Human Ethology Bulletin*, 3, 34-46.

ROZDZIAŁ 2
ORGANIZM IZOPRENOIDOWY - NEANDERTALICZNY CHOLESTEROL I AKTYNOWCE ZALEŻNE OD SHADOW BIOSPHERE ARCHAEA I VIROIDY OZNAKUJĄCE ABIOGENESĘ OPARTĄ NA CHŁODZIE - EWOLUCJA BIOLOGICZNEGO WSZECHŚWIATA

Wprowadzenie

Zwłóknienie mięśnia sercowego (EMF) wraz z chorobą więdnięcia korzeni kokosa jest endemiczne dla Kerali z jej radioaktywnymi aktynowcami piasków plażowych. Aktynowce, takie jak rutyl produkujący wewnątrzkomórkowy niedobór magnezu z powodu miejsc wymiany rutylu z magnezem w błonie komórkowej zostały włączone do etiologii EMF1. Endogenna digoksyna, glikozyd steroidowy, który działa jako inhibitor ATPazy potasowo-sodowej jest również związany z jego etiologią z powodu wewnątrzkomórkowego niedoboru magnezu, który produkuje2. Wykazano również, że organizmy takie jak fitoplazmy i wiroidy również odgrywają rolę w etiologii tych chorób3,[4]. Endogenna digoksyna związana jest z patogenezą schizofrenii, nowotworów, zespołu metabolicznego X, choroby autoimmunologicznej i zwyrodnienia neuronów2. Rozważano możliwość syntezy endogennej digoksyny przez prymitywne organizmy oparte na aktynowcach, takie jak archaiki o szlaku mewalonatowym i katabolizm cholesterolowy5-7. Davies zaproponował koncepcję biosfery cieni organizmów z alternatywną biochemią obecną w samej ziemi8. Opisano zależną od aktynowców biosferę cieni archaicznych i wiroidów w wyżej wymienionych stanach chorobowych6. Postuluje się, że aktynowce metalowe w piaskach plażowych odgrywają rolę w abiogenezie6. Do abiogenezy przyczyniłyby się minerały aktynowców, takie jak rutyl, monacyt i illmenit w wyniku metabolizmu powierzchniowego9. Przedstawiono hipotezę o cholesterolu jako pierwotnej prebiotycznej cząsteczce syntetyzowanej na powierzchniach aktynowców z wszystkimi innymi biomolekułami z niego wynikającymi oraz o samoreplikującym się organizmie lipidowym cholesterolu jako wstępnej formie życia. Hipotezuje się rolę archaicznych aktynowców w genezie międzygwiezdnych wielopierścieniowych węglowodorów aromatycznych oraz międzygwiezdnych pól magnetycznych ważnych w ewolucji wszechświata.

Materiały i metody

Uzyskano świadomą zgodę uczestników i zgodę komisji etycznej na przeprowadzenie badania. Badaniami objęto następujące grupy: - zwłóknienie mięśnia sercowego, choroba

Alzheimera, stwardnienie rozsiane, chłoniak nieziarniczy, zespół metaboliczny X z zakrzepicą naczyń mózgowych i chorobą wieńcową, schizofrenia, autyzm, zaburzenia napadowe, choroba Creutzfeldta Jakoba i zespół nabytego niedoboru odporności. W każdej grupie znajdowało się 10 pacjentów, a każdy z nich miał dopasowaną do wieku i płci zdrową kontrolę wybraną losowo z populacji ogólnej. Próbki krwi pobierano w stanie postu przed rozpoczęciem leczenia. Zastosowano osocze z krwi heparynizowanej na czczo, a protokół doświadczalny był następujący: - (I) osocze+fosforan buforowany solą fizjologiczną, (II) taki sam jak substrat I+cholesterolowy, (III) taki sam jak II+rutyl 0,1 mg/ml, oraz (IV) taki sam jak II+profloksacyna i doksycyklina, każda w stężeniu 1 mg/ml. Podłoże cholesterolowe zostało przygotowane w sposób opisany przez Richmond10. Pozostałości wycofywano w czasie zerowym bezpośrednio po zmieszaniu i po inkubacji w temperaturze 37 ^{oC} przez 1 godzinę. Przeprowadzono następujące oznaczenia: - cytochrom F420, wolne RNA, wolne DNA, kwas muramowy, wielopierścieniowe węglowodory aromatyczne, nadtlenek wodoru, serotonina, pirogronian, amoniak, glutaminian, cytochrom C, heksokinaza, syntaza ATP, reduktaza HMG CoA, digoksyna i kwasy żółciowe11-14. Cytoksymetrię F420 oszacowano mącznikowo (długość fali wzbudzenia 420 nm i długość fali emisji 520 nm). Wielopierścieniowe węglowodory aromatyczne oceniano poprzez pomiar nadtlenku wodoru uwalnianego za pomocą odczynnika glukozowego. Analiza statystyczna została przeprowadzona przez ANOVA.

Wyniki

Sprawdzono następujące parametry: - cytochrom F420, wolne RNA, wolne DNA, kwas muramowy, wielopierścieniowe węglowodory aromatyczne, nadtlenek wodoru, serotonina, pirogronian, amoniak, glutaminian, cytochrom C, heksokinaza, syntaza ATP, reduktaza HMG CoA, digoksyna i kwasy żółciowe. W osoczu osób z grupy kontrolnej stwierdzono podwyższony poziom wyżej wymienionych parametrów po inkubacji przez 1 godzinę i dodaniu substratu cholesterolowego, co spowodowało dalszy znaczący wzrost tych parametrów. W osoczu chorych uzyskano podobne wyniki, ale zakres wzrostu był większy. Dodatek antybiotyków do osocza kontrolnego powodował spadek wszystkich parametrów, natomiast dodatek rutylu zwiększał ich poziom. Dodatek antybiotyków do osocza pacjenta spowodował spadek wszystkich parametrów, podczas gdy dodatek rutylu zwiększył ich poziom, ale zakres zmian był większy w osoczu pacjenta w porównaniu z grupą kontrolną. Wyniki są wyrażone w tabelach 1-7 jako procentowa zmiana parametrów po 1 godzinie inkubacji w porównaniu do wartości w czasie zerowym.

Tabela 1. Wpływ rutylu i antybiotyków na cytochrom F420 i kwas muramowy

Grupa	CYT F420 % (Zwiększyć za pomocą Rutylu)		CYT F420 % (Zmniejszyć za pomocą Doxy+Cipro)		Kwas muramiczny zmiana % (Zwiększyć za pomocą Rutylu)		Kwas muramiczny zmiana % (Zmniejszyć za pomocą Doxy+Cipro)	
	Mean	**± SD**	**Mean**	**± SD**	**Mean**	**± SD**	**Mean**	**± SD**
Normalny	4.48	0.15	18.24	0.66	4.45	0.14	18.25	0.72
Schizo	23.24	2.01	58.72	7.08	23.01	1.69	59.49	4.30
Zajęcie	23.46	1.87	59.27	8.86	22.67	2.29	57.69	5.29
AD	23.12	2.00	56.90	6.94	23.26	1.53	60.91	7.59
MS	22.12	1.81	61.33	9.82	22.83	1.78	59.84	7.62
NHL	22.79	2.13	55.90	7.29	22.84	1.42	66.07	3.78
DM	22.59	1.86	57.05	8.45	23.40	1.55	65.77	5.27
AIDS	22.29	1.66	59.02	7.50	23.23	1.97	65.89	5.05
CJD	22.06	1.61	57.81	6.04	23.46	1.91	61.56	4.61
Autyzm	21.68	1.90	57.93	9.64	22.61	1.42	64.48	6.90
EMF	22.70	1.87	60.46	8.06	23.73	1.38	65.20	6.20
Wartość F	306.749		130.054		391.318		257.996	
Wartość P	< 0.001		< 0.001		< 0.001		< 0.001	

Tabela 2. Wpływ rutylu i antybiotyków na wolne RNA i DNA

Grupa	DNA % zmiana (Zwiększyć za pomocą Rutylu)		DNA % zmiana (Zmniejszyć za pomocą Doxy+Cipro)		RNA % zmiana (Zwiększyć za pomocą Rutylu)		RNA % zmiana (Zmniejszyć za pomocą Doxy+Cipro)	
	Mean	**± SD**	**Mean**	**± SD**	**Mean**	**± SD**	**Mean**	**± SD**
Normalny	4.37	0.15	18.39	0.38	4.37	0.13	18.38	0.48
Schizo	23.28	1.70	61.41	3.36	23.59	1.83	65.69	3.94
Zajęcie	23.40	1.51	63.68	4.66	23.08	1.87	65.09	3.48
AD	23.52	1.65	64.15	4.60	23.29	1.92	65.39	3.95
MS	22.62	1.38	63.82	5.53	23.29	1.98	67.46	3.96
NHL	22.42	1.99	61.14	3.47	23.78	1.20	66.90	4.10
DM	23.01	1.67	65.35	3.56	23.33	1.86	66.46	3.65
AIDS	22.56	2.46	62.70	4.53	23.32	1.74	65.67	4.16
CJD	23.30	1.42	65.07	4.95	23.11	1.52	66.68	3.97
Autyzm	22.12	2.44	63.69	5.14	23.33	1.35	66.83	3.27
EMF	22.29	2.05	58.70	7.34	22.29	2.05	67.03	5.97
Wartość F	337.577		356.621		427.828		654.453	
Wartość P	< 0.001		< 0.001		< 0.001		< 0.001	

Tabela 3. Wpływ rutylu i antybiotyków na reduktazę HMG CoA i syntezę ATP

Grupa	**HMG CoA R zmiana %** (Zwiększyć za pomocą Rutylu)		**HMG CoA R zmiana %** (Zmniejszyć za pomocą Doxy+Cipro)		**Syntaza ATP %** (Zwiększyć za pomocą Rutylu)		**Syntaza ATP %** (Zmniejszyć za pomocą Doxy+Cipro)	
	Mean	**± SD**	**Mean**	**± SD**	**Mean**	**± SD**	**Mean**	**± SD**
Normalny	4.30	0.20	18.35	0.35	4.40	0.11	18.78	0.11
Schizo	22.91	1.92	61.63	6.79	23.67	1.42	67.39	3.13
Zajęcie	23.09	1.69	61.62	8.69	23.09	1.90	66.15	4.09
AD	23.43	1.68	61.68	8.32	23.58	2.08	66.21	3.69
MS	23.14	1.85	59.76	4.82	23.52	1.76	67.05	3.00
NHL	22.28	1.76	61.88	6.21	24.01	1.17	66.66	3.84
DM	23.06	1.65	62.25	6.24	23.72	1.73	66.25	3.69
AIDS	22.86	2.58	66.53	5.59	23.15	1.62	66.48	4.17
CJD	22.38	2.38	60.65	5.27	23.00	1.64	66.67	4.21
Autyzm	22.72	1.89	64.51	5.73	22.60	1.64	66.86	4.21
EMF	22.92	1.48	61.91	7.56	23.37	1.31	63.97	3.62
Wartość F	319.332		199.553		449.503		673.081	
Wartość P	< 0.001		< 0.001		< 0.001		P < 0.001	

Tabela 4. Wpływ rutylu i antybiotyków na digoksynę i kwasy żółciowe

Grupa	**Digoksyna (ng/ml)** (Zwiększyć za pomocą Rutylu)		**Digoksyna (ng/ml)** (Zmniejszyć za pomocą Doxy+Cipro)		**Kwasy żółciowe % zmiana** (Zwiększyć za pomocą Rutylu)		**Kwasy żółciowe % zmiana** (Zmniejszyć za pomocą Doxy+Cipro)	
	Mean	**± SD**	**Mean**	**± SD**	**Mean**	**± SD**	**Mean**	**± SD**
Normalny	0.11	0.00	0.054	0.003	4.29	0.18	18.15	0.58
Schizo	0.55	0.06	0.219	0.043	23.20	1.87	57.04	4.27
Zajęcie	0.51	0.05	0.199	0.027	22.61	2.22	66.62	4.99
AD	0.55	0.03	0.192	0.040	22.12	2.19	62.86	6.28
MS	0.52	0.03	0.214	0.032	21.95	2.11	65.46	5.79
NHL	0.54	0.04	0.210	0.042	22.98	2.19	64.96	5.64
DM	0.47	0.04	0.202	0.025	22.87	2.58	64.51	5.93
AIDS	0.56	0.05	0.220	0.052	22.29	1.47	64.35	5.58
CJD	0.53	0.06	0.212	0.045	23.30	1.88	62.49	7.26
Autyzm	0.53	0.08	0.205	0.041	22.21	2.04	63.84	6.16
EMF	0.51	0.05	0.213	0.033	23.41	1.41	58.70	7.34
Wartość F	135.116		71.706		290.441		203.651	
Wartość P	< 0.001		< 0.001		< 0.001		< 0.001	

Tabela 5. Wpływ rutylu i antybiotyków na pyruwat i heksokinazę

Grupa	Pirwat % zmiana (Zwiększyć za pomocą Rutylu)		Pirwat % zmiana (Zmniejszyć za pomocą Doxy+Cipro)		Heksokinaza zmiana % (Zwiększyć za pomocą Rutylu)		Heksokinaza zmiana % (Zmniejszyć za pomocą Doxy+Cipro)	
	Mean	**± SD**	**Mean**	**± SD**	**Mean**	**± SD**	**Mean**	**± SD**
Normalny	4.34	0.21	18.43	0.82	4.21	0.16	18.56	0.76
Schizo	20.99	1.46	61.23	9.73	23.01	2.61	65.87	5.27
Zajęcie	20.94	1.54	62.76	8.52	23.33	1.79	62.50	5.56
AD	22.63	0.88	56.40	8.59	22.96	2.12	65.11	5.91
MS	21.59	1.23	60.28	9.22	22.81	1.91	63.47	5.81
NHL	21.19	1.61	58.57	7.47	22.53	2.41	64.29	5.44
DM	20.67	1.38	58.75	8.12	23.23	1.88	65.11	5.14
AIDS	21.21	2.36	58.73	8.10	21.11	2.25	64.20	5.38
CJD	21.07	1.79	63.90	7.13	22.47	2.17	65.97	4.62
Autyzm	21.91	1.71	58.45	6.66	22.88	1.87	65.45	5.08
EMF	22.29	2.05	62.37	5.05	21.66	1.94	67.03	5.97
Wartość F	321.255		115.242		292.065		317.966	
Wartość P	< 0.001		< 0.001		< 0.001		< 0.001	

Tabela 6. Wpływ rutylu i antybiotyków na nadtlenek wodoru oraz kwas delta amino lewulinowy

Grupa	H2O2 % (Zwiększyć za pomocą Rutylu)		H2O2 % (Zmniejszyć za pomocą Doxy+Cipro)		ALA % (Zwiększyć za pomocą Rutylu)		ALA % (Zmniejszyć za pomocą Doxy+Cipro)	
	Mean	**± SD**	**Mean**	**± SD**	**Mean**	**± SD**	**Mean**	**± SD**
Normalny	4.43	0.19	18.13	0.63	4.40	0.10	18.48	0.39
Schizo	22.50	1.66	60.21	7.42	22.52	1.90	66.39	4.20
Zajęcie	23.81	1.19	61.08	7.38	22.83	1.90	67.23	3.45
AD	22.65	2.48	60.19	6.98	23.67	1.68	66.50	3.58
MS	21.14	1.20	60.53	4.70	22.38	1.79	67.10	3.82
NHL	23.35	1.76	59.17	3.33	23.34	1.75	66.80	3.43
DM	23.27	1.53	58.91	6.09	22.87	1.84	66.31	3.68
AIDS	23.32	1.71	63.15	7.62	23.45	1.79	66.32	3.63
CJD	22.86	1.91	63.66	6.88	23.17	1.88	68.53	2.65
Autyzm	23.52	1.49	63.24	7.36	23.20	1.57	66.65	4.26
EMF	23.29	1.67	60.52	5.38	22.29	2.05	61.91	7.56
Wartość F	380.721		171.228		372.716		556.411	
Wartość P	< 0.001		< 0.001		< 0.001		< 0.001	

Tabela 7. Wpływ rutylu i antybiotyków na WWA i serotoninę

Grupa	PAH % (Zwiększyć za pomocą Rutylu)		PAH % (Zmniejszyć za pomocą Doxy+Cipro)		5 HT % zmiana (Zwiększyć za pomocą Rutylu)		5 HT % zmiana (Zmniejszyć za pomocą Doxy+Cipro)	
	Mean	**± SD**	**Mean**	**± SD**	**Mean**	**± SD**	**Mean**	**± SD**
Normalny	4.41	0.15	18.63	0.12	4.34	0.15	18.24	0.37
Schizo	21.88	1.19	66.28	3.60	23.02	1.65	67.61	2.77
Zajęcie	22.29	1.33	65.38	3.62	22.13	2.14	66.26	3.93
AD	23.66	1.67	65.97	3.36	23.09	1.81	65.86	4.27
MS	22.92	2.14	67.54	3.65	21.93	2.29	63.70	5.63
NHL	23.81	1.90	66.95	3.67	23.12	1.71	65.12	5.58
DM	24.10	1.61	65.78	4.43	22.73	2.46	65.87	4.35
AIDS	23.43	1.57	66.30	3.57	22.98	1.50	65.13	4.87
CJD	23.70	1.75	68.06	3.52	23.81	1.49	64.89	6.01
Autyzm	22.76	2.20	67.63	3.52	22.79	2.20	64.26	6.02
EMF	22.28	1.52	64.05	2.79	22.82	1.56	64.61	4.95
Wartość F	403.394		680.284		348.867		364.999	
Wartość P	< 0.001		< 0.001		< 0.001		< 0.001	

Dyskusja

Nastąpił wzrost cytochromu F420 wskazujący na wzrost archeologiczny. Archaeea mogą syntezować i wykorzystywać cholesterol jako źródło węgla i energii15,[16]. Archeologiczne pochodzenie aktywności enzymu zostało wskazane przez antybiotykową supresję. Badanie wskazuje na obecność w układzie archaiki opartej na aktynowcach z alternatywnymi enzymami opartymi na aktynowcach lub metalloenzymach, na co wskazuje wzrost aktywności enzymu wywołany rutylem17. Stwierdzono również wzrost aktywności reduktazy HMG CoA, co wskazuje na zwiększoną syntezę cholesterolu na drodze mewalonianu. Zwiększono aktywność archeologicznej dehydrogenazy beta-hydroksylosteroidowej wskazującej na syntezę digoksyny oraz aktywność archeologicznej hydroksylazy cholesterolu wskazującej na syntezę kwasu żółciowego7. Zwiększono aktywność oksydazy cholesterolowej, co doprowadziło do wytworzenia pirogronianu i nadtlenku wodoru16. Pirogronian ulega konwersji do glutaminianu i amoniaku za pomocą szlaku bocznicowego GABA. Wykryto również archeologiczną aromatyzację cholesterolu generującego WWA, serotoninę i dopaminę18. Zwiększono aktywność glikolitycznej heksokinazy i zewnątrzkomórkowej syntazy ATP. Archaiki mogą ulegać mineralizacji magnetytowej i węglanu wapnia i mogą występować jako zwapnione nanoformy19. Tam był wzrost w wolnym RNA wskazuje na samoreplikujących się wiroidów RNA i wolny DNA wskazuje generację wiroidowych uzupełniających się nici DNA przez archealitycznej odwróconej aktywności transkryptazy. Aktynowce modulują składanie RNA i katalizują jego rybozymalne działanie. Digoksyna może przecinać i wklejać nitki wiroidalne poprzez modulację splotu RNA generując różnorodność wiroidalną RNA. Wiroidy są ewolucyjnie wymykającymi się z archaicznej grupy I intronami, które mają właściwości retrotranspozycyjne i samosplinujące20. Pirogronian archeologiczny może wytwarzać inhibicję deacetylazy histonowej, powodując wsteczną transkryptazę endogenną (HERV) i ekspresję integracyjną. Może to integrować wiroidalne uzupełniające DNA RNA do niekodującego regionu eukariotycznego niekodującego DNA przy użyciu HERV integrase, jak opisano dla wirusów borna i ebola21. Wydłużenie niekodującego DNA następuje poprzez zintegrowanie wiroidalnego DNA uzupełniającego RNA z integracją przebiegającą w sposób ciągły. Genom archaea może również zostać zintegrowany z ludzkim genomem za pomocą integrase, jak opisano dla trypanosomów22. Zintegrowane wiroidy i archaiki mogą przechodzić transmisję pionową i mogą istnieć jako pasożyty genomowe21[,22]. Zwiększa to długość i zmienia gramatykę niekodującego regionu, wytwarzając memy lub pamięć nabytych postaci23. Uzupełniające DNA wiroidalne może funkcjonować jako przeskakujące geny produkujące dynamiczny genom ważny w przechowywaniu informacji synaptycznej, ekspresji genów HLA i ekspresji genów rozwojowych. Wiroidy RNA mogą regulować funkcję mRNA poprzez interferencję RNA20. Zjawiska interferencji RNA mogą modulować funkcje komórek T i B, insuliny sygnalizując metabolizm lipidów, wzrost i różnicowanie komórek, apoptozę, transmisję neuronów i ekspresję euchromatyny/heterochromatyny.

Obecność kwasu muramowego, reduktazy HMG CoA i aktywności oksydazy cholesterolowej zahamowanej przez antybiotyki wskazuje na obecność bakterii o szlaku mewalonatowym. Bakterie o szlaku mewalonianowym to paciorkowce, gronkowce, aktynomiocyty, listeria, koksiella i borrelia24. Bakterie i archaiki o szlaku mewalonatowym i katabolizmie cholesterolowym miały ewolucyjną przewagę i stanowią organizm o kladowej budowie izoprenoidalnej, a archaiki ewoluują w mewalonatowy szlak gram-dodatni i gram-ujemny poprzez horyzontalny transfer genów wiroidalnych i wirusowych25. Izoprenoidalne kladowe prokarioty rozwijają się w inne grupy prokariotów poprzez horyzontalny transfer genów wiroidalnych i wirusowych oraz eukariotyczny horyzontalny transfer genów produkujących specjację bakteryjną26. Wiroidy RNA i ich DNA uzupełniające rozwinęły się w cholesterol otoczony RNA i wirusy DNA, takie jak opryszczka, retrowirus, wirus grypy, wirus boreny, wirus cytomegalo i wirus epsteina barra poprzez rekombinację z genami eukariotycznymi i ludzkimi, co prowadzi do specjacji wirusowej. Gatunki bakteryjne i wirusowe są chorobliwie zdefiniowane i rozmyte, a wszystkie tworzą jedną wspólną pulę genetyczną z częstym horyzontalnym transferem i rekombinacją genów. Tak więc wielokomórkowy i jednokomórkowy eukarionot z jego genami służy do specjacji prokariotycznej i wirusowej. Eukarionot wielokomórkowy rozwinął się w taki sposób, że ich endosymbiotyczne kolonie archeologiczne mogły lepiej przetrwać i żerować. Eukarionty wielokomórkowe są jak biofilmy bakteryjne. Archaiki i bakterie o szlaku mewalonatowym wykorzystują pozakomórkowe wiroidy RNA i wiroidy DNA do wykrywania kworum i w tworzeniu symbiotycznych struktur biofilmu, które rozwijają się w wielokomórkowe eukarionty[27,28]. Endosymbiotyczne archaiki i bakterie o ścieżce mewalonianu nadal wykorzystują wiroidy RNA i wiroidy DNA do regulacji wielokomórkowego eukariontu. Zanieczyszczenie jest wywoływane przez prymitywne nanoarchaea i mewalonianowe bakterie szlaku syntetyzowanego WWA i metanu prowadzące do stresu redoks. Stres redoksowy prowadzi do hamowania ATPazy potasowo-sodowej, wewnętrznego ruchu cholesterolu błony komórkowej, wadliwego wykrywania SREBP, zwiększonej syntezy cholesterolu i wzrostu bakterii szlaku nanoarchaealno-mewalonianowego29. Stres związany z redoksem prowadzi do namnażania się wiroidów i archaicznych. Stres redoksowy może również prowadzić do odwrotnej transkryptazy HERV i integracyjnej ekspresji. Niekodujące DNA jest tworzone z połączenia RNA wiroidalnego DNA uzupełniającego i archaicznego z integracją przebiegającą jako wydarzenie ciągłe. Archaeal pox jak wirus dsDNA tworzy ewolucyjnie jądro. Zintegrowane sekwencje bakterii z drogi wiroidalnej, archaicznej i mewalonianu mogą przechodzić transmisję pionową i mogą występować jako pasożyty genomowe. Genomowe zintegrowane archaiki, bakterie szlaku mewalonianów i wiroidy tworzą genomową rezerwę bakterii i wirusów, które mogą rekombinować się z ludzkimi i eukariotycznymi genami tworząc specjację bakteryjną i wirusową. Zmiana długości i gramatyki regionu niekodującego wytwarza specjację eukariotyczną i indywidualność30. Integracja nanoarchaei, mewalonianów, prokariotów i wiroidów w genomie eukariotycznym i ludzkim wytwarza chimerę, która może rozmnażać się produkując biofilm jak wielokomórkowe struktury mające mieszane cechy archeologiczne, wiroidalne, prokariotyczne i eukariotyczne, który jest regresją od wielokomórkowej tkanki eukariotycznej. Powoduje to powstanie nowego fenotypu neuronalnego, metabolicznego, immunologicznego i tkankowego prowadzącego do choroby człowieka.

Archaiki i wiroidy mogą regulować układ nerwowy, w tym szlak wzgórzowo-korowo-okostnowy NMDA/ GABA pośredniczący w świadomym postrzeganiu[2,31].

Receptory NMDA/ GABA mogą być modulowane przez indukowane digoksyną oscylacje wapniowe, które prowadzą do indukcji aktywności NMDA/ GAD, WWA zwiększające aktywność NMDA oraz indukujące zakłócenia RNA wywołane przez wiroidy2. Oksydaza pierścieniowa generowana przez pirogronian cholesterolu może być przekształcona w glutaminian i GABA w drodze bocznikowej GABA. Dwubiegunowy WWA i archeologiczny magnetyt w otoczeniu indukowanego digoksyną zahamowania ATPazy potasowo-sodowej może wytworzyć w pompowanym układzie fononowym za pośrednictwem modelu Frohlicha stan nadprzewodnikowy indukujący kwantową percepcję z nanoarchaealową grawitacją wytwarzającą zaaranżowaną redukcję możliwości kwantowych do świata makroskopowego2[,31]. Archaea może regulować transmisję w płacie limbicznym za pomocą archeologicznych aromatazy cholesterolowej/oksydazy pierścieniowej generowanej noradrenaliną, dopaminą, serotoniną i acetylocholiną18. Wyższy stopień integracji archaiki z genomem powoduje zwiększenie syntezy digoksyny produkującej dominację prawej półkuli i mniejszy stopień produkujący dominację lewej półkuli2. Zwiększony stopień integracji archai do genomu neuronów może produkować zwiększoną oksydazę cholesterolu i aromatazy pośredniej monoaminy i transmisji NMDA produkujących schizofrenię i autyzm. Archaea i RNA wiroid może wiązać receptor TLR indukować NFKB produkując aktywację immunologiczną i cytokiny TNF alfa wydzielanie. Archaeal DXP oraz metabolity szlaku mewalonianu mogą wiązać γδTCR oraz sygnalizacja wapniowa wywołana digoksyną może aktywować NFKB produkując chroniczną aktywację immunologiczną2[,32]. Archaea i wiroidy indukowane chroniczną aktywację immunologiczną i generowanie superantygenów może prowadzić do choroby autoimmunologicznej. Archaea, wiroidy i digoksyna mogą indukować gospodarza AKT PI3K, AMPK, HIF alpha i NFKB produkujące fenotyp metaboliczny Warburga33. Zwiększona aktywność heksokinazy glikolowej, spadek ATP we krwi, wyciek cytochromu C, wzrost pirogronianu surowicy i spadek acetylo CoA wskazuje na wytwarzanie fenotypu Warburga. Następuje indukcja glikolizy, hamowanie aktywności PDH i dysfunkcja mitochondriów, co prowadzi do niewydolności energetycznej i zespołu metabolicznego. Cytokiny generowane przez archaiki i wiroidy mogą prowadzić do indukowanej przez TNF alfa insulinooporności i zespołu metabolicznego X. Nagromadzony pirogronian wchodzi w drogę bocznikową GABA i jest przekształcany w cytrynian, który jest aktywowany przez lizę cytrynianową i przekształcany w acetylo CoA, wykorzystywany do syntezy cholesterolu33. Pirogronian może być przekształcony w glutaminian i amoniak, który jest utleniany przez archaiki dla potrzeb energetycznych. Podwyższony poziom cholesterolu w podłożu prowadzi do zwiększonego wzrostu archeologicznego i syntezy digoksyny prowadzącej do skierowania metabolizmu na ścieżkę mewalonianu. Archaiczne kwasy żółciowe są hormonami sterydowymi, które mogą wiązać GPCR i modulować D2 regulując konwersję T4 do T3, co aktywuje białka rozpraszające, może aktywować NRF½ indukujące NQO1, GST, HOI redukujące stres redoks, może wiązać FXR regulując wrażliwość receptorów insulinowych i wiązać PXR indukujące ścieżkę bocznikowej detoksykacji cholesterolu34. Indukowana przez archaiki i wiroidy aktywacja monocytów oraz fenotyp Warburga powodujący zwiększoną syntezę cholesterolu prowadzi do aterogenezy. Fenotyp Warburga indukowany zwiększoną heksokinazą porów PT mitochondrialnego, arktycznym WWA i interferencją RNA indukowaną przez wiroidy może prowadzić do transformacji złośliwej. Digoksyna i WWA indukowane zwiększonym wewnątrzkomórkowego wapnia może prowadzić do dysfunkcji porów PT, śmierci komórek i zwyrodnienia neuronów2. Archealny katabolizm cholesterolu może zubożyć błony komórkowe cholesterolu, co prowadzi do dysfunkcji i zwyrodnienia organów. Wiroidy RNA mogą rekombinować się z sekwencjami HERV i zamykać się w mikropuszkach przyczyniając się do stanu retroviralnego. Konformacja białek prionowych jest modulowana przez wiązanie wiroidów RNA produkujących chorobę prionową. Archaeal digoksyna i rutylu indukowane zubożenie magnezu może prowadzić do osadzania się MPS i produkować EMF, CCP, MNG i angiopatii śluzówkowej2.

Aktynowce metali dostarczają energii radiolitycznej, katalizują tworzenie oligomerów i dostarczają jonów koordynujących dla metalloenzymów, które są ważne w abiogenezie6. Metabolizm powierzchniowy aktynowców metalicznych generuje octan, który może zostać przekształcony w acetyl CoA, a następnie w cholesterol, który funkcjonuje jako pierwotna cząsteczka prebiotyku, organizując się w samoreplikujące się układy nadcząsteczkowe, organizm lipidowy8,[9,35]. Cholesterol w wyniku radiolizy przez aktynowce tworzyłby WWA wytwarzające WWA organizm aromatyczny8. W wyniku radiolizy cholesterolu powstawałyby pirogronian, który przekształcałby się w aminokwasy, cukry, nukleotydy, porfiryny, kwasy tłuszczowe i kwasy TCA. Powierzchnie anastazowe i rutylowe mogą wytwarzać polimeryzację aminokwasów, pozostałości izoprenylu, WWA i nukleotydów, aby wygenerować początkowy organizm lipidowy, organizm WWA, priony i wiroidy RNA, które byłyby symbiontowane w celu wygenerowania archeologicznej protocelki. Archaiki wyewoluowały w bakterie gram-ujemne i gram-dodatnie o szlaku mewalonatowym, który miał przewagę ewolucyjną, a symbioza archaiki z organizmem gram-ujemną generowała komórkę eukariotyczną36. Dane te potwierdzają utrzymywanie się aktynowców i cholesterolu w biosferze cieni, która rzuca światło na aktynowców i cholesterolu jako pierwszej cząsteczce prebiotycznej.

Archaea mogą syntezować magnetyt poprzez biomineralizację. Archaiczny katabolizm cholesterolu może generować PAH. Archaiki mogą istnieć jako nanoarchaiki i mogą mieć zwapniałe nanoformy. Aktynoidalne nanoarchaea magnetotaktyczne i ich wydzielane organizmy WWA są ekstremofilami i przetrwają w przestrzeni międzygwiezdnej oraz mogą przyczyniać się do powstawania ziaren międzygwiezdnych i pól magnetycznych, które odgrywają rolę w tworzeniu galaktyk i układów gwiezdnych37. Ziarna pyłu kosmicznego zajmują przestrzeń międzygalaktyczną i są uważane za utworzone z bakterii magnetotaktycznych zidentyfikowanych według ich sygnatur spektralnych. Zgodnie z hipotezą Hoyle'a, bakterie magnetotaktyczne pyłu kosmicznego odgrywają rolę w powstawaniu międzygalaktycznego pola magnetycznego. Pole magnetyczne o sile równej około jednej milionowej części pola magnetycznego Ziemi istnieje w dużej części naszej galaktyki. Pliki magnetyczne mogą być wykorzystywane do śledzenia spiralnych ramion galaktyki według wzoru linii pola łączących młode gwiazdy i pył, w których w szybkim tempie powstają nowe gwiazdy. Badania wykazały, że ułamek cząstek pyłu ma wydłużony kształt podobny do pałeczek i są one systematycznie układane w naszej galaktyce. Ponadto kierunek wyrównania jest taki, że długie osie pyłu mają tendencję do znajdowania się pod kątem prostym do kierunku galaktycznego pola magnetycznego w każdym punkcie. Bakterie magnetostatyczne mają tę właściwość, że wpływają na obserwowany stopień wyrównania. Fakt, że bakterie magnetotaktyczne wydają się być połączone z liniami pola magnetycznego, które przechodzą przez spiralne ramiona galaktyki łączące jeden region powstawania gwiazdy z innym, wspiera ich rolę w formowaniu gwiazd oraz w rozkładzie i rotacji masy gwiazd. Zapotrzebowanie na substancje odżywcze dla populacji bakterii międzygwiezdnych pochodzi z masy wypływającej z supernowych zamieszkujących galaktykę. Giganty powstające w procesie ewolucji takich gwiazd doświadczają zjawiska, w którym materiał zawierający azot, tlenek węgla, wodór, hel, wodę i pierwiastki śladowe niezbędne do życia stale wypływa w przestrzeń kosmiczną. Bakterie międzygwiezdne potrzebują płynnej wody. Woda istnieje tylko jako para lub ciało stałe w przestrzeni międzygwiezdnej i tylko poprzez tworzenie się gwiazd prowadzących do powiązanych z nimi planet i ciał kometarnych można uzyskać dostęp do ciekłej wody. Kontrola warunków prowadzących do powstawania gwiazd ma ogromne znaczenie w biologii kosmicznej. Szybkość tworzenia się gwiazd jest kontrolowana przez dwa czynniki. Zbyt wysokie tempo tworzenia się gwiazd powoduje destrukcyjne działanie promieniowania UV i niszczy biologię kosmiczną. Tworzenie się gwiazd, jak już wcześniej wspomniano, wytwarza wodę niezbędną do rozwoju bakterii. Biologia kosmiczna bakterii magnetotaktycznych i tworzenie się gwiazd są zatem ściśle powiązane. Systemy takie jak systemy słoneczne nie powstają w wyniku przypadkowej kondensacji plam gazu międzygwiezdnego. Tylko poprzez rygorystyczną kontrolę rotacji różnych części systemu, galaktyki i układ słoneczny mogłyby ewoluować. Klucz do utrzymania kontroli nad rotacją wydaje się leżeć w międzygalaktycznym polu magnetycznym, jak w rzeczywistości całe zjawisko powstawania gwiazd. Międzygalaktyczne pole magnetyczne zawdzięcza swoje pochodzenie okładzinom bakterii magnetotaktycznych, a kosmiczna biologia bakterii międzygwiezdnych może prosperować tylko poprzez utrzymanie silnej kontroli nad międzygwiezdnym polem magnetycznym, a tym samym nad tempem formowania się gwiazd i rodzajem wytwarzanego systemu gwiezdnego. To wskazuje na kosmiczną inteligencję lub mózg zdolny do obliczenia, analizy i eksploracji wszechświata na dużą skalę - sieci bakterii magnetotaktycznych. Pochodzenie życia na Ziemi zgodnie z hipotezą Hoyle'a polegałoby na wysiewaniu bakterii z zewnętrznej przestrzeni międzygalaktycznej. Komety przenoszące mikroorganizmy wchodziłyby w interakcję z Ziemią. Cienka skóra z grafityzowanego materiału wokół pojedynczej bakterii lub kępy bakterii może osłonić wnętrze przed zniszczeniem przez promieniowanie UV. Nagły gwałtowny wzrost i zróżnicowanie gatunków roślin i zwierząt oraz ich równie nagłe wyginięcie widoczne w zapisach kopalnych wskazują na sporadyczną ewolucję wytwarzaną przez indukcję świeżych genów kometarnych wraz z pojawieniem się każdej większej nowej uprawy komet[38,39]. Międzygwiezdny WWA organizm aromatyczny powstaje w wyniku katabolizmu cholesterolu nanoarchaealicznego. WWA i cholesterol są międzygwiezdnymi cząsteczkami pierwotnymi prebiotyków. Organizm aromatyczny WWA i nanoarchaealny magnetyt mogą mieć falowo-cząsteczkowe istnienie i łączyć świat bozonów i fermionów. Nanoarchaea może tworzyć biofilmy, a aromatyczny organizm WWA może tworzyć w biofilmie kwantową chmurę molekularną, która tworzy inteligencję międzygwiezdną regulującą tworzenie się układów gwiezdnych i galaktyk. Załadowane magnetytem biofilmy nanoarchaealne i kwantowe chmury obliczeniowe organizmów aromatycznych PAH mogą stanowić pomost pomiędzy falowo-cząsteczkowym światem funkcjonującym jako obserwator antropiczny wyczuwający grawitację, który zarządza redukcją kwantowego świata możliwości do świata makroskopowego. Nanoarchaea oparta na aktynowcach może regulować obieg węgla w ziemi poprzez metanogenezę, obieg azotu poprzez utlenianie amoniaku i tworzenie się deszczu poprzez wkład w jądro siewne. Temperatura ziemi oraz globalne ocieplenie i chłodzenie są regulowane przez nanoarchaeal syntetyzowane WWA z cholesterolu i metanogenezy. Zwiększony wzrost nanoarchaealiczny w dnie oceanów i glebie prowadzi do zwiększonej produkcji metanu i przemieszczania się skorupy ziemskiej powodującej tsunami i masowe trzęsienia ziemi prowadzące do katastrofalnego masowego wyginięcia40. Odwieczne nanoarchaea przeżywają i ponownie rozpoczynają cykl ewolucji. Oparty na aktynowcach nanoarchaea reguluje system ludzki i biologiczny wszechświat.

Referencje

1. Valiathan M.S., Somers, K., Kartha, C.C. (1993). *Endomyocardial Fibrosis.* Delhi: Oxford University Press.

2. Kurup R., Kurup, P.A. (2009). *Hypothalamic Digoxin, Cerebral Dominance and Brain Function in Health and Diseases.* Nowy Jork: Nova Science Publishers.

3. Hanold D., Randies, J.W. (1991). Coconut cadang-cadang disease and its viroid agent, *Plant Disease,* 75, 330-335.

4. Edwin B.T., Mohankumaran, C. (2007). Kerala wilczyca phytoplasma: Phylogenetic analysis and identification of a vector, *Proutista moesta, Physiological and Molecular Plant Pathology,* 71(1-3), 41-47.

5. Eckburg P.B., Lepp, P.W., Relman, D.A. (2003). Archaea and their potential role in human disease, *Infect Immun,* 71, 591-596.

6. Adam Z. (2007). Actinides and Life's Origins, *Astrobiology,* 7, 6-10.

7. Schoner W. (2002). Endogenous cardiac glycosides, a new class of steroid hormones, *Eur J Biochem,* 269, 2440-2448.

8. Davies P.C.W., Benner, S.A., Cleland, C.E., Lineweaver, C.H., McKay, C.P., Wolfe-Simon, F. (2009). Podpisy Shadow Biosphere, *Astrobiology,* 10, 241-249.

9. Wächtershäuser G. (1988). Przed enzymami i szablonami: teoria metabolizmu powierzchniowego, *Microbiol Rev,* 52(4), 452-84.

10. Richmond W. (1973). Preparation and properties of a cholesterol oxidase from nocardia species and its application to the enzymatic assay of total cholesterol in serum, *Clin Chem,* 19, 1350-1356.

11. Snell E.D., Snell, C.T. (1961). *Colorimetric Methods of Analysis.* Vol. 3A. Nowy Jork: Van NoStrand.

12. Glick D. (1971). *Metody analizy biochemicznej.* Vol. 5. Nowy Jork: Interscience Publishers.

13. Colowick, Kaplan, N.O. (1955). *Metody w enzymologii.* Tom 2. Nowy Jork: Prasa akademicka.

14. Maarten A.H., Marie-Jose, M., Cornelia, G., van Helden-Meewsen, Fritz, E., Marten, P.H. (1995). Detection of muramic acid in human spleen, *Infection and Immunity,* 63(5), 1652 - 1657.

15. Smit A., Mushegian, A. (2000). Biosynteza izoprenoidów poprzez mewalonian w Archaea: the lost pathway, *Genome Res,* 10(10), 1468-84.

16. Van der Geize R., Yam, K., Heuser, T., Wilbrink, M.H., Hara, H., Anderton, M.C. (2007). A gene cluster encoding cholesterol catabolism in a soil actinomycete provides insight into Mycobacterium tuberculosis survival in macrophages, *Proc Natl Acad Sci USA,* 104(6), 1947-52.

17. Francis A.J. (1998). Biotransformacja uranu i innych aktynowców w odpadach radioaktywnych, *Journal of Alloys and Compounds,* 271(273), 78-84.

18. Probian C., Wülfing, A., Harder, J. (2003). Anaerobic mineralization of quaternary carbon atoms: Isolation of denitrifying bacteria on pivalic acid (2,2-Dimethylpropionic acid), *Applied and Environmental Microbiology,* 69(3), 1866-1870.

19. Vainshtein M., Suzina, N., Kudryashova, E., Ariskina, E. (2002). New Magnet-Sensitive Structures in Bacterial and Archaeal Cells, *Biol Cell,* 94(1), 29-35.

20. Tsagris E.M., de Alba, A.E., Gozmanova, M., Kalantidis, K. (2008). Viroids, *Cell Microbiol,* 10, 2168.

21. Horie M., Honda, T., Suzuki, Y., Kobayashi, Y., Daito, T., Oshida, T. (2010). Endogenous non-retroviral RNA virus elements in mammalian genomes, *Nature,* 463, 84-87.

22. Hecht M., Nitz, N., Araujo, P., Sousa, A., Rosa, A., Gomes, D. (2010). Geny z pasożyta Chagasa mogą być przenoszone na ludzi i przekazywane dzieciom. Dziedziczenie DNA przeniesionego z amerykańskich trypanosomów na ludzkich żywicieli, *PLoS ONE,* 5, 2-10.

23. Flam F. (1994). Wskazówki dotyczące języka w śmieciowym DNA, *Science,* 266, 1320.

24. Horbach S., Sahm, H., Welle, R. (1993). Biosynteza izoprenoidów w bakteriach: dwie różne drogi? *FEMS Microbiol Lett,* 111, 135-140.

25. Gupta R.S. (1998). Protein phylogenetics and signature sequences: a reappraisal of evolutionary relationship among archaebacteria, eubacteria, and eukaryotes, *Microbiol Mol Biol Rev,* 62, 1435-1491.

26. Hanage W., Fraser, C., Spratt, B. (2005). Fuzzy species among recombinogenic bacteria, *BMC Biology,* 3, 6-10.

27. Whitchurch C.B., Tolker-Nielsen, T., Ragas, P.C., Mattick, J.S. (2002). DNA pozakomórkowe wymagane do tworzenia biofilmu bakteryjnego. *Science,* 295(5559), 1487.

28. Webb J.S., Givskov, M., Kjelleberg, S. (2003). Bacterial biofilms: prokaryotic adventures in multicellularity, *Curr Opin Microbiol,* 6(6), 578-85.

29. Chen Y., Cai, T., Wang, H., Li, Z., Loreaux, E., Lingrel, J.B. (2009). Regulation of intracellular cholesterol distribution by Na/K-ATPase, *J Biol Chem,* 284(22), 14881-90.

30. Poole A.M. (2006). Czy II grupa proliferacji intronowej na endosymbiontycznym archaeonie stworzyła eukarionty? *Biol Direct,* 1, 36-40.

31. Lockwood M. (1989). Umysł, *Mózg i Quantum.* Oksford: B. Blackwell.

32. Eberl M., Hintz, M., Reichenberg, A., Kollas, A., Wiesner, J., Jomaa, H. (2010). Microbial isoprenoid biosynthesis and human γδ T cell activation, *FEBS Letters,* 544(1), 4-10.

33. Wallace D.C. (2005). Mitochondria i rak: Warburg Addressed, *Cold Spring Harbor Symposia on Quantitative Biology,* 70, 363-374.

34. Lefebvre P., Cariou, B., Lien, F., Kuipers, F., Staels, B. (2009). Rola żółtych kwasów i żółtych receptorów kwasów w regulacji metabolicznej, *Physiol Rev,* 89(1), 147 - 191.

35. Russell M.J., Martin, W. (2004). The rocky roots of the acetyl-CoA Pathway, *Trends in Biochemical Sciences,* 29, 7.

36. Margulis L. (1996). Archaeal-eubacterial mergers in the origin of Eukarya: phylogenetic classification of life, *Proc Natl Acad Sci USA,* 93, 1071-1076.

37. Tielens A.G.G.M. (2008). Interstellar Polycyclic Aromatic Hydrocarbon Molecules, *Annual Review of Astronomy and Astrophysics,* 46, 289-337.

38. Wickramasinghe C. (2004). The universe: a kriogenic habitat for microbial life, *Cryobiology,* 48(2), 113-125.

39. Hoyle F., Wickramasinghe, C. (1988). *Cosmic Life-Force.* Londyn: J.M. Dent and Sons Ltd.

40. Dun D. (2005). *The Black Silent.* Nowy Jork: Pinnacle Books.

ROZDZIAŁ 3
CYWILIZACJA KWANTOWA - LUDZKI MÓZG I EWOLUCJA, WYMIERANIE I ROZMNAŻANIE SIĘ WSZECHŚWIATA - WSZECHŚWIAT JAKO TWÓR UMYSŁU - HIRANYAGARBHA I KOSMICZNE JAJO

Wprowadzenie

Porfiryny są pierścieniami tetrapiącymi, które same się organizują i mogą się replikować. Pierścienie porfirynowe, które mogą funkcjonować jako organizm nadcząsteczkowy i mogą się samoodtwarzać. Tablice porfirynowe mogą tworzyć szablony, na których mogą tworzyć się inne tablice porfirynowe. Takie samoreplikujące się nadcząsteczkowe tablice porfirynowe mogą być nazywane porfirynami. Stres związany z globalnym ociepleniem przekształca organizm w kolonię lub sieć porfiryn. Porfiryny mają makroskopijne fale istnienia cząsteczek. Porfiryny mają również właściwości magnetyczne ze względu na centrum żelaza. Tablice porfirynowe mogą istnieć jako kwantowe tablice falowe jako część kwantowej formy funkcjonującej jako kwantowe komputery zdolne do przechowywania informacji i samoreplikacji. Może to być forma życia kwantowego. Świadomość ludzka zależy od trzech czynników: synchronizacji percepcyjnej, skupionej uwagi i pamięci operacyjnej. Fale grawitacyjne mogą stanowić podstawę świadomości. Podobnie, ludzka nieświadomość może być zorganizowana przez antygrawitację. Porfiry odgrywają rolę w świadomości i w tworzeniu wszechświata.

Hinduski pogląd na temat pochodzenia wszechświata postuluje złote łono, złote jajo i uniwersalny zarodek. Stanowi to źródło stworzenia wszechświata i manifestuje się jako kosmos, który jest uważany za awatara Wisznu. Istnieje jedno tworzące bóstwo Boga Bogów, które jest duszą wszechświata lub Brahmana. Użyta terminologia to Hiranyagarbha, które unosiło się w pustce i mroku nieistnienia przez rok. Hiranyagarbha może być uważana za pierścienie porfirynowe z tetrapapią, które mają falę i cząsteczki istnienia i mogą wyjść z nicości. Pierścienie porfirynowe stanowiłyby Hiranyagarbha lub uniwersalne kosmiczne jajo. Porfiryny stanowiłyby szablon do tworzenia izoprenoidalnego organizmu lipidowego, który może rozmnażać się przez rozszczepienie. Ubichinon i porfiryny stanowiłyby oryginalny łańcuch transportu elektronów do wytwarzania energii. Organizm z kropelkami lipidów porfiru byłby oryginalnym protocelulą. Porfiony są zdolne do odbioru kwantowego, a tablice porfionowe są zdolne do funkcjonowania jako kwantowe komputery do przechowywania informacji. Porfyriony i izoprenoidalny organizm lipidowy ewoluowałyby jako uniwersalne kosmiczne jajo. Porfiryny byłyby wzorcem do generowania wiroidów RNA, wiroidów DNA i prionów, które wraz z izoprenoidalnymi kroplami lipidów wyewoluowałyby w prymitywne samoreplikujące się archaiki na szablonach porfirów w przestrzeni międzygalaktycznej.

Globalne ocieplenie powoduje kierowanie metabolizmu do syntezy porfiryn poprzez indukcję aktywności HO1. Ciało ludzkie przekształca się w kolonię porfiryn, które mają falowo-cząsteczkowe istnienie. Ciało ludzkie w swojej inkarnacji porfiryn, szczególnie w formie falowej, może zniknąć z istnienia. Populacje ludzkie przez ten mechanizm mogą zostać przekształcone w cywilizację w świecie kwantowym i żyć w wielu równoległych wszechświatach na wieczność. Kwantowa forma falowa porfirów dzięki mechanizmowi obserwacji przez grawitony świadomych pól grawitacyjnych może wejść w makroskopowe istnienie. Porfiryny mogą tworzyć szablon, na którym mogą tworzyć się organizmy izoprenoidalne, wiroidy RNA, wiroidy DNA i priony. Mogą się one organizować tworząc nanoarchaea, a następnie eukarioty, prokarioty, wielokomórkowe organizmy prowadzące do ssaków naczelnych i ludzi. Stanowi to podstawę pochodzenia endosymbiotycznych aktynowców zależnych od cholesterolu katabolizujących archaiki u ludzi. Ludzka cywilizacja może powstać z nicości kwantowej piany fal grawitacyjnych pośredniczących świadomości i znikają w nicość.

Przestrzeń międzygwiezdna wypełniona jest gwiezdnym pyłem, który jest postulowany jako biologiczny. Fred Hoyle w swojej hipotezie o chmurze życia zaproponował pozaziemskie pochodzenie dla życia na Ziemi. Istnienie pozaziemskiej siły kontrolującej genezę i ewolucję życia na Ziemi zostało przedstawione przez wielu autorów. Teoria biokosmosu postuluje, że warunki we wszechświecie zostały tak dostosowane, aby umożliwić istnienie życia na Ziemi i we wszechświecie. Prowadzi to do postulatu, "e wszechświat istnieje i rozmna"a się z powodu "ycia, które działa jako obserwator ilościowy. W artykule omówiono rolę archaidów ekstremofilnych i wiroidów RNA wyrzucanych z komórek archeologicznych jako prymitywnych obserwatorów antropomorficznych, umożliwiających istnienie i ewolucję wszechświata. Rasa ludzka dzieli się na dwa gatunki homo sapiens i homo neanderthalis. Homo neanderthalis krzyżuje się z homo sapiens w celu uzyskania gatunku mieszańca. W związku z tym istnieją gatunki o bardziej neandertalskim pochodzeniu i gatunki homo sapiens na ziemi. Poprzednie badania wykazały, że w przeciwieństwie do patrylinialnych, matrilinealne społeczności mają więcej neandertalczyków. Pochodzenie towarzystw neandertalczyków i zbiorowisk homo sapien przypisywano symbiozie. Gatunki neandertalczyków mają więcej skrajnych archeologicznych symbioz występujących w skrajnych warunkach klimatycznych, takich jak epoka lodowcowa i globalne ocieplenie. Gatunek homo sapien ma więcej wewnątrzgenomowej symbiozy wiroidowo-retrowirusowej RNA, która przyczynia się do dynamiki genomu homo sapien. Gatunki neandertalczyków były odporne na działanie retrowirusów. Pochodzenie wiroidów archaicznych i RNA prawdopodobnie pochodzi z przestrzeni międzygwiezdnej jako chmury archeologiczne i kwantowe chmury obliczeniowe RNA, które funkcjonują jako pozaziemskie inteligencje. Wiroidy RNA są wytłaczane przez komórki archeologiczne. Dotarłyby one do Ziemi poprzez uderzenia meteoroidalne i zasiane życie na Ziemi. Archaeal colonies would have organized into the homo neanderthalic species in Eurasia and RNA viroidal colonies would have led to the evolution of homo sapien species in Africa. [1-16] W artykule omówiono tę hipotezę.

Materiały i metody/wyniki

Próbki krwi pobrano z gatunku homo neandertalskiego matrilineal i homo sapien. Oszacowania wykonane w pobranych próbkach krwi obejmują aktywność cytochromu F420. Badano generację wiroidów RNA w osoczu. Wyniki wykazały, że gatunki matrilinealne pochodzenia neandertalskiego miały więcej symbiozy archaicznej, natomiast gatunki homo sapien miały więcej symbiozy wiroidalnej RNA.

Tabela 1. Aktywność cytochromu F420

		Sudra	Non-Sudra	Wartość F	Wartość P
CYT F420 % (Zwiększyć za pomocą Ceru)	Mean	23.46	4.48	306.749	< 0.001
	± SD	1.87	0.15		
RNA % zmiana (Zwiększyć za pomocą Rutylu)	Mean	4.37	23.59	427.828	< 0.001
	± SD	0.13	1.83		
RNA % zmiana (Spadek z Doxy)	Mean	18.38	65.69	654.453	< 0.001
	± SD	0.48	3.94		

Dyskusja

Forma fali kwantowej lub pole Higgsa daje masę i energię takim cząstkom jak protony, neutrony i elektrony, gdy wchodzą z nimi w interakcję. Formy fal kwantowych mogą generować porfiryny. Porfiryny mogą mieć istnienie makrocząsteczkowe i falowe, które są wzajemnie konwertowalne. Tablice porfiryn mogą się same organizować i samoreprodukować. Makrocząsteczkowe tablice porfirynowe mogłyby funkcjonować jako inteligentne organizmy w przestrzeni międzygwiezdnej. Porfiryny żelazne mogą podlegać fotoutlenianiu i generować pole magnetyczne. Oddziaływanie fotoniczne z porfirynami magnetycznymi może generować czarne dziury, które mogą zapadać się do punktu poprzedzającego gęstość jednostkową. W tym momencie może ona ulec odbiciu, tworząc nowe uniwersum. Organizm porfirynowy ze swoją kwantową funkcją obliczeniową służył jako początkowy obserwator antropomorficzny lub lotos Brahmy. Porfiryny tworzyłyby szablon do tworzenia wiroidów i prionów RNA. Wygenerowałoby to prymitywne formy archeologiczne. Prymitywne komórki archeologiczne mogą wytłaczać wiroidy RNA generujące chmury wiroidalne RNA. Międzygalaktyczne pole magnetyczne generowane przez archaiczne i magnetyczne organizmy porfirynowe przyczyniłoby się do ewolucji układów gwiezdnych i galaktyk. Chmury archaiczne i wiroidalne chmury RNA służyłyby jako inteligencja międzygwiezdna kierująca tworzeniem układów gwiezdnych i galaktyk, a także funkcjonowałyby jako obserwatorzy antropomorficzni. Uderzenia meteorytowe spowodowałyby przeniesienie kolonii wiroidalnych archaicznych i RNA na Ziemię. Zorganizowałyby się one w gatunki roślin i zwierząt, a także homo sapien i homo neandertalczyków. Gatunki homo neandertalczyków dominują w archeologii. Gatunki homo sapien mają dominację wiroidalną RNA. [1-16]

Kosmologia big-bang postuluje ewolucję wszechświata z pola Higgsa. Pole Higgsa składa się z bozonu Higgsa i kwarków górnych. Boson Higgsa może istnieć w dwóch stanach. Stan stabilny, który ma wysoką energię, niską gęstość zgodną z obecnym istnieniem wszechświata i stan niestabilny, który ma niską energię i wysoką gęstość. Wszechświat znajduje się obecnie na krawędzi stanu stabilnego. Stan niskiej energii o wysokiej gęstości jest niestabilny i może spowodować katastrofalną ekspansję próżniową prowadzącą do końca wszechświata. Model kwantowej funkcji mózgu Frohlicha postuluje istnienie kondensatów Bose-Einsteina w mózgu w normalnej temperaturze. W mózgu znajdują się cząsteczki dipolarnego magnetytu i porfiryn, które w kontekście błonowego hamowania ATPazy potasowo-sodowej mogą prowadzić do przepompowywanego systemu fononowego wytwarzającego kondensat Bose-Einsteina i bozony w mózgu. Ten bozon może stać się niestabilny, prowadząc do katastrofalnego załamania próżni i ewentualnego wyginięcia wszechświata. Model Frohlicha kondensatu Bose-Einsteina utworzonego z magnetycznych porfiryn dipolarnych i archaicznego magnetytu w komórkowych emulsjach lipidowych może oddziaływać z fotonami wytwarzającymi czarne dziury. Ta czarna dziura może zapadać się do osobliwości. Jednak załamanie to następuje tylko do określonego punktu, po którym gęstość lub pojedynczość ulegają odbiciu, tworząc nowy wszechświat z nowym zestawem uniwersalnych stałych. W ten sposób kwantowy model funkcji mózgu może prowadzić do zniszczenia i reprodukcji wszechświatów. W przypadku homo neandertalczyków mózg może być uważany za wielokomórkową kwantową sieć komputerową. Sieci synaptyczne mózgu są równoległe do sieci galaktycznych wszechświata. Mózg funkcjonuje jako uniwersalny komputer kwantowy i antropomorficzny obserwator tworzący i niszczący, a także odtwarzający wszechświaty. Występuje to w mniejszym stopniu w mózgu homo sapien. [1-16]

Gatunek homo neanderthalis zgadzałby się z biblijnymi upadłymi aniołami i gatunkiem homo sapien reprezentującym Boga aniołka. Są to w zasadzie wizytacje pozaziemskiej inteligencji jako archeologiczne i RNA kolonie wiroidalne. Homo neanderthalis jest rozwiniętą siecią kolonii archeologicznych. Archaeea wytłacza wiroidy RNA. Gatunek homo sapien to wiroidy RNA dominujące z wiroidami RNA zintegrowanymi w genomowym DNA. Organizacja systemu rasowego i kastowego w Indiach wskazuje na takie pochodzenie. Gatunek homo neandertalczyk miał pierwotne miejsce zamieszkania na kontynencie Oceanu Indyjskiego, który uległ katastrofalnemu wyginięciu w wyniku ekspansji archeologicznej w skorupie oceanu, co spowodowało niebezpieczne tsunami podczas epoki lodowcowej. Neandertalczycy wyemigrowali do euroazjatyckiej masy lądu tworząc cywilizację Harappy, Sumerii i Egiptu. Są to Asuras z Rig veda. Gatunki homo neandertalczyków są uczciwe, matrilinealne, bezpłciowe, duchowe, altruistyczne i zorganizowane społecznie. Te cywilizacje były w zasadzie matrilinealne i twórcze. Były pogańskie, świeckie i ateistyczne. Były świadome ekologicznie, żyły w kwantowej interakcji z otaczającym je światem, tworząc poczucie duchowej świadomości ekologicznej. Społeczeństwo utworzone na tej podstawie funkcjonowało jako organiczna całość w kwantowej interakcji ze sobą. To było równe, sprawiedliwe i funkcjonował jako prymitywna forma społeczeństwa socjalistycznego. Gatunek homo neanderthalis był zasadniczo bezpłciowy z równością płci i matrilinarnością. Archeologiczne zarastanie wynikające z globalnego ocieplenia może prowadzić do neandertalizacji gatunku ludzkiego i mózgu. Kora neuronalna mózgu kurczy się z powodu ilościowego postrzegania pól elektromagnetycznych, które zanieczyszczają zglobalizowany, ciepły świat. Istnieje również konsekwencja przerostu móżdżku. Przerost móżdżku może prowadzić do schizofrenii i autystycznych sposobów zachowania. Przerost móżdżku może prowadzić do dysfunkcji móżdżku i ataksji ruchowej. Ataksja motoryczna i niezdarność ruchu i mowy prowadziłaby do ewolucji malarstwa abstrakcyjnego, tańca, muzyki, mowy symbolicznej i ostatecznie mowy w neandertalach. Neandertalizacja ludzkiego mózgu, będąca konsekwencją globalnego ocieplenia, prowadzi do ewolucji muzyki rockowej, tańca i nowoczesnych form malarstwa abstrakcyjnego. Mózg neandertalczyków dzięki magnetytowi pośredniczącemu w zwiększonej percepcji kwantowej są bardziej duchowe. Neandertalska społeczność dzięki kwantowej percepcji funkcji jako jednej całości prowadzi do altruizmu, duchowości, socjalizmu, równości płci i ekospirytualności. To reprezentuje cywilizacyjny tryb świata wschodniego. Społeczeństwa te wyłoniły się z ewentualnej lemurskiej masy lemurskiej. Wyewoluowały one z pozaziemskich kolonii archeologicznych i inteligencji, a ich poziom rozwoju i inteligencji był wysoki. Posiadały one oryginalny język i jako pierwsze w swojej cywilizacji rozwinęły koncepcję ludzkiej głowy boskiej. Rig veda jest najstarszą duchową księgą ludzkości. Większość bogów opisanych w Rig veda była pochodzenia asuryjskiego, nawet Varuna, główny bóg. Główne filozoficzne jednostki buddyzmu i dżinizmu, które są w zasadzie religiami ateistycznymi głoszącymi równość społeczną, jedność i sprawiedliwość, zostały rozwinięte przez Asuras. Homo sapiens ewoluowali w Afryce i wyemigrowali do Eurazji. Mieli oni w zasadzie symbiozę wiroidalną RNA w mózgu, która dała początek praktycznemu, mniej kreatywnemu mózgowi. Gatunki homo sapiens są patrilinealne, zdroworozsądkowe i indywidualistyczne. Społeczność homo sapien tworzy Devas literatury wedyjskiej, a Rig veda opisuje starcia i wojny pomiędzy asurystycznymi mieszkańcami Harappy i najeżdżającymi Devas. Przejęli oni neandertalskie cywilizacje i stworzyli rasowe społeczeństwo z homo sapiens jako klasą rządzącą i neandertalczykami jako podziemną kastą Sudra. Sudry stworzyły dyskryminowane podbrzusze cywilizacji. Literatura, język i święte księgi Asurasów zostały przejęte przez niecywilizowanych homo sapiens Devas, którzy uczynili je swoimi. Przyszłym pokoleniom Sudrów uniemożliwiono naukę języka i czczenie ich bogów, które zostały przejęte przez homo sapienickich Devas. Homo sapienicowe Devy były teistyczne, indywidualistyczne, niealtruistyczne i nie miały świadomości społecznej ani wspólnotowej. Oznacza to cywilizacyjny tryb życia w zachodnim świecie. Archeologiczny wzrost homo sapiens jest mniejszy. Prowadzi to do mniejszej ilości magnetytowej percepcji kwantowej i uniwersalnej jedności. Przyczynia się to do indywidualizmu, egoizmu, niealtruistycznych zachowań, nieokiełznanego kapitalizmu i patriarchalnego nierównego płciowo społeczeństwa świata homo sapiens. [1-16]

Homo neandertalskie społeczeństwo dzięki zwiększonej percepcji kwantowej jest duchowe i odczuwa jedność świata i pobożność poszczególnych istot ludzkich. To prowadzi do filozofii buddyzmu z jego poczuciem ateizmu i ludzkich wartości. Buddyzm i dżinizm, jak również imperium mauryjskie reprezentują zwycięstwo asurycznych neandertalczyków lub Sudrów. Buddyjskie i hinduistyczne społeczeństwo świata neandertalskiego uważało dobro i zło za część tego samego kwantowego świata reprezentującego uniwersalną duszę. Godhead i upadły anioł należą do tego samego kwantowego świata duszy uniwersalnej. Pojęcie dobra i zła nie są absolutnymi przeciwwskazaniami, ale częścią tego samego świata kwantowego. Percepcja kwantowa tworzy przechowywanie informacji po śmierci i idei reinkarnacji. Zwiększony świat percepcji kwantowej pośredniczy w jedności, a katabolizujące cholesterol zarośnięcie archeologiczne prowadzące do niedoboru hormonów płciowych produkuje świat aseksualny o równej płci. Seksualność nie jest uważana za coś innego niż religia, o czym świadczą tantryczne szkoły hinduizmu i buddyzmu. Uważano ją za formę doświadczania jedności, na co wskazują takie idee jak Kundalini. Zwiększona percepcja kwantowa prowadzi do poczucia jedności, która tworzy uniwersalną jedność. Nie ma wojny, ale powszechny pokój. Społeczeństwa wschodnie, takie jak Chiny i Indie, są w zasadzie społeczeństwami potulnymi kwantowo, w których wojna jest rzadkością. Główne wojny w historii hinduizmu, takie jak wojna Mahabharata i Ramajana, to te między kolonizującym homo sapien Devas a rdzennymi pokojowymi neandertalczykami. Pandava wojsko być homo sapien Devas i Kaurava wojsko neandertalczyk rdzenny. The Bóg Rama być the głowa homo sapien Devas i the Ravana the lider the rodzinny Neandertalczyk. Devas być the głowa the kolonizujący homo sapiens od Europa. Móc the Mahabharata i Ramayana wojna i the sudric neandertalczyk rodzimy populacja renderować niewolnictwo dla pokolenie przychodzić. Walka o niepodległość i stosunek Gandhiego do niższej kasty i Harijanów były częścią tego samego zjawiska. Natomiast świat homo sapienski z powodu zredukowanej percepcji kwantowej był indywidualistyczny. Dobro i zło były zupełnie inne, jak Bóg i upadły anioł. Nie było wiary w reinkarnację, a seksualność była uważana za tabu. Społeczeństwo homo sapien dzięki zredukowanej percepcji kwantowej i indywidualistycznej naturze odkryło wojny i niewolnictwo. Wojny są zasadniczo cechą semickich społeczeństw i religii. Homo sapien Devas są kapitalistyczne i prawicowe w swoim stosunku do społeczeństwa, podczas gdy homo neandertalczyk jest komunistyczny i socjalistyczny. Wojna pomiędzy kapitalizmem i socjalizmem jest reprezentatywna dla wojny pomiędzy neandertalczykami i homo sapiens. Zjawiska globalnego ocieplenia, archaicznego zarastania i neandertalizacji homo sapiens doprowadzą do bardziej pokojowego, zglobalizowanego, duchowego, równoprawnego płci i altruistycznego społeczeństwa. Ale neandertalska dominacja wynikająca z globalnego ocieplenia może doprowadzić do własnego upadku społeczeństwa. 1-16

Zjawiska zmian klimatycznych i globalnego ocieplenia prowadzą do zwielokrotnienia archeologicznego i neandertalizacji rasy ludzkiej. Wzrost archeologiczny występuje w ekstremalnych warunkach klimatycznych - w epoce lodowcowej i w czasach globalnego ocieplenia. Skutkuje to powrotem do kultury i cywilizacji asurystycznej z jej duchową, świadomą ekologicznie, socjalistyczną, aseksualną i grupową tożsamością. Współczesny świat jest reprezentowany przez jugę Kali, gdzie Sudry czy Neandertalczycy wracają do pozycji władzy i globalnego znaczenia. Reprezentuje to powstanie asurystycznych neandertalskich niewolników sudrajskich. Reprezentuje to wzrost neandertalskich społeczeństw wschodnich Chin i Indii, a także upadek homo sapien West i Afryki. Neandertalizacja homo sapiens na skutek rozwoju archeologicznego może prowadzić do chorób człowieka i w końcu do jego wyginięcia. Archaeea katabolizuje cholesterol do generowania digoksyny. Digoksyna funkcjonuje jako hormon neandertaliczny. Digoksyna wytwarza błonową inhibicję ATPazy potasowo-sodowej i zwiększa wewnątrzkomórkowy poziom wapnia i obniżoną zawartość magnezu. Niedobór magnezu prowadzi do dysfunkcji mitochondriów, skurczu naczyń, dyslipidemii i zespołu metabolicznego X. Wzrost wewnątrzkomórkowego wapnia prowadzi do aktywacji onkogenów i nowotworów złośliwych. Wzrost wapnia wewnątrzkomórkowego może aktywować NFKB prowadząc do aktywacji immunologicznej i choroby autoimmunologicznej. Wzrost wapnia wewnątrzkomórkowego może aktywować kaskadę kaspazy prowadząc do śmierci komórki i zwyrodnień. Wzrost wewnątrzkomórkowego wapnia może zwiększyć synaptyczne uwalnianie monoaminowych neuroprzekaźników produkujących schizofrenię i autyzm. Wzrost wzrostu archeologicznego może spowodować powstanie fenotypu Warburga o zwiększonej glikolizy i dysfunkcji mitochondriów. Zwiększona glikoliza może aktywować limfocyty produkujące chorobę autoimmunologiczną, ponieważ limfocyty są zależne od glikolizy na potrzeby energetyczne. Komórki nowotworowe są również uzależnione od glikolizy w zakresie potrzeb energetycznych. Fenotyp Warburga może prowadzić do wzrostu zachorowań na nowotwory złośliwe. Fenotyp Warburga i zwiększona glikoliza mogą prowadzić do śmierci i zwyrodnienia komórek za pośrednictwem poli ribosylowanego dehydrogenazy 3-fosforanowej. Fenotyp Warburga może prowadzić do niedoboru magnezu związanego z insulinoopornością i dysfunkcją mitochondriów prowadzącą do schizofrenii. Tak więc hiperdigoksinemia za pośrednictwem archeologii i fenotyp Warburga mogą prowadzić do chorób cywilizacyjnych fenotypu neandertalskiego, prowadząc do jego wyginięcia. Archeologiczne zarastanie skorupy oceanicznej na skutek globalnego ocieplenia może prowadzić do uwolnienia dużych ilości metanu produkującego oceaniczne trzęsienia ziemi, tsunami oraz zniszczenia i podziału kontynentów. Prowadzi to do katastrofalnego końca świata. Podobnie jak archeologiczna porfiryna i magnetytowy model Frohlicha, kondensaty Bose-Einsteina w bozonach generowanych przez mózg mogą ulec katastrofalnemu rozpadowi próżni prowadzącemu do powszechnego wyginięcia. Magnetyczne porfiryny dipolarne i magnetyt w emulsji lipidowej komórek mózgowych mogą być fotonicznie wzbudzone generując czarne dziury. Te czarne dziury nie osiągają absolutnej osobliwości, ale w pobliżu tego punktu mogą ulec zjawisku zwanemu odbiciem odtwarzającym wszechświat. Tak więc neandertalizacja ludzkiego mózgu i generowanie kondensatu Bose-Einsteina w modelu Frohlicha może prowadzić do wyginięcia i reprodukcji wszechświata. [1-16]

Referencje

1. Weaver TD, Hublin JJ. Neandertal Birth Canal Shape and the Evolution of Human Childbirth. *Proc. Natl. Acad. Sci. USA* 2009; 106:8151-8156.
2. Kurup RA, Kurup PA. Endosymbiotic Actinidic Archaeal Mediated Warburg Phenotype Mediates Human Disease State. *Advances in Natural Science* 2012; 5(1):81-84.
3. Morgan E. The Neanderthal theory of autism, Asperger and ADHD; 2007, www.rdos.net/eng/asperger.htm.
4. Graves P. New Models and Metaphors for the Neanderthal Debate. *Current Anthropology* 1991; 32(5): 513-541.
5. Sawyer GJ, Maley B. Neanderthal zrekonstruowany. *The Anatomical Record Part B: The New Anatomist* 2005; 283B(1):23-31.
6. Bastir M, O'Higgins P, Rosas A. Facial Ontogeny in Neanderthals and Modern Humans. *Bastir M, O'Higgins P, Rosas A. Ontogeneza twarzy u neandertalczyków i współczesnych ludzi. Sci.* 2007; 274:1125-1132.
7. Neubauer S, Gunz P, Hublin JJ. Endocranial Shape Changes during Growth in Chimpanzees and Humans: Analiza morfometryczna Unique and Shared Aspects. *J. Hum. Evol.* 2010; 59:555-566.
8. Courchesne E, Pierce K. Brain Overgrowth in Autism during a Critical Time in Development: Implikacje dla rozwoju Neuronu Piramidalnego i Interneuronu i łączności. *Int. J. Dev. Neurosci.* 2005; 23:153–170.
9. Green RE, Krause J, Briggs AW, Maricic T, Stenzel U, Kircher M, Patterson N, Li H, Zhai W, *et al.* A Draft Sequence of the Neandertal Genome. *Science* 2010; 328:710-722.

10. Mithen SJ. *The Singing Neanderthals: The Origins of Music, Language, Mind and Body*; 2005, ISBN 0-297-64317-7.

11. Bruner E, Manzi G, Arsuaga JL. Encephalization and Allometric Trajectories in the Genus Homo: Dowody z linii neandertalskiej i nowoczesnej. *Proc. Natl. Acad. Sci. USA* 2003; 100:15335-15340.

12. Gooch S. *The Dream Culture of the Neanderthals: Strażnicy Starożytnej Mądrości.* Inner Traditions, Wildwood House, Londyn; 2006.

13. Gooch S. *The Neanderthal Legacy: Obudzenie naszych genetycznych i kulturowych korzeni.* Inner Traditions, Wildwood House, Londyn; 2008.

14. Kurtén B. *Den Svarta Tigern*, ALBA Publishing, Stockholm, Sweden; 1978.

15. Spikins P. Autyzm, Integracja "Różnicy" i Pochodzenie Nowoczesnego Zachowania Człowieka. *Cambridge Archaeological Journal* 2009; 19(2):179-201.

16. Eswaran V, Harpending H, Rogers AR. Genomika odrzuca wyłącznie afrykańskie pochodzenie człowieka. *Journal of Human Evolution* 2005; 49(1):1-18.

ROZDZIAŁ 4
EWOLUCJA PÓŁWYSPU INDYJSKIEGO I CZŁOWIEKA - EWOLUCJA HOMO SAPIEN I HOMO NEANDERTALCZYKA - TRANSFORMACJA LINIOWA I KASANDRYCZNE WYMIERANIE

Homo neandertalczyk wyewoluował jako pierwszy w zacofanych wodach półwyspu indyjskiego. W Indiach półwyspowych obserwuje się dominujące społeczeństwa matriliniowe z neandertalskimi cechami fenotypowymi. Homo neandertalczyk rozwija się w wyniku archeologicznej symbiozy występującej w ekstremalnych warunkach klimatycznych. Małpa wodna wyewoluowała w lesie przylegającym do rozlewisk i rozwinęła dwunożność wynikającą z polowań na ryby i lilie wodne w rozlewiskach Kerali. Endosymbiotyczny archaea katabolizuje cholesterol dla swojej energii. Pierścień cholesterolowy jest utleniany do pirogronianu, a łańcuch boczny do kwasów tłuszczowych o krótkim łańcuchu. Archaealna endosymbioza prowadzi do homo neandertalicznego fenotypu z autystycznymi cechami sawantycznymi. Można go nazwać neandertalskim plemieniem autystycznym. Gatunek homo neanderthalis matrilineal jest produkowany przez archeologiczną endosymbiozę. Prowadzi to do zwiększenia częstości występowania chorób cywilizacyjnych będących konsekwencją indukcji fenotypu Warburga. W środowisku Nair matrilineal występuje wysoka częstość występowania zespołu metabolicznego X, nowotworów, chorób autoimmunologicznych, neurodegeneracji, schizofrenii i autyzmu. Prowadzi to do ostatecznego wyginięcia gatunku homo neanderthalis ze skamieniałymi towarzystwami matrilineal żyjącymi w Kerali, Baskach, Walii i Berberach.

W ogólnej populacji homo sapien w Kerali widziane są następujące mutacje: mutacja SLOS z udziałem 7DHCR, mutacja dehydrogenazy pirogronianowej, mutacja CoQ, mutacja dehydrogenazy ketonowej o rozgałęzionym łańcuchu, hiper homocysteinemia, choroba Hartnupa i porfiria. Badania nad populacją pacjentów uczęszczających do kliniki metabolicznej wykazują wysoką częstość występowania tych mutacji - SLOS (30%), mutacja PDH (25%), mutacja CoQ2 (30%), hiper homocysteinemia (30%), choroba Hartnupa (10%), mutacja BKCD (20%) oraz porfiria (30%). [1-4] Mutacje są indukowane przez wiroidy RNA wydzielane przez archaiki. Archeologiczne wiroidy RNA są przekształcane na wiroidy DNA przez odwrotną transkryptazę HERV i integrowane przez HERV jako sekwencje niekodujące w genomie neandertalskim. W ten sposób powstają skokowe geny i mutacje. Hiper homocysteinemia i homocystinuria prowadzi do modulacji metylacji i demetylacji regulującej ekspresję genomową. Homo neandertalczyk spożywa dietę wysokobiałkową, wytwarzając zespół toksyczności białkowej. Mutacja choroby Hartnupa i mutacja BKCD zostały nabyte w celu przezwyciężenia toksyczności białkowej. Indukcja mutacji SLOS prowadzi do zmniejszenia syntezy cholesterolu. Utlenianie cholesterolu jest niezbędne w energetyce archeologicznej. Mutacja SLOS produkująca autyzm prowadzi do zmniejszenia syntezy cholesterolu i zmniejszenia ilości substratów dla energetyki archeologicznej. Mutacja PDH prowadzi do zwiększonego wytwarzania amoniaku z pirogronianu. Endosymbiotyczne archaiki również utleniają się amoniakiem, co służy jako alternatywna, nieefektywna droga dla energetyki. Wadliwa energetyka archaiczna prowadzi do zmniejszenia gęstości archai endosymbiotycznych i ewentualnego wyginięcia symbiotycznego gatunku homo neandertalczyka. Gatunki homo neandertalczyków o zmniejszonym zagęszczeniu endosymbiotycznych archaeaeów stają się gatunkami homo sapiens. Gatunki homo neandertaliczne zredukowały sekwencje HERV i są retroviraloodporne na skutek archaicznej endosymbiozy. Zmniejszone zagęszczenie archeologicznej endosymbiozy prowadzi do zwiększenia endogennej replikacji wstecznej i integracji z niekodującą sekwencją genomu homo neandertalczyka, tworząc genomiczną różnorodność i elastyczność oraz ewolucję gatunku homo sapiens z gatunku homo neandertalczyka. Prowadzi to do ostatecznego wyginięcia gatunku homo neanderthalis jako formy przetrwania w środowisku chorób cywilizacyjnych. W ten sposób gatunek homo sapien wyewoluował z gatunku homo neanderthalis w Indiach półwyspowych jako forma ochrony przed chorobami cywilizacyjnymi. Gatunki homo sapien z mutacją SLOS wykazywały również mniejszą liczbę fenotypów autystycznych, ale bez cech sawantycznych. Gatunek homo sapien jest normalnym fenotypem psychologicznym i jest mniej inteligentny i kreatywny.

Gatunek homo neandertalczyka migrował z Indii półwyspowych do Eurazji w wyniku tsunami na Oceanie Indyjskim. Ostatnie osady gatunku homo neandertalczyka widziane są w Eurazji. Pozostałe gatunki homo neandertalczyków występują w Indiach półwyspowych, regionach baskijskich, celtyckich i anglosaskich. Tak więc Indie półwyspowe są kolebką ewolucji człowieka - najpierw homo neandertalczyk, a później homo sapiens - przez mutacje wymagane do przetrwania i ochrony przed chorobami cywilizacyjnymi produkującymi homo sapiens z gatunku neandertalczyka. Na Półwyspie Indyjskim znajdują się pozostałości matrilinealnych społeczeństw homo neanderthalis i patrilinealnych społeczeństw homo sapiens. Skład wspólnoty Kerala jest przykładem matrilineal Nair wspólnoty homo neanderthalis i niematrilineal Ezhava i zaplanowanych kast/społecznościtribe z linii homo sapien. Fenotyp autystyczny mutacji SLOS był bardziej rozpowszechniony w niematrylowym Ezhavie i planowych zbiorowiskach kastowych/tribe z linii homo sapien. Fenotyp autystyczny mutacji SLOS był nietwórczy. Fenotypy autystyczne o charakterystyce sawantycznej występowały częściej w matrilinalnych zbiorowiskach Nair z linii homo neandertalczyków.

Globalne ocieplenie prowadzi do zwiększonego wzrostu endosymbiotycznego archaicznego, a archaiczne archaiki ekstremofilne zależą od utleniania amoniaku w zakresie jego energii. Globalne ocieplenie i zwiększony wzrost endosymbiotyczny prowadzi do wzrostu gęstości pozostałych gatunków neandertalczyków i ich namnażania się w baskijskich, półwyspowych Indiach, regionach celtyckich i anglosaskich. Rozwijający się fenotyp homo neandertalczyka jest podatny na choroby cywilizacyjne, takie jak rak, autoimmunizacja, neurodegeneracja, zespół metaboliczny, autyzm i schizofrenia, a w końcu wygasa. Nie jest to fenotyp wydajny dla ekspansji populacyjnej.

Globalne ocieplenie powoduje również archeologiczną endosymbiozę w fenotypie homo sapien. Wzrost archaiki endosymbiotycznej w homo sapiens przetrwał na utlenianiu amoniaku ze względu na jego energetykę powoduje przekształcenie homo sapiens w homo neoneanderthalis. Jest to możliwe w wyniku mutacji PDH, która przekształca pirogronian w amoniak. Wzrost endosymbiotycznych archaiasów w homo sapiens na skutek globalnego ocieplenia jest mniej efektywny z powodu zmniejszonej podaży substratu cholesterolowego dla energetyki z powodu mutacji SLOS. Energetyka archaicznych archaea jest uzależniona od utleniania amoniaku i jest nieefektywna, co prowadzi do mniejszego stopnia endosymbiozy archaea. Fenotyp homo neandertalczyka ma normalny makijaż psychologiczny i jest zdominowany przez rozszerzający się homo neandertaliczny autystyczny fenotyp sawantyczny. Endosymbiotyczne archaiki gatunku homo neandertalczyka wytwarzają wiroidy RNA, które w połączeniu z sekwencjami wiroidów homo neandertalczyka RNA wytwarzają nowe wirusy RNA, które eksterminują gatunek homo sapien zamieszkujący współczesny świat. Homo sapiens z mniejszym stopniem archaicznej endosymbiozy tworzące homo neandertaliczny gatunek ulegają superbakteriom i epidemiom wirusów RNA i są eksterminowane. Gatunki homo neandertalczyków są jak nietoperze służące jako rezerwuary wirusowe generujące nowe wirusy RNA, ale odporne na same wirusy RNA. Pozostałości homo neandertalczyków, które przetrwają, zostaną zredukowane liczebnie przez choroby cywilizacyjne, a w końcu rasa ludzka wyginie w ziemi. Gatunek homo neandertalczyka, gdzie endosymbiotyczne archaiki zależą od energii cholesterolu, rozwija się w szybkim tempie niż gatunek homo neandertalczyka, gdzie endosymbiotyczne archaiki zależą od energii amoniaku. Tak więc ewolucja człowieka jako gatunku homo sapiens i homo neandertalczyka zależy od symbiozy i wykorzystania cholesterolu jako substratu dla energii endosymbiotycznych archaea. Ewolucja człowieka z gatunku homo neandertalczyka do gatunku homo sapiens jest transformacją liniową dzięki wytworzeniu ochronnej mutacji SLOS u gatunku homo neandertalczyka. Przekształca ona gatunek homo neandertalczyk do gatunku homo sapiens z powodu zmniejszonej endosymbiozy archeologicznej wynikającej z redukcji energii podłoża cholesterolowego w wyniku mutacji SLOS. Cholesterol tworzy ważną molekułę w ewolucji człowieka poprzez symbiozę. Archealna endosymbioza określa również fenotyp neurologiczny z homo neandertalicznym autystycznym fenotypem sawantycznym i homo sapien/homo neoneandertalis normalnym psychologicznym poznawczym fenotypem nietwórczym. Ta liniowa transformacja homo neandertalczyka w homo sapiens, a następnie w homo neoneanderthalis w zależności od zmian klimatycznych opiera się na archeologicznej symbiozie i wykorzystaniu cholesterolu jako substratu energetycznego. Homo neandertalczyk nigdy nie wyginął, a jedynie przekształcił się w homo sapiens poprzez mutację SLOS i zahamowanie archeologicznej endosymbiozy jako formy ochrony przed chorobami cywilizacyjnymi. Powrót do globalnego ocieplenia prowadzi do ekspansji resztek społeczeństwa homo neandertalczyków i przekształcenia homo sapiens w fenotyp homo neoneandertalczyka, które są skazane na wyginięcie kasandryczne.

Referencje

1. Rejestr Zaburzeń Metabolicznych (15.000 spraw). Centrum Badań Zaburzeń Metabolicznych, Trivandrum. 2000-2019.
2. Sprawozdanie z projektu ICMR w Centrum Badań nad Zaburzeniami Metabolicznymi. Studies on the Derangement of Tryptophan Metabolism in Neurological Disorders". 2009.
3. Sprawozdanie z projektu ICMR w Centrum Badań nad Zaburzeniami Metabolicznymi. Studies on Digoxin and Neurodegeneration" jako współprowadzący dochodzenie. 2010.
4. Sprawozdanie z projektu ICMR w Centrum Badań nad Zaburzeniami Metabolicznymi. Badania nad niedoborem cholesterolu, nowym czynnikiem autyzmu". 2015.

ROZDZIAŁ 5
INDIE PÓŁWYSPU I EWOLUCJA GATUNKU LUDZKIEGO - MUTACJE NEANDERTALSKIE I HOMO SAPIEN

Homo neandertalczyk wyewoluował jako pierwszy w zacofanych wodach półwyspu indyjskiego. W Indiach półwyspowych obserwuje się dominujące społeczeństwa matriliniowe z neandertalskimi cechami fenotypowymi. Homo neandertalczyk rozwija się w wyniku archeologicznej symbiozy występującej w ekstremalnych warunkach klimatycznych. Małpa wodna wyewoluowała w lesie przylegającym do rozlewisk i rozwinęła dwunożność wynikającą z polowań na ryby i lilie wodne w rozlewiskach Kerali. Endosymbiotyczny archaea katabolizuje cholesterol dla swojej energii. Pierścień cholesterolowy jest utleniany do pirogronianu, a łańcuch boczny do kwasów tłuszczowych o krótkim łańcuchu. Archaealna endosymbioza prowadzi do homo neandertalicznego fenotypu z autystycznymi cechami sawantycznymi. Można go nazwać neandertalskim plemieniem autystycznym. Gatunek homo neanderthalis matrilineal jest produkowany przez archeologiczną endosymbiozę. Prowadzi to do zwiększenia częstości występowania chorób cywilizacyjnych będących konsekwencją indukcji fenotypu Warburga. W środowisku Nair matrilineal występuje wysoka częstość występowania zespołu metabolicznego X, nowotworów, chorób autoimmunologicznych, neurodegeneracji, schizofrenii i autyzmu. Prowadzi to do ostatecznego wyginięcia gatunku homo neanderthalis ze skamieniałymi towarzystwami matrilineal żyjącymi w Kerali, Baskach, Walii i Berberach.

W ogólnej populacji Kerala obserwuje się następujące mutacje - mutację SLOS z udziałem 7DHCR, mutację dehydrogenazy pirogronianowej, mutację CoQ, mutację dehydrogenazy ketonowej o rozgałęzionych łańcuchach, hiper homocysteinemię, chorobę Hartnupa i porfirię. Badania nad populacją pacjentów uczęszczających do kliniki metabolicznej wykazują wysoką częstość występowania tych mutacji - SLOS (30%), mutacja PDH (25%), mutacja CoQ2 (30%), hiper homocysteinemia (30%), choroba Hartnupa (10%), mutacja BKCD (20%) oraz porfiria (30%). [1-4] [Mutacja] SLOS jest podstawą ewolucji homo sapiens. Pozostałe mutacje: mutacja PDH, mutacja CoQ2, hiperhomocysteinemia, choroba Hartnupa, mutacja BKCD i porfiria są neandertalistyczne. Mutacje te są indukowane przez wiroidy RNA wydzielane przez archaiki. Archealne wiroidy RNA są przekształcane w wiroidy DNA przez odwrotną transkryptazę HERV i są integrowane przez HERV jako sekwencje niekodujące w genomie neandertalczyka. W ten sposób powstają skokowe geny i mutacje. Archeologiczne sekwencje genomowe mogą również zostać zintegrowane z genomem neandertalskim za pomocą integrasu HERV tworzącego niekodujące sekwencje w genomie neandertalskim. Genom neandertalski składa się z niekodujących sekwencji utworzonych z archeologicznych sekwencji genomowych i wiroidalnych funkcjonujących jako skaczące geny produkujące mutacje neandertalskie. Hiper homocysteinemia i homocystinuria prowadzą do modulacji metylacji i demetylacji regulującej ekspresję genomową. Mutacje homocystenemiczne mają genotyp homo neandertaliczny, indukujący produkcję metylowanych amin i schizofrenicznego stanu/autystycznego stanu sawantycznego. Mutacje PDH i mutacje CoQ2 mają genotyp homo neandertaliczny i pomagają w produkcji fenotypu Warburga oraz w wytwarzaniu amoniaku dla archeologicznej energetyki. Mutacje porfiryczne mają również genotyp homo neandertaliczny i pomagają generować porfiryny oraz abiogenetyczną replikację archeologiczną na szablonie porfirynowym. Mutacje porfirynowe wytwarzają również dipolarne magnetyczne porfiryny do kwantowej percepcji przez homo neandertalskich autystycznych sawantów. Homo neandertalczycy spożywają dietę wysokobiałkową wytwarzając zespół toksyczności białkowej. Mutacja choroby Hartnupa i mutacja BKCD zostały nabyte w celu przezwyciężenia toksyczności białkowej. Homo neandertalczyk będący konsekwencją mutacji PDH, mutacji CoQ2, hiperhomocysteinemii, choroby Hartnupa, mutacji BKCD i porfirii jest podatny na choroby cywilizacyjne takie jak: rak, autoimmunizacja, neurodegeneracja, autyzm, schizofrenia i zespół metaboliczny, które skracają okres życia gatunku. Dlatego też gatunek jako forma ochrony stara się hamować endosymbiotyczne replikacje archeologiczne, hamując syntezę cholesterolu i pozbawiając archaika jego podłoża energetycznego. Indukcja mutacji SLOS prowadzi do zmniejszenia syntezy cholesterolu. Utlenianie cholesterolu jest niezbędne w energetyce archeologicznej. Mutacja SLOS produkująca autyzm prowadzi do obniżenia syntezy cholesterolu i zmniejszenia ilości substratów dla energetyki archeologicznej. Mutacja PDH prowadzi do zwiększonego wytwarzania amoniaku z pirogronianu. Endosymbiotyczne archaiki również utleniają się amoniakiem, co służy jako alternatywna, nieefektywna droga dla energetyki. Wadliwa energetyka archaiczna prowadzi do zmniejszenia gęstości archai endosymbiotycznych i ewentualnego wyginięcia symbiotycznego gatunku homo neandertalczyka. Mutacja SLOS ma kluczowe znaczenie dla ewolucji fenotypu homo sapien. Mutacja SLOS prowadząca do ewolucji gatunku homo sapien jest również indukowana przez sekwencje HERV. Archaiki endosymbiotyczne i archaiczne digoksyny hamują endogenną replikację retrowirusową. Dlatego też genomowe pasożytnicze endogenne retrowirusy dla przeżycia indukują mutację

SLOS i zmniejszają syntezę cholesterolu, prowadząc do zahamowania endosymbiotycznej replikacji w archawach. Endosymbiotyczne archaiki zależą od cholesterolu pod względem energetycznym. Gatunki homo neandertalczyków o obniżonej endosymbiotycznej gęstości archaeaeów stają się gatunkami homo sapiens. Gatunki homo neandertaliczne zredukowały sekwencje HERV i są retroviral odporne na endosymbiozę archaealiczną. Zmniejszone zagęszczenie archeologicznej endosymbiozy prowadzi do zwiększenia endogennej replikacji wstecznej i integracji z niekodującą sekwencją genomu homo neandertalczyka, tworząc genomiczną różnorodność i elastyczność oraz ewolucję gatunku homo sapiens z gatunku homo neandertalczyka. Prowadzi to do ostatecznego wyginięcia gatunku homo neanderthalis jako formy przetrwania w środowisku chorób cywilizacyjnych. W ten sposób gatunek homo sapien wyewoluował z gatunku homo neanderthalis w Indiach półwyspowych jako forma ochrony przed chorobami cywilizacyjnymi. Gatunki homo sapien z mutacją SLOS wykazywały również mniejszą liczbę fenotypów autystycznych, ale bez cech sawantycznych. Gatunek homo sapien jest normalnym fenotypem psychologicznym i jest mniej inteligentny i kreatywny. Synteza cholesterolu jest decydującym czynnikiem dla archeologicznej endosymbiozy. Zwiększony poziom syntezy cholesterolu i archeologicznej endosymbiozy prowadzi do ewolucji homo neandertalczyków. Mutacja SLOS i obniżony poziom syntezy cholesterolu wraz z obniżeniem archeologicznej endosymbiozy prowadzi do ewolucji homo sapiens. Cholesterol jest główną cząsteczką determinującą ewolucję homo neanderthalis i homo sapiens. Homo neanderthalis rozwijający mutację SLOS wyewoluował do gatunku homo sapien.

Gatunek homo neandertalczyka migrował z Indii półwyspowych do Eurazji w wyniku tsunami na Oceanie Indyjskim. Ostatnie osady gatunku homo neandertalczyka widziane są w Eurazji. Pozostałe gatunki homo neandertalczyków występują w Indiach półwyspowych, regionach baskijskich, celtyckich i anglosaskich. Tak więc Indie półwyspowe są kolebką ewolucji człowieka - najpierw homo neandertalczyk, a później homo sapiens - przez mutacje wymagane do przetrwania i ochrony przed chorobami cywilizacyjnymi produkującymi homo sapiens z gatunku neandertalczyka. Na Półwyspie Indyjskim znajdują się pozostałości matrilinealnych społeczeństw homo neanderthalis i patrilinealnych społeczeństw homo sapiens. Skład wspólnoty Kerala jest przykładem matrilineal Nair wspólnoty homo neanderthalis i niematrilineal Ezhava i zaplanowanych kast/społecznościtribe z linii homo sapien. Fenotyp autystyczny mutacji SLOS był bardziej rozpowszechniony w niematrylowym Ezhavie i planowych zbiorowiskach kastowych/tribe z linii homo sapien. Fenotyp autystyczny mutacji SLOS był nietwórczy. Fenotyp autystyczny o charakterystyce sawantycznej był bardziej powszechny w matrylinowej społeczności Nair z linii homo neandertalczyków.

Globalne ocieplenie prowadzi do zwiększonego wzrostu endosymbiotycznego archaicznego, a archaiczne archaiczne archaiki ekstremofilne zależą od utleniania amoniaku pod względem energetycznym. Globalne ocieplenie i zwiększony wzrost endosymbiotyczny prowadzi do wzrostu gęstości pozostałych gatunków neandertalczyków i ich namnażania się w baskijskich, półwyspowych Indiach, regionach celtyckich i anglosaskich. Rozwijający się fenotyp homo neandertalczyka jest podatny na choroby cywilizacyjne, takie jak rak, autoimmunizacja, neurodegeneracja, zespół metaboliczny, autyzm i schizofrenia, a w końcu wygasa. Nie jest to fenotyp wydajny dla ekspansji populacyjnej.

Globalne ocieplenie powoduje również archeologiczną endosymbiozę w fenotypie homo sapien. Wzrost archaiki endosymbiotycznej w homo sapiens przetrwał na utlenianiu amoniaku ze względu na jego energetykę powoduje przekształcenie homo sapiens w homo neoneanderthalis. Jest to możliwe w wyniku mutacji PDH, która przekształca pirogronian w amoniak. Wzrost endosymbiotycznych archaiasów w homo sapiens na skutek globalnego ocieplenia jest mniej efektywny z powodu zmniejszonej podaży substratu cholesterolowego dla energetyki z powodu mutacji SLOS. Energetyka archaicznych archaea jest uzależniona od utleniania amoniaku i jest nieefektywna, co prowadzi do mniejszego stopnia endosymbiozy archaea. Fenotyp homo neoneandertalczyka jest normalnego psychologicznego makijażu i jest zdominowany przez rozszerzający się homo neandertaliczny autystyczny fenotyp sawantyczny. Endosymbiotyczne archaiki gatunku homo neandertalczyka wytwarzają wiroidy RNA, które w połączeniu z sekwencjami wiroidów homo neandertalczyka RNA wytwarzają nowe wirusy RNA, które eksterminują gatunek homo sapien zamieszkujący współczesny świat. Homo sapiens z mniejszym stopniem archaicznej endosymbiozy tworzące homo neandertaliczny gatunek ulegają superbugsom i epidemiom wirusów RNA i są eksterminowane. Gatunki homo neandertalczyków są jak nietoperze służące jako rezerwuary wirusowe generujące nowe wirusy RNA, ale odporne na same wirusy RNA. Pozostałości homo neandertalczyków, które przetrwają, zostaną zredukowane liczebnie przez choroby cywilizacyjne, a w końcu rasa ludzka wyginie w ziemi. Gatunek homo neandertalczyka, gdzie endosymbiotyczne archaiki zależą od energii cholesterolu, rozszerza się w szybkim tempie niż gatunek homo neandertalczyka, gdzie endosymbiotyczne archaiki zależą od energii amoniaku. Tak więc ewolucja człowieka jako gatunku homo sapiens i homo neandertalczyka zależy od symbiozy i wykorzystania cholesterolu jako substratu dla energii endosymbiotycznych archaea. Ewolucja człowieka z gatunku homo neandertalczyka do gatunku homo sapiens jest transformacją liniową dzięki wytworzeniu ochronnej mutacji SLOS u gatunku homo neandertalczyka. Przekształca ona gatunek homo neandertalczyk do gatunku homo sapiens z powodu zmniejszonej endosymbiozy archeologicznej wynikającej z redukcji energii podłoża cholesterolowego w wyniku mutacji SLOS. Cholesterol tworzy ważną molekułę w ewolucji człowieka poprzez symbiozę. Archealna endosymbioza określa również fenotyp neurologiczny z homo neandertalicznym autystycznym fenotypem sawantycznym i homo sapien/homo neoneandertalicznym normalnym psychologicznie poznawczym fenotypem nietwórczym. Ta liniowa transformacja homo neandertalczyka do homo sapiens, a następnie do homo neoneandertalczyka w zależności od zmian klimatycznych opiera się na archeologicznej symbiozie i wykorzystaniu cholesterolu jako substratu energetycznego. Homo neandertalczyk nigdy nie wyginął, a jedynie przekształcił się w homo sapiens poprzez mutację SLOS i zahamowanie archeologicznej endosymbiozy jako formy ochrony przed chorobami cywilizacyjnymi. Powrót do globalnego ocieplenia prowadzi do ekspansji resztek społeczeństwa homo neandertalczyków i przekształcenia homo sapiens w fenotyp homo neoneandertalczyka, które są skazane na wyginięcie kasandryczne.

Referencje

5. Rejestr Zaburzeń Metabolicznych (15.000 spraw). Centrum Badań Zaburzeń Metabolicznych, Trivandrum. 2000-2019.
6. Sprawozdanie z projektu ICMR w Centrum Badań nad Zaburzeniami Metabolicznymi. Studies on the Derangement of Tryptophan Metabolism in Neurological Disorders". 2009.
7. Sprawozdanie z projektu ICMR w Centrum Badań nad Zaburzeniami Metabolicznymi. Studies on Digoxin and Neurodegeneration" jako współprowadzący dochodzenie. 2010.
8. Sprawozdanie z projektu ICMR w Centrum Badań nad Zaburzeniami Metabolicznymi. Badania nad niedoborem cholesterolu, nowym czynnikiem autyzmu". 2015.

ROZDZIAŁ 6
ARCHEOLOGICZNA ENDOSYMBIOZA INDUKOWANA PRZEZ LUDZKI ZESPÓŁ ADAPTACJI METABOLICZNEJ - EWOLUCJA MUTACJI HOMO NEANDERTALCZYKA I HOMO SAPIENA

Mutacja SLOS jest podstawą ewolucji homo sapiens. Pozostałe mutacje: mutacja PDH, mutacja CoQ2, hiperhomocysteinemia, choroba Hartnupa, mutacja BKCD i porfiria są neandertalistyczne. Mutacje te są indukowane przez wiroidy RNA wydzielane przez archaiki. Archealne wiroidy RNA są przekształcane w wiroidy DNA przez odwrotną transkryptazę HERV i są integrowane przez HERV jako sekwencje niekodujące w genomie neandertalczyka. W ten sposób powstają skokowe geny i mutacje. Archeologiczne sekwencje genomowe mogą również zostać zintegrowane z genomem neandertalskim za pomocą integrasu HERV tworzącego niekodujące sekwencje w genomie neandertalskim. Genom neandertalski składa się z niekodujących sekwencji utworzonych z archeologicznych sekwencji genomowych i wiroidalnych funkcjonujących jako skaczące geny produkujące mutacje neandertalskie.

Endosymbiotyczne archaiki mogą modulować metabolizm na wielu poziomach tworząc zespół adaptacji metabolicznej człowieka. Endosymbiotyczne archaiki hamują funkcję mitochondriów i aktywność dehydrogenazy pirogronianowej, jednocześnie regulując aktywność glikolityczną, indukując fenotyp Warburga. Zahamowanie PDH prowadzi do wadliwego tworzenia się acetylu CoA - substratu szlaku mewalonianowego oraz syntezy cholesterolu, dolicholu i CoQ. Występuje zespół zubożenia cholesterolu. Prowadzi to do niedoboru koenzymu Q i dysfunkcji mitochondriów. Wadliwa synteza dolicholu prowadzi do wadliwej glikosylacji białek oraz modulacji funkcji receptora i błony komórkowej. Pirogronian wchodzi w drogę bocznikową GABA powodując powstawanie glutaminianu, GABA i sukcynylu CoA. Uregulowana sekwencja glikolityczna powoduje wzrost syntezy 3-fosofogliceranu i glicyny/seryny. Glicyna łączy się z succinyl CoA tworząc ALA i porfirynę tworząc porfirię. Można to leczyć podając aminokwas gama-masłowy. Ketogeniczna dieta o wysokiej zawartości błonnika (40 g) i wysoko łańcuchowych triglicerydów z oleju kokosowego może prowadzić do zwiększenia poziomu kwasu gamma aminomasłowego. Zubożenie glicyny w wyniku syntezy porfiryn prowadzi do wadliwego tworzenia cystationiny i hiperhomocysteinemii oraz zwiększonego poziomu metioniny. Metionina jest używany do metylacji monoamin i DNA, co powoduje regulację funkcji DNA i tworzenie się metylowanych amin, takich jak mezkalina i LSD regulujących pracę mózgu. Hiperhomocysteinemia może być traktowane przez podanie wyższych dawek metylo kobalaminy, pirydoksyny i kwasu foliowego. Prowadzi to do zmniejszenia dostępności grup metylowych do syntezy karnityny i wadliwej funkcji mitochondriów. Leczy się to poprzez suplementację karnityny. Glutaminian wygenerowany przez GABA shunt jest przekształcany w prolinę, która jest ważna w modulowaniu transmisji glutaminianu i dopaminergicznej i bierze udział w schizofrenii oraz w syndromach typu SLE. Prolina może modulować funkcjonowanie układu odpornościowego i mózgu. GABA shunt wygenerowany glutaminian jest aktywowany przez GDH generujący amoniak i zespół hiperamonemiczny. Hiperamonemia może być leczona przez podawanie ornityny-asparatyny. Amoniak może regulować pracę mózgu. Archeologiczna digoksyna może hamować neutralny transporter aminokwasów w kanalikach nerkowych, wytwarzając zwiększone wydalanie neutralnych aminokwasów z tryptofanu, co prowadzi do powstania wzorca podobnego do choroby Hartnupa. Choroba Hartnupa powoduje niedobór tryptofanu i zmniejszenie syntezy kwasu nikotynowego. Można to skorygować poprzez podanie dużej dawki kwasu nikotynowego. Archeologiczne zahamowanie dehydrogenazy ketonowej o rozgałęzionych łańcuchach powoduje wzrost poziomu aminokwasów rozgałęzionych - leucyny, izoleucyny i waliny. Inhibicję dehydrogenazy ketonowej o rozgałęzionych łańcuchach można leczyć podając wysokie dawki tiaminy. Istnieje również hamowanie przedniego metabolizmu pirogronianu poprzez karboksylazę pirogronianu i glukoneogenezę. Leczenie polega na podawaniu wyższych dawek biotyny. Zahamowanie ATPazy potasowo-sodowej wywołane digoksyną prowadzi do zespołu zubożenia magnezu i hipomagnezemii. Wzrost archeologiczny wymaga selenu do syntezy metanogennych selenoprotein, a to prowadzi do zubożenia selenu z organizmu człowieka. Selen funkcjonuje jako kofaktor dla przeciwutleniających enzymów syntazy glutationu i peroksydazy oraz dejodinazy. Magnez i selen zubożenie może prowadzić do zaburzeń psychicznych, zaburzenia drgawkowe, neurodegenerację, autoimmunizację i raka. Katabolizm cholesterolowy wywołany przez archaika prowadzi do niskiej syntezy witaminy D i jej niedoboru. Stres redoks wywołany przez archaea prowadzi do zwiększonego wykorzystania witaminy C i jej niedoboru. W genomie człowieka brakuje sekwencji oksydazy L-gulonolaktonowej i cierpi on na zespół genetyczny hipoaskorbiemii. Niedobór witaminy C i D może prowadzić do zaburzeń psychicznych, zaburzeń napadowych, neurodegeneracji, autoimmunizacji i raka. Odwarstwienie spowodowało zahamowanie dehydrogenazy pirogronianowej i wynikającą z niej konwersję pirogronianu do glutaminianu, a następnie proliny prowadzi do akumulacji proliny w układzie. Niedobór witaminy C prowadzi do wadliwej syntezy kolagenu i uszkodzenia ściany naczynia. W ścianie naczynia znajdują się odsłonięte pozostałości proliny, do których przyłącza się lipoproteina A tworząc płytkę miażdżycową. Pozostałości proliny mogą być nasycone i stają się niedostępne dla lipoproteiny A przez suplementację lizyny i dużą dawkę witaminy C. Katabolizm cholesterolowy wywołany przez archaika powoduje zmniejszenie syntezy hormonów płciowych i hipogonadyzm metaboliczny.

ROZDZIAŁ 7
ENDOSYMBIOTYCZNY AKTYNOIDALNY ZESPÓŁ ARCHAICZNEGO CHOLESTEROLU KATABOLICZNEGO - HIPOCHOLESTEROLEMIA I CHOROBY LUDZKIE - EWOLUCJA MUTACJI HOMO SAPIEN SLOS

Wprowadzenie

Mutacja SLOS jest podstawą ewolucji homo sapien. Mutacje te są indukowane przez wiroidy RNA wydzielane przez archaiki. Archealne wiroidy RNA są przekształcane w wiroidy DNA przez odwrotną transkryptazę HERV i są integrowane przez HERV jako niekodujące sekwencje w genomie neandertalskim. W ten sposób powstają skokowe geny i mutacje. Archeologiczne sekwencje genomowe mogą również zostać zintegrowane z genomem neandertalskim za pomocą integracji HERV, tworząc niekodujące sekwencje w genomie neandertalskim. Genom neandertalski składa się z niekodujących sekwencji utworzonych z archeologicznych sekwencji genomowych i wiroidalnych funkcjonujących jako skaczące geny produkujące mutacje neandertalskie.

Mutacja SLOS i obniżony poziom syntezy cholesterolu wraz z obniżeniem archeologicznej endosymbiozy prowadzi do ewolucji homo sapiens. Cholesterol jest główną cząsteczką determinującą ewolucję homo neanderthalis i homo sapiens. Homo neanderthalis rozwijający mutację SLOS wyewoluował do gatunku homo sapien.

Archaiki aktynowców uczestniczą w patogenezie schizofrenii, nowotworów, zespołu metabolicznego X, choroby autoimmunologicznej i zwyrodnienia neuronów. [1-9] Prymitywne organizmy oparte na aktynowcach, takie jak archaiki, mają szlak mewalonatowy i katabolizm cholesterolowy. Katabolizm cholesterolowy w archaikach aktynowych może prowadzić do zubożenia cholesterolu i stanu hipocholesterolemicznego przyczyniającego się do patogenezy tych zaburzeń. [10-17]

Archaea może wykorzystywać cholesterol jako źródło węgla i energii. Archeologiczny katabolizm cholesterolowy może prowadzić do wielu chorób ogólnoustrojowych. Niskie wartości cholesterolu w populacjach są związane z wysoką śmiertelnością. Zbadano enzymy powodujące katabolizm cholesterolu w archaeach i przedstawiono wyniki tych badań w niniejszej pracy. Można to określić jako endosymbiotyczny aktynoidalny zespół kataboliczny cholesterolu aktynowego. [10-17]

Doprowadziło to później do mutacji reduktazy 7-dehydrocholesterolowej Smith Lemli Opitz (SLOS) i powstania nowego fenotypu o obniżonej syntezie cholesterolu jako formy ochrony przed chorobą cywilizacyjną poprzez hamowanie wzrostu archeologicznego. Mutacja SLOS doprowadziła do ewolucji homo sapiens o zmniejszonej gęstości endosymbiozy archeologicznej.

Materiały i metody

Badaniami objęto następujące grupy: - włóknienie śródmięśniowe, choroba Alzheimera, stwardnienie rozsiane, chłoniak nieziarniczy, zespół metaboliczny X z zakrzepicą naczyń mózgowych i chorobą wieńcową, schizofrenia, autyzm, zaburzenia napadowe, choroba Creutzfeldta Jakoba oraz zespół nabytego niedoboru odporności. W każdej grupie znajdowało się 10 pacjentów, a każdy z nich miał dopasowaną do wieku i płci zdrową kontrolę wybraną losowo z populacji ogólnej. Próbki krwi pobierano w stanie postu przed rozpoczęciem leczenia. Zastosowano osocze z krwi heparynizowanej na czczo, a protokół doświadczalny był następujący: - (I) osocze+fosforan buforowany solą fizjologiczną, (II) taki sam jak substrat I+cholesterolowy, (III) taki sam jak II+rutyl 0,1 mg/ml, oraz (IV) taki sam jak II+profloksacyna i doksycyklina, każda w stężeniu 1 mg/ml. Podłoże cholesterolowe zostało przygotowane w sposób opisany przez Richmond. [18] Alikwoty wycofywano w czasie zerowym bezpośrednio po zmieszaniu i po inkubacji w temperaturze 37 ^{oC} przez 1 godzinę. Przeprowadzono następujące oceny: - Cyklochrom F420, wielopierścieniowy węglowodór aromatyczny, digoksynę, kwas żółciowy, aktywność oksydazy cholesterolowej mierzoną uwalnianiem nadtlenku wodoru, pirogronian, maślan i propionian. [19-21] Cyktochrom F420 oceniono metodą mąskometryczną (długość fali wzbudzenia 420 nm i długość fali emisji 520 nm). Wielopierścieniowe węglowodory aromatyczne oceniano poprzez pomiar nadtlenku wodoru uwalnianego za pomocą odczynnika glukozowego. Do badań uzyskano świadomą zgodę uczestników oraz zgodę Komisji Etycznej. Analiza statystyczna została przeprowadzona przez ANOVA.

Wyniki

W osoczu osób z grupy kontrolnej stwierdzono zwiększony poziom wyżej wymienionych parametrów po inkubacji przez 1 godzinę i dodaniu substratu cholesterolowego, co spowodowało dalszy znaczący wzrost tych parametrów. Osocze chorych wykazywało podobne wyniki, ale stopień wzrostu był większy. Dodatek antybiotyków do osocza kontrolnego powodował spadek wszystkich parametrów, natomiast dodatek rutylu zwiększał ich poziom. Dodatek antybiotyków do osocza pacjenta spowodował spadek wszystkich parametrów, podczas gdy dodatek rutylu zwiększył ich poziom, ale zakres zmian był większy w osoczu pacjenta w porównaniu z grupą kontrolną. Wyniki są wyrażone w tabelach 1-4 jako procentowa zmiana parametrów po 1 godzinie inkubacji w porównaniu do wartości w czasie zerowym.

Tabela 1. Wpływ rutylu i antybiotyków na cytochrom F420 i PAH

Grupa	**CYT F420 %** (Zwiększyć za pomocą Rutylu)		**CYT F420 %** (Zmniejszyć za pomocą Doxy+Cipro)		**WWA % zmiana** (Zwiększyć za pomocą Rutylu)		**WWA % zmiana** (Zmniejszyć za pomocą Doxy+Cipro)	
	Mean	**± SD**	**Mean**	**± SD**	**Mean**	**± SD**	**Mean**	**± SD**
Normalny	4.48	0.15	18.24	0.66	4.45	0.14	18.25	0.72
Schizo	23.24	2.01	58.72	7.08	23.01	1.69	59.49	4.30
Zajęcie	23.46	1.87	59.27	8.86	22.67	2.29	57.69	5.29
AD	23.12	2.00	56.90	6.94	23.26	1.53	60.91	7.59
MS	22.12	1.81	61.33	9.82	22.83	1.78	59.84	7.62
NHL	22.79	2.13	55.90	7.29	22.84	1.42	66.07	3.78
DM	22.59	1.86	57.05	8.45	23.40	1.55	65.77	5.27
AIDS	22.29	1.66	59.02	7.50	23.23	1.97	65.89	5.05
CJD	22.06	1.61	57.81	6.04	23.46	1.91	61.56	4.61
Autyzm	21.68	1.90	57.93	9.64	22.61	1.42	64.48	6.90
EMF	22.70	1.87	60.46	8.06	23.73	1.38	65.20	6.20
	F wartość 306,749 Wartość P < 0,001		Wartość F 130,054 Wartość P < 0,001		F wartość 391,318 Wartość P < 0,001		F wartość 257,996 Wartość P < 0,001	

Tabela 2. Wpływ rutylu i antybiotyków na wytwarzanie maślanu i propionianu z cholesterolu

Grupa	**Maślan % zmiana** (Zwiększyć za pomocą Rutylu)		**Maślan % zmiana** (Zmniejszyć za pomocą Doxy+Cipro)		**Propionian % zmiana** (Zwiększyć za pomocą Rutylu)		**Propionian % zmiana** (Zmniejszyć za pomocą Doxy+Cipro)	
	Mean	**± SD**	**Mean**	**± SD**	**Mean**	**± SD**	**Mean**	**± SD**
Normalny	4.43	0.19	18.13	0.63	4.40	0.10	18.48	0.39
Schizo	22.50	1.66	60.21	7.42	22.52	1.90	66.39	4.20
Zajęcie	23.81	1.19	61.08	7.38	22.83	1.90	67.23	3.45
AD	22.65	2.48	60.19	6.98	23.67	1.68	66.50	3.58
MS	21.14	1.20	60.53	4.70	22.38	1.79	67.10	3.82
NHL	23.35	1.76	59.17	3.33	23.34	1.75	66.80	3.43
DM	23.27	1.53	58.91	6.09	22.87	1.84	66.31	3.68
AIDS	23.32	1.71	63.15	7.62	23.45	1.79	66.32	3.63
CJD	22.86	1.91	63.66	6.88	23.17	1.88	68.53	2.65
Autyzm	23.52	1.49	63.24	7.36	23.20	1.57	66.65	4.26
EMF	23.29	1.67	60.52	5.38	22.29	2.05	61.91	7.56
	F wartość 380,721 Wartość P < 0,001		F wartość 171,228 Wartość P < 0,001		F wartość 372,716 Wartość P < 0,001		F wartość 556,411 Wartość P < 0,001	

Tabela 3. Wpływ rutylu i antybiotyków na digoksynę i kwasy żółciowe

Grupa	**Digoksyna (ng/ml)** (Zwiększyć za pomocą Rutylu)		**Digoksyna (ng/ml)** (Zmniejszyć za pomocą Doxy+Cipro)		**Kwasy żółciowe % zmiana** (Zwiększyć za pomocą Rutylu)		**Kwasy żółciowe % zmiana** (Zmniejszyć za pomocą Doxy+Cipro)	
	Mean	**+ SD**	**Mean**	**+ SD**	**Mean**	**+ SD**	**Mean**	**+ SD**
Normalny	0.11	0.00	0.054	0.003	4.29	0.18	18.15	0.58
Schizo	0.55	0.06	0.219	0.043	23.20	1.87	57.04	4.27
Zajęcie	0.51	0.05	0.199	0.027	22.61	2.22	66.62	4.99
AD	0.55	0.03	0.192	0.040	22.12	2.19	62.86	6.28
MS	0.52	0.03	0.214	0.032	21.95	2.11	65.46	5.79
NHL	0.54	0.04	0.210	0.042	22.98	2.19	64.96	5.64
DM	0.47	0.04	0.202	0.025	22.87	2.58	64.51	5.93
AIDS	0.56	0.05	0.220	0.052	22.29	1.47	64.35	5.58
CJD	0.53	0.06	0.212	0.045	23.30	1.88	62.49	7.26
Autyzm	0.53	0.08	0.205	0.041	22.21	2.04	63.84	6.16
EMF	0.51	0.05	0.213	0.033	23.41	1.41	58.70	7.34
	F wartość 135,116 Wartość P < 0,001		F wartość 71,706 Wartość P < 0,001		F wartość 290,441 Wartość P < 0,001		F wartość 203,651 Wartość P < 0,001	

Tabela 4. Wpływ rutylu i antybiotyków na pirogronian i nadtlenek wodoru

Grupa	**Pirwat % zmiana** (Zwiększyć za pomocą Rutylu)		**Pirwat % zmiana** (Zmniejszyć za pomocą Doxy+Cipro)		**H2O2 %** (Zwiększyć za pomocą Rutylu)		**H2O2 %** (Zmniejszyć za pomocą Doxy+Cipro)	
	Mean	**+ SD**	**Mean**	**+ SD**	**Mean**	**+ SD**	**Mean**	**+ SD**
Normalny	4.34	0.21	18.43	0.82	4.43	0.19	18.13	0.63
Schizo	20.99	1.46	61.23	9.73	22.50	1.66	60.21	7.42
Zajęcie	20.94	1.54	62.76	8.52	23.81	1.19	61.08	7.38
AD	22.63	0.88	56.40	8.59	22.65	2.48	60.19	6.98
MS	21.59	1.23	60.28	9.22	21.14	1.20	60.53	4.70
NHL	21.19	1.61	58.57	7.47	23.35	1.76	59.17	3.33
DM	20.67	1.38	58.75	8.12	23.27	1.53	58.91	6.09
AIDS	21.21	2.36	58.73	8.10	23.32	1.71	63.15	7.62
CJD	21.07	1.79	63.90	7.13	22.86	1.91	63.66	6.88
Autyzm	21.91	1.71	58.45	6.66	23.52	1.49	63.24	7.36
EMF	22.29	2.05	62.37	5.05	23.29	1.67	60.52	5.38
	Wartość F 321,255 Wartość P < 0,001		F wartość 115,242 Wartość P < 0,001		F wartość 380,721 Wartość P < 0,001		F wartość 171,228 Wartość P < 0,001	

Dyskusja

Nastąpił wzrost cytochromu F420 wskazujący na wzrost archeologiczny. Archaiki mogą syntezować i wykorzystywać cholesterol jako źródło węgla i energii. [22-24] Archealne pochodzenie aktywności enzymu zostało wskazane przez tłumienie wywołane antybiotykiem. Badanie wskazuje na obecność w układzie archaiki opartej na aktynowcach z alternatywnymi enzymami opartymi na aktynowcach lub metalloenzymach, na co wskazuje wzrost aktywności enzymów wywołany rutylem. [22-24] Zwiększono aktywność archaicznej dehydrogenazy beta-hydroksylosteroidowej wskazującej na syntezę digoksyny oraz archaiczną aktywność hydroksylazy cholesterolu wskazującą na syntezę kwasu żółciowego. [22-24] Aktywność oksydazy cholesterolowej została zwiększona, co doprowadziło do wytworzenia pirogronianu i nadtlenku wodoru. [22-24] Pirogronian ulega konwersji do glutaminianu i amoniaku na drodze bocznikowej GABA. Wykryto również archeologiczne aromatyzacji cholesterolu generującego WWA. [22-24] Wskazuje to na archeologiczną aktywność aromatazy cholesterolowej. Archealna aktywność oksydazy w łańcuchu bocznym cholesterolu generuje maślan i propionian. Archaeal cholesterol oxidase, cholesterol aromatase, cholesterol side chain oxidase, cholesterol hydroxylase and beta hydroxyl steroid dehydrogenase activity were detected in high levels in the patient population of endomyocardial fibrosis, choroba Alzheimera, stwardnienie rozsiane, chłoniak nieziarniczy, zespół metaboliczny X z zakrzepicą naczyń mózgowych i chorobą wieńcową, schizofrenią, autyzmem, zaburzeniami napadowymi, chorobą Creutzfeldta Jakoba i zespołem nabytego niedoboru odporności. Archeologiczne enzymy katabolizujące cholesterol były zależne od aktynowców. Archaiki mogą ulegać mineralizacji magnetytu i węglanu wapnia i mogą występować jako zwapnione nanoformy. [25] Prowadzi to do stanu wyczerpania cholesterolu i zespołu hipocholesterolemicznego u pacjentów ze schizofrenią, złośliwością, zespołem metabolicznym X, chorobą autoimmunologiczną i zwyrodnieniem neuronów.

Niski poziom cholesterolu jest związany z wieloma chorobami układowymi. Niski poziom cholesterolu jest wykrywany u chorych z autyzmem i schizofrenią. Niski poziom cholesterolu jest również związany z degeneracjami neuronów, takimi jak choroba Alzheimera i choroba Parkinsona. Cholesterol jest wymagany do tworzenia połączeń synaptycznych w kulturach neuronalnych. Wyczerpanie się cholesterolu z mózgu powoduje utratę łączności synaptycznej w wielu obwodach neuronalnych, przyczyniając się do zaburzeń neuropsychiatrycznych i zwyrodnienia neuronów. Niski poziom cholesterolu jest również związany z chorobami nowotworowymi. Cholesterol jest niezbędny do zahamowania kontaktu. Brak cholesterolu powoduje utratę zahamowania kontaktu i niekontrolowaną proliferację komórek. Niski poziom cholesterolu jest związany z chorobą autoimmunologiczną. [10-17]

Endotoksyny i lipopolisacharydy jelitowe są wchłaniane wraz z tłuszczem, tworząc zespół endotoksemii metabolicznej. Endotoksyny i lipopolisacharydy mogą łączyć się z lipoproteinami i ulegają detoksykacji. Metaboliczna endotoksemia wytwarza chroniczną aktywację immunologiczną i wytwarzanie superantygenów. Jest to związane z genezą choroby autoimmunologicznej. Skutkiem endotoksemii metabolicznej jest aktywacja immunologiczna i generowanie TNF alfa, który moduluje receptor insulinowy wytwarzając insulinooporność. Insulinooporność jest związana z zespołem metabolicznym X i zakrzepicą naczyniową. Endotoksemia metaboliczna związana jest z degeneracjami neuronów, takimi jak choroba Alzheimera i choroba Parkinsona. Metaboliczna endotoksemia związana z przewlekłą aktywacją immunologiczną napędza stan retroviralny. Metaboliczna endotoksemia może wywołać NFKB, który może napędzać transformację złośliwych komórek. Hipocholesterolemia prowadzi więc do niedotlenienia endotoksyn i lipopolisacharydów, co prowadzi do wystąpienia zespołu metabolicznego X, zwyrodnień neuronów i chorób autoimmunologicznych. [10-17]

Zakażenia były związane ze schizofrenią, złośliwością, zespołem metabolicznym X, chorobą autoimmunologiczną i zwyrodnieniem neuronów. Zakażenie H. pylori i nocardioza były związane z chorobą Parkinsona. Zakażenie chlamydiami i aktynomikoza były związane z chorobą Alzheimera. Infekcja klostridialna jest związana z neuronową chorobą motoryczną. Nietypowa infekcja prątkowa była związana z chorobą nowotworową, taką jak chłoniak. Infekcje gronkowcowe były związane z rakiem piersi. Infekcje bakteryjne jelitowe były związane z chorobą reumatoidalną. Toksoplazmoza była związana ze schizofrenią. Bakterie jelitowe ze zwiększonym stężeniem firmicutów jelitowych i zmniejszeniem ilości bakterii są związane z zespołem metabolicznym X. Zakażenia chlamydiami są związane z chorobą naczyniową. Niski poziom cholesterolu prowadzi do braku wiązania lipoprotein z endotoksynami. [10-17] Endotoksyny i lipopolisacharydy nie ulegają detoksykacji.

Choroby wirusowe związane są z patogenezą schizofrenii, nowotworów, zespołu metabolicznego X, choroby autoimmunologicznej i zwyrodnienia neuronów. Wirus łączy się z mikrodomenami lipidowymi w błonie komórkowej. Zubożenie cholesterolu prowadzi do zmian w mikrodomenach lipidowych i zwiększonego wnikania wirusa do komórki. Zakażenie wirusem opryszczki i choroba wywołana wirusem boreny prowadzi do schizofrenii. Zakażenie wirusem Entero jest związane z chorobą neuronów ruchowych. Zakażenie wirusem koronowym predysponuje do choroby Parkinsona. Infekcja wirusem opryszczkowym jest związana z chorobą Alzheimera. Zakażenie wirusem opryszczki i zakażenie wirusem EBV predysponuje do tru. Infekcja retrowirusowa - egzogenna i endogenna związana jest ze schizofrenią, złośliwością, zespołem metabolicznym X, chorobą autoimmunologiczną i zwyrodnieniem neuronów. Zakażenie CMV i zakażenie opryszczką jest związane z aterogenezą. Choroba prionowa związana jest ze zmianami w metabolizmie cholesterolu. Tak więc stan zubożenia cholesterolu może prowadzić do zwiększonej predyspozycji do infekcji wirusowej i choroby ogólnoustrojowej. [10-17]

Archaika aktynowców wykorzystuje katabolizm cholesterolowy do generowania energii. Enzymy katabolizujące cholesterol w archaikach są zależne od aktynowców. Archaiczny katabolizm cholesterolowy prowadzi do stanu zubożenia cholesterolu i choroby systemowej. Stan zubożania cholesterolu jest związany z wysoką śmiertelnością. Można to opisać jako endosymbiotyczny aktynoidalny zespół kataboliczny cholesterolu w aktynowcach. [10-17] Doprowadziło to później do mutacji reduktazy 7-dehydrocholesterolowej Smith Lemli Opitz (SLOS) i powstania nowego fenotypu o obniżonej syntezie cholesterolu jako formy ochrony przed chorobą cywilizacyjną poprzez zahamowanie wzrostu archeologicznego. Mutacja SLOS doprowadziła do ewolucji homo sapiens o zmniejszonej gęstości endosymbiozy archeologicznej.

Referencje

1 Hanold D., Randies, J.W. (1991). Coconut cadang-cadang disease and its viroid agent, *Plant Disease,* 75, 330-335.

2 Valiathan M.S., Somers, K., Kartha, C.C. (1993). *Endomyocardial Fibrosis.* Delhi: Oxford University Press.

3 Edwin B.T., Mohankumaran, C. (2007). Kerala wilczyca phytoplasma: Phylogenetic analysis and identification of a vector, *Proutista moesta, Physiological and Molecular Plant Pathology,* 71(1-3), 41-47.

4 Kurup R., Kurup, P.A. (2009). *Hypothalamic Digoxin, Cerebral Dominance and Brain Function in Health and Diseases.* Nowy Jork: Nova Science Publishers.

5 Eckburg P.B., Lepp, P.W., Relman, D.A. (2003). Archaea and their potential role in human disease, *Infect Immun,* 71, 591-596.

6 Smit A., Mushegian, A. (2000). Biosynteza izoprenoidów poprzez mewalonian w Archaea: the lost pathway, *Genome Res,* 10(10), 1468-84.

7 Adam Z. (2007). Actinides and Life's Origins, *Astrobiology,* 7, 6-10.

8 Schoner W. (2002). Endogenous cardiac glycosides, a new class of steroid hormones, *Eur J Biochem,* 269, 2440-2448.

9 Davies P.C.W., Benner, S.A., Cleland, C.E., Lineweaver, C.H., McKay, C.P., Wolfe-Simon, F. (2009). Podpisy Shadow Biosphere, *Astrobiology,* 10, 241-249.

10 Marini, A., Carulli, G., Azzarà, A., Grassi, B., Ambrogi, F. (1989). Cholesterol i trójglicerydy w surowicy krwi w nowotworach hematologicznych. *Acta Haematol,* 81(2), 75-9.

11 Jacobs, D., Blackburn, H., Higgins, M. (1992). Report of the Conference on Low Blood Cholesterol: Związki Śmiertelne. *Circulation,* 86(3), 1046-60.

12 Suarez, E.C. (1999). Relacje depresji cech i lęku do niskich stężeń lipidów i lipoprotein u zdrowych młodych dorosłych kobiet. *Psychosom Med,* 61 (3), 273-9.

13 Woo, D., Kissela, B.M., Khoury, J.C. (2004). Hypercholesterolemia, inhibitory reduktazy HMG-CoA i ryzyko krwawienia wewnątrzmózgowego: badanie kontrolne. Stroke, 35(6), 1360-4.

14 Schatz, I.J., Masaki, K., Yano, K., Chen, R., Rodriguez, B.L., Curb, J.D. (2001). Cholesterol i wszechprzyczynowa śmiertelność u osób starszych z Honolulu Heart Program: badanie kohortowe. *Lancet,* 358 (9279), 351-5.

15 Onder, G., Landi, F., Volpato, S. (2003). Serum cholesterol levels and in-hospital mortality in the elderly. *Am J Med,* 115(4), 265-71.

16 Gordon, B.R., Parker, T.S., Levine, D.M. (2001). Relation of hypolipidemia to cytokine concentrations and outcomes in critically ill surgical patients. *Crit Care Med,* 29(8), 1563-8.

17 Jacobs, Jr., D.R., Iribarren, C. (2000). Low Cholesterol and Nonatherosclerotic Disease Risk: A Persistently Perplexing Question. *American Journal of Epidemiology,* Vol. 151, No. 8.

18 Richmond W. (1973). Preparation and properties of a cholesterol oxidase from nocardia species and its application to the enzymatic assay of total cholesterol in serum, *Clin Chem,* 19, 1350-1356.

19 Snell E.D., Snell, C.T. (1961). *Colorimetric Methods of Analysis.* Vol. 3A. Nowy Jork: Van NoStrand.

20 Glick D. (1971). *Metody analizy biochemicznej.* Vol. 5. Nowy Jork: Interscience Publishers.

21 Colowick, Kaplan, N.O. (1955). *Metody w enzymologii.* Tom 2. Nowy Jork: Prasa akademicka.

22 Van der Geize R., Yam, K., Heuser, T., Wilbrink, M.H., Hara, H., Anderton, M.C. (2007). A gene cluster encoding cholesterol catabolism in a soil actinomycete provides insight into Mycobacterium tuberculosis survival in macrophages, *Proc Natl Acad Sci USA,* 104(6), 1947-52.

23 Francis A.J. (1998). Biotransformacja uranu i innych aktynowców w odpadach radioaktywnych, *Journal of Alloys and Compounds,* 271(273), 78-84.

24 Probian C., Wülfing, A., Harder, J. (2003). Anaerobic mineralization of quaternary carbon atoms: Isolation of denitrifying bacteria on pivalic acid (2,2-Dimethylpropionic acid), *Applied and Environmental Microbiology,* 69(3), 1866-1870.

25 Vainshtein M., Suzina, N., Kudryashova, E., Ariskina, E. (2002). New Magnet-Sensitive Structures in Bacterial and Archaeal Cells, *Biol Cell,* 94(1), 29-35.

ROZDZIAŁ 8
MIESZAŃCE NEONEANDERTALCZYKÓW I ENDOSYMBIOTYCZNE ARCHAIKI AKTYNOWCÓW - HOMO NEONEANDERTALIS

Wprowadzenie

Stwierdzono, że ludzki genom ma do 10 procent neandertalskich genów. Mieszańce neandertalczyków z gatunkiem homo sapiens są powszechne w globalnej populacji. W społeczności Nair w Kerali występuje wysoka częstość występowania autyzmu, schizofrenii i fenotypów antropometrycznych neandertalczyków. Społeczność Nair jest matrilineal i jest jednym z niewielu funkcjonalnych matriarchii na świecie i mówi językiem Dravidian z podobieństwami do społeczeństw celtyckich, scytyjskich, berberyjskich i baskijskich. Mózg autystyczny jest porównywalny do wielkiego mózgu neandertalskiego. [1] Autystyczne i schizofreniczne wzorce metaboliczne obejmują niską aktywność dehydrogenazy pirogronianowej, dysfunkcję mitochondriów, dominujący shunt GABA, fenotyp glikolityczny Warburga, hiperamonemię, hiperhomocysteinemię, porfirię, niski poziom cholesterolu i kwasu żółciowego. [2] Podobny schemat metabolizmu autystycznego obserwuje się w prawidłowej populacji Nair w Kerali. Neandertalskie wzorce metaboliczne obejmują niską wydajność aktywności PDH. [3] Autystyczne, schizofreniczne i matrilinowe społeczeństwa, takie jak Nair, mogą być uważane za skamieniałe pozostałości populacji neandertalczyków. [4] Endosymbiotyczne archaiki aktynowców wykorzystujące cholesterol jako substrat energetyczny zostały opisane w chorobach układowych z naszego laboratorium. [2] Populacja autystyczna, schizofreniczna i Nair zwiększyła aktywność cytochromu F420 zależnego od aktynowców, co wskazuje na wzrost endosymbiotycznych archaikach. Archealna indukowana PDH i tłumienie mitochondriów prowadzi do autystycznej i schizofrenicznej kaskady metabolicznej. Zwiększony wzrost archeologiczny w warunkach ekstremofilnych epoki lodowcowej przyczyniłby się do rozwoju populacji neandertalczyków. [5] Istnieje rosnąca epidemia autyzmu i schizofrenii wskazująca na neandertalizację gatunku ludzkiego z powodu globalnego ocieplenia, ekstremalnych zmian klimatycznych i wzrostu archeologicznego. Samo globalne ocieplenie może być interpretowane jako rezultat zwiększonego wzrostu archeologicznego i metanogenezy. Wskazywałoby to na pojawienie się fenotypu kulturowego, językowego, psychologicznego, neurologicznego, metabolicznego, immunologicznego i antropometrycznego - homo archaeax neanderthalis. Celem badań było wykrycie skamieniałych społeczeństw neandertalczyków i nowych hybryd neandertalczyków w odniesieniu do chorób cywilizacyjnych.

Materiały i metody

Do badań wybrano cztery grupy, po 25 numerów w każdej z nich - populację autystyczną zdiagnozowaną według kryteriów DSM, prawidłową populację Nair, prawidłową populację non-Nair i grupę chorób cywilizacyjnych, w tym zespół metaboliczny X, chorobę Alzheimera, raka, schizofrenię i stwardnienie rozsiane. Zbadano charakterystykę matrilinową i antropometryczną neandertalczyków w populacji normalnej Nair i nienairskiej, a także w populacji autystycznej i schizofrenicznej. Próbki krwi pobierano w stanie postu przed rozpoczęciem leczenia. W pobranych próbkach krwi oznaczono aktywność cytochromu F420, aktywność oksydazy cholesterolowej - oksydazy pierścieniowej cholesterolu, aktywność oksydazy bocznego łańcucha cholesterolowego i aktywność aromatazy cholesterolowej, digoksynę, mleczan, pirogronian, amoniak, ATP, glutaminian, acetylo CoA, acetylocholinę, ALA, homocysteinę, poziom cholesterolu i kwasu żółciowego oraz aktywność cytochromu C i heksokinazy. Archeologiczny katabolizm cholesterolowy badano w następujący sposób: (I) osocze z heparynizowanej krwi na czczo, (II) takie samo jak substrat I+cholesterolowy, (III) takie samo jak II+cerium 0,1 mg/ml, (IV) takie samo jak II+ciprofloksacyna i doksycyklina, każda w stężeniu 1 mg/ml. Podłoże cholesterolowe zostało przygotowane w sposób opisany przez Richmond. Pozostałości wycofywano w czasie zerowym bezpośrednio po zmieszaniu i po inkubacji w temperaturze 37 ^{oC} przez 1 godzinę. Przeprowadzono następujące oznaczenia: - cytochrom F420, wielopierścieniowy węglowodór aromatyczny, nadtlenek wodoru, pirogronian, amoniak, glutaminian, digoksyna, maślan, propionian i kwasy żółciowe. Cytochrom F420 oceniano metodą mącznikową (długość fali wzbudzenia 420 nm i długość fali emisji 520 nm). Wielopierścieniowe węglowodory aromatyczne oceniano poprzez pomiar nadtlenku wodoru uwalnianego za pomocą odczynnika glukozowego. Do badań uzyskano świadomą zgodę osób badanych oraz zgodę komisji etycznej. Analiza statystyczna została przeprowadzona przez ANOVA.

Tabela 1. Występowanie autyzmu w populacji Nair, autystycznej i nienairskiej

Grupy	Autyzm	Procent
Nair	68 przypadków	68
Inne niż Nair	32 przypadki	32
Razem	100	

Tabela 2. Zachorowalność na schizofrenię w populacji Nair i poza nią

Grupy	Schizofrenia	Procent
Nair	30 przypadków	30
Inne niż Nair	70 przypadków	70
Razem	100	

(populacja Nair stanowi 7% populacji Kerali)

Tabela 3. Cechy antropometryczne w populacji Nair, autystycznej i nienairskiej

Grupy	Neandertalska antropometryczna	Razem	Procent
Nair	72 przypadki	100	72
Inne niż Nair	21 przypadków	100	21
Autyzm	81 przypadków	100	81

Tabela 4a. Metabolizm autystyczny

Grupa		Nair	Inne niż Nair	Rak	DM	Autyzm	Wartość F	Wartość P
digoksyna RBC (ng/ml RBC Susp)	Mean	1.41	0.18	1.27	1.35	1.19	60.288	< 0.001
	± SD	0.23	0.05	0.24	0.26	0.24		
Cytochrom F 420	Mean	4.00	0.00	4.00	4.00	4.00	0.001	< 0.001
	± SD	0.00	0.00	0.00	0.00	0.00		
H2O2 (umol/ml RBC)	Mean	278.29	111.63	278.19	280.89	274.52	713.569	< 0.001
	± SD	7.74	5.40	12.80	10.58	9.29		
NOX (OD diff/hr/mgpro)	Mean	0.04	0.01	0.04	0.04	0.04	44.896	< 0.001
	± SD	0.01	0.00	0.01	0.01	0.01		
TNF ALP (pg/ml)	Mean	78.63	9.29	79.18	78.36	76.71	427.654	< 0.001
	± SD	5.08	0.81	5.88	6.68	5.25		
ALA (umol24)	Mean	63.50	3.86	67.67	64.72	68.16	295.467	< 0.001
	± SD	6.95	0.26	5.69	6.81	4.92		
SE ATP (umol/dl)	Mean	2.24	0.02	1.48	1.97	2.03	67.588	< 0.001
	± SD	0.44	0.01	0.32	0.11	0.12		
Cyto C (ng/ml)	Mean	12.39	1.21	13.00	12.95	12.48	445.772	< 0.001
	± SD	1.23	0.38	0.42	0.56	0.79		
Laktat (mg/dl)	Mean	25.99	2.75	22.20	25.56	21.95	162.945	< 0.001
	± SD	8.10	0.41	0.85	7.93	0.65		
Pirwat (umol/l)	Mean	100.51	23.79	96.58	96.30	92.71	154.701	< 0.001
	± SD	12.32	2.51	8.75	10.33	8.43		
Heksokinaza RBC (ug glu phos/hr/mgpro)	Mean	5.46	0.68	7.82	7.05	6.95	18.187	< 0.001
	± SD	2.83	0.23	3.51	1.86	2.02		
ACOA (mg/dl)	Mean	2.51	16.49	2.34	2.17	2.42	1871.04	< 0.001
	± SD	0.36	0.89	0.43	0.40	0.41		
ACH (ug/ml)	Mean	38.57	91.98	42.51	41.31	50.61	116.901	< 0.001
	± SD	7.03	2.89	11.58	10.69	6.32		
Glutaminian (mg/dl)	Mean	3.19	0.16	3.28	3.53	3.30	200.702	< 0.001
	± SD	0.32	0.02	0.39	0.44	0.32		
Se. amoniak (ug/dl)	Mean	93.43	23.92	93.20	93.38	94.01	61.645	< 0.001
	± SD	4.85	3.38	4.46	7.76	5.00		
Kwas żółciowy (mg/ml)	Mean	25.68	140.40	23.43	22.77	23.16	635.306	< 0.001
	± SD	7.04	10.32	6.03	4.94	5.78		
Cholesterol (mg/dl)	Mean	129.23	237.36	130.52	129.23	125.86	312.947	< 0.001
	± SD	10.03	38.07	8.01	5.97	7.79		
Homocysteina (mg/dl)	Mean	37.49	9.18	39.64	39.38	41.55	46.516	< 0.001
	± SD	9.17	0.80	9.21	7.00	7.62		

Tabela 4b. Metabolizm autystyczny

Grupa		Nair	Inne niż Nair	Schizo	AD	MS	Wartość F	Wartość P
digoksyna RBC (ng/ml RBC Susp)	Mean	1.41	0.18	1.38	1.10	1.21	60.288	< 0.001
	± SD	0.23	0.05	0.26	0.08	0.21		
Cytochrom F 420	Mean	4.00	0.00	4.00	4.00	4.00	0.001	< 0.001
	± SD	0.00	0.00	0.00	0.00	0.00		
H2O2 (umol/ml RBC)	Mean	278.29	111.63	274.88	277.47	280.89	713.569	< 0.001
	± SD	7.74	5.40	8.73	10.90	11.25		
NOX (OD diff/hr/mgpro)	Mean	0.04	0.01	0.04	0.04	0.03	44.896	< 0.001
	± SD	0.01	0.00	0.01	0.01	0.01		
TNF ALP (pg/ml)	Mean	78.63	9.29	78.23	79.65	80.18	427.654	< 0.001
	± SD	5.08	0.81	7.13	5.57	5.67		
ALA (umol24)	Mean	63.50	3.86	66.16	67.32	64.00	295.467	< 0.001
	± SD	6.95	0.26	6.51	5.40	7.33		
SE ATP (umol/dl)	Mean	2.24	0.02	1.26	2.06	1.63	67.588	< 0.001
	± SD	0.44	0.01	0.19	0.19	0.26		
Cyto C (ng/ml)	Mean	12.39	1.21	11.58	11.94	11.81	445.772	< 0.001
	± SD	1.23	0.38	0.90	0.86	0.67		
Laktat (mg/dl)	Mean	25.99	2.75	22.07	22.04	23.32	162.945	< 0.001
	± SD	8.10	0.41	1.06	0.64	1.10		
Pirwat (umol/l)	Mean	100.51	23.79	96.54	97.26	102.48	154.701	< 0.001
	± SD	12.32	2.51	9.96	8.26	13.20		
Heksokinaza RBC (ug glu phos/hr/mgpro)	Mean	5.46	0.68	7.69	8.46	8.56	18.187	< 0.001
	± SD	2.83	0.23	3.40	3.63	4.75		
ACOA (mg/dl)	Mean	2.51	16.49	2.51	2.19	2.03	1871.04	< 0.001
	± SD	0.36	0.89	0.57	0.15	0.09		
ACH (ug/ml)	Mean	38.57	91.98	48.52	42.84	39.99	116.901	< 0.001
	± SD	7.03	2.89	6.28	8.26	12.61		
Glutaminian (mg/dl)	Mean	3.19	0.16	3.41	3.53	3.58	200.702	< 0.001
	± SD	0.32	0.02	0.41	0.39	0.36		
Se. amoniak (ug/dl)	Mean	93.43	23.92	94.72	95.37	93.42	61.645	< 0.001
	± SD	4.85	3.38	3.28	4.66	3.69		
Kwas żółciowy (mg/ml)	Mean	25.68	140.40	22.45	26.26	24.12	635.306	< 0.001
	± SD	7.04	10.32	5.57	7.34	6.43		
Cholesterol (mg/dl)	Mean	129.23	237.36	126.31	130.14	126.67	312.947	< 0.001
	± SD	10.03	38.07	6.93	6.64	5.70		
Homocysteina (mg/dl)	Mean	37.49	9.18	31.50	31.75	38.39	46.516	< 0.001
	± SD	9.17	0.80	4.07	4.62	8.75		

Tabela 5a. Aktywność oksydazy cholesterolowej

Grupa		Nair	Inne niż Nair	Rak	DM	Autyzm	Wartość F	Wartość P
CYT F420 % (Zwiększyć za pomocą Ceru)	Mean	23.46	4.48	22.79	22.59	21.68	306.749	< 0.001
	± SD	1.87	0.15	2.13	1.86	1.90		
CYT F420 % (Zmniejszyć za pomocą Doxy+Cipro)	Mean	59.27	18.24	55.90	57.05	57.93	130.054	< 0.001
	± SD	8.86	0.66	7.29	8.45	9.64		
WWA % zmiana (Zwiększyć za pomocą Ceru)	Mean	22.67	4.45	22.84	23.40	22.61	391.318	< 0.001
	± SD	2.29	0.14	1.42	1.55	1.42		
WWA % zmiana (Zmniejszyć za pomocą Doxy+Cipro)	Mean	57.69	18.25	66.07	65.77	64.48	257.996	< 0.001
	± SD	5.29	0.72	3.78	5.27	6.90		
Digoksyna (ng/ml) (Zwiększyć za pomocą Ceru)	Mean	0.51	0.11	0.54	0.47	0.53	135.116	< 0.001
	± SD	0.05	0.00	0.04	0.04	0.08		
Digoksyna (ng/ml) (Zmniejszyć za pomocą Doxy+Cipro)	Mean	0.20	0.05	0.21	0.20	0.21	71.706	< 0.001
	± SD	0.03	0.00	0.04	0.03	0.04		
Kwasy żółciowe zmiana % (zwiększyć za pomocą ceru)	Mean	22.61	4.29	22.98	22.87	22.21	290.441	< 0.001
	± SD	2.22	0.18	2.19	2.58	2.04		
Kwasy żółciowe zmiana % (Zmniejszyć za pomocą Doxy+Cipro)	Mean	66.62	18.15	64.96	64.51	63.84	203.651	< 0.001
	± SD	4.99	0.58	5.64	5.93	6.16		
Pirogronian zmiana % (zwiększenie za pomocą ceru)	Mean	20.94	4.34	21.19	20.67	21.91	321.255	< 0.001
	± SD	1.54	0.21	1.61	1.38	1.71		
Pirogronian zmiana % (Zmniejszyć za pomocą Doxy+Cipro)	Mean	62.76	18.43	58.57	58.75	58.45	115.242	< 0.001
	± SD	8.52	0.82	7.47	8.12	6.66		
H2O2 % (Zwiększyć za pomocą Ceru)	Mean	23.81	4.43	23.35	23.27	23.52	380.721	< 0.001
	± SD	1.19	0.19	1.76	1.53	1.49		
H2O2 % (Zmniejszyć za pomocą Doxy+Cipro)	Mean	61.08	18.13	59.17	58.91	63.24	171.228	< 0.001
	± SD	7.38	0.63	3.33	6.09	7.36		
Maślan % (Zwiększyć za pomocą Ceru)	Mean	22.29	4.41	23.81	24.10	22.76	403.394	< 0.001
	± SD	1.33	0.15	1.90	1.61	2.20		
Maślan % (Zmniejszyć za pomocą Doxy+Cipro)	Mean	65.38	18.63	66.95	65.78	67.63	680.284	< 0.001
	± SD	3.62	0.12	3.67	4.43	3.52		
Propionian % zmiana (Zwiększyć za pomocą Ceru)	Mean	22.13	4.34	23.12	22.73	22.79	348.867	< 0.001
	± SD	2.14	0.15	1.71	2.46	2.20		
Propionian % zmiana (Zmniejszyć za pomocą Doxy+Cipro)	Mean	66.26	18.24	65.12	65.87	64.26	364.999	< 0.001
	± SD	3.93	0.37	5.58	4.35	6.02		
Syntaza ATP % (Zwiększyć za pomocą Ceru)	Mean	4.40	23.67	24.01	23.72	22.60	449.503	< 0.001
	± SD	0.11	1.42	1.17	1.73	1.64		
Syntaza ATP % (Zmniejszyć za pomocą Doxy+Cipro)	Mean	18.78	67.39	66.66	66.25	66.86	673.081	< 0.001
	± SD	0.11	3.13	3.84	3.69	4.21		
Heksokinaza zmiana % (zwiększenie za pomocą ceru)	Mean	4.21	23.01	22.53	23.23	22.88	292.065	< 0.001
	± SD	0.16	2.61	2.41	1.88	1.87		
Heksokinaza zmiana %	Mean	18.56	65.87	64.29	65.11	65.45	317.966	< 0.001

Grupa		Nair	Inne niż Nair	Rak	DM	Autyzm	Wartość F	Wartość P
(Zmniejszyć za pomocą Doxy+Cipro)	± SD	0.76	5.27	5.44	5.14	5.08		

Tabela 5b. Aktywność oksydazy cholesterolowej

Grupa		Nair	Inne niż Nair	Schizo	AD	MS	Wartość F	Wartość P
CYT F420 % (Zwiększyć za pomocą Ceru)	Mean	23.46	4.48	23.24	23.12	22.12	306.749	< 0.001
	± SD	1.87	0.15	2.01	2.00	1.81		
CYT F420 % (Zmniejszyć za pomocą Doxy+Cipro)	Mean	59.27	18.24	58.72	56.90	61.33	130.054	< 0.001
	± SD	8.86	0.66	7.08	6.94	9.82		
WWA % zmiana (Zwiększyć za pomocą Ceru)	Mean	22.67	4.45	23.01	23.26	22.83	391.318	< 0.001
	± SD	2.29	0.14	1.69	1.53	1.78		
WWA % zmiana (Zmniejszyć za pomocą Doxy+Cipro)	Mean	57.69	18.25	59.49	60.91	59.84	257.996	< 0.001
	± SD	5.29	0.72	4.30	7.59	7.62		
Digoksyna (ng/ml) (Zwiększyć za pomocą Ceru)	Mean	0.51	0.11	0.55	0.55	0.52	135.116	< 0.001
	± SD	0.05	0.00	0.06	0.03	0.03		
Digoksyna (ng/ml) (Zmniejszyć za pomocą Doxy+Cipro)	Mean	0.20	0.05	0.22	0.19	0.21	71.706	< 0.001
	± SD	0.03	0.00	0.04	0.04	0.03		
Kwasy żółciowe zmiana % (zwiększyć za pomocą ceru)	Mean	22.61	4.29	23.20	22.12	21.95	290.441	< 0.001
	± SD	2.22	0.18	1.87	2.19	2.11		
Kwasy żółciowe zmiana % (Zmniejszyć za pomocą Doxy+Cipro)	Mean	66.62	18.15	57.04	62.86	65.46	203.651	< 0.001
	± SD	4.99	0.58	4.27	6.28	5.79		
Pirogronian zmiana % (zwiększenie za pomocą ceru)	Mean	20.94	4.34	20.99	22.63	21.59	321.255	< 0.001
	± SD	1.54	0.21	1.46	0.88	1.23		
Pirogronian zmiana % (Zmniejszyć za pomocą Doxy+Cipro)	Mean	62.76	18.43	61.23	56.40	60.28	115.242	< 0.001
	± SD	8.52	0.82	9.73	8.59	9.22		
H2O2 % (Zwiększyć za pomocą Ceru)	Mean	23.81	4.43	22.50	22.65	21.14	380.721	< 0.001
	± SD	1.19	0.19	1.66	2.48	1.20		
H2O2 % (Zmniejszyć za pomocą Doxy+Cipro)	Mean	61.08	18.13	60.21	60.19	60.53	171.228	< 0.001
	± SD	7.38	0.63	7.42	6.98	4.70		
Maślan % (Zwiększyć za pomocą Ceru)	Mean	22.29	4.41	21.88	23.66	22.92	403.394	< 0.001
	± SD	1.33	0.15	1.19	1.67	2.14		
Maślan % (Zmniejszyć za pomocą Doxy+Cipro)	Mean	65.38	18.63	66.28	65.97	67.54	680.284	< 0.001
	± SD	3.62	0.12	3.60	3.36	3.65		
Propionian % zmiana (Zwiększyć za pomocą Ceru)	Mean	22.13	4.34	23.02	23.09	21.93	348.867	< 0.001
	± SD	2.14	0.15	1.65	1.81	2.29		
Propionian % zmiana (Zmniejszyć za pomocą Doxy+Cipro)	Mean	66.26	18.24	67.61	65.86	63.70	364.999	< 0.001
	± SD	3.93	0.37	2.77	4.27	5.63		
Syntaza ATP % (Zwiększyć za pomocą Ceru)	Mean	4.40	23.67	23.09	23.58	23.52	449.503	< 0.001
	± SD	0.11	1.42	1.90	2.08	1.76		

Grupa		Nair	Inne niż Nair	Schizo	AD	MS	Wartość F	Wartość P
Syntaza ATP % (Zmniejszyć za pomocą Doxy+Cipro)	Mean	18.78	67.39	66.15	66.21	67.05	673.081	< 0.001
	± SD	0.11	3.13	4.09	3.69	3.00		
Heksokinaza zmiana % (zwiększenie za pomocą ceru)	Mean	4.21	23.01	23.33	22.96	22.81	292.065	< 0.001
	± SD	0.16	2.61	1.79	2.12	1.91		
Heksokinaza zmiana % (Zmniejszyć za pomocą Doxy+Cipro)	Mean	18.56	65.87	62.50	65.11	63.47	317.966	< 0.001
	± SD	0.76	5.27	5.56	5.91	5.81		

Wyniki

Wyniki badania były następujące. Grupa Nair, schizofreników i autystyków miała: (1) zwiększona aktywność cytochromu F420, aktywność oksydazy cholesterolowej, aktywność oksydazy pierścieniowej, aktywność aromatazy i synteza digoksyny, (2) zmniejszona aktywność PDH, na co wskazuje zwiększone stężenie pirogronianów i mleczanów o niskim stężeniu acetylu CoA, (3) zwiększona glikoliza, na co wskazuje zwiększona aktywność heksokinazy i dysfunkcja mitochondriów, na co wskazuje zwiększona aktywność cytochromu C w surowicy i niskie stężenie ATP, (4) miał niski poziom cholesterolu i kwasu żółciowego oraz zwiększony poziom homocysteiny, (5) miał zwiększony szlak bocznicowy GABA, na co wskazują zwiększone poziomy pirogronianu, glutaminianu i amoniaku, oraz (6) miał zwiększoną syntezę porfiryn z substratów glicyny i sukcynylu CoA pochodzących ze szlaku bocznicowego GABA, na co wskazują zwiększone poziomy ALA. Grupa Nair, schizofreników, autystyków i cywilizacyjnych schorzeń miała cechy metabolizmu neandertalczyków, na co wskazywała supresja dehydrogenazy pirogronianowej.

W społeczności Nair w Kerali, gdzie 68% populacji pacjentów z autyzmem na 1500 osób uczęszcza do Centrum Metabolicznego należącego do tej wspólnoty matriliniowej, obserwuje się wzrost zachorowalności na autyzm i schizofrenię. Częstość występowania schizofrenii w społeczności Nair wynosi około 30 procent. Populacja autystyczna, schizofreniczna i populacja Nair mają neandertalskiego fenotypu antropometrycznego ze skośnym czołem, dużą twarzą, zaciętym nosem, wybitnymi żuchwami, niskim wskaźnikiem 2D-4D, dużym grubym tułowiem, makrocefalią i dłuższym drugim palcem w porównaniu z dużym palcem.

Dyskusja

Społeczeństwa matereliniczne i neandertalskie hybrydy

Raporty wskazują, że mózg autystyczny jest większy i podobny do mózgu neandertalczyka. [6-8] Społeczeństwa neandertalskie były matrilinealne i matriarchalne z dominacją kobiet. Matrylinowość autystyczna, schizofreniczna i Nair również miały podobieństwa do klastrów neandertalskich. Kultura matriarchalna i matriarchia są postrzegane w społeczeństwach Nair i mówią one językiem Dravidiańskim. Język i kultura matrylinearna społeczności Nair jest podobna do celtyckich, baskijskich, berberyjskich i scytyjskich społeczeństw. Matrylicowe społeczeństwo Nair z dużą częstością występowania autyzmu i neandertalskich cech antropometrycznych stanowiłoby skamieniałe resztki ludności neandertalskiej wraz z celtyckimi, żydowskimi, sumeryjskimi, minojskimi, harappańskimi, scytyjskimi, baskijskimi, południowoafrykańskimi buszmenami i berberyjskimi społeczeństwami. Społeczeństwa te charakteryzują się przede wszystkim wykorzystaniem lingwistyki Dravidowskiej. Opisane powyżej skamieniałe społeczeństwa neandertalskie zamieszkują prawdopodobnie mitologiczny kontynent lemurski, którego pozostałości opisano pod oceanem indyjskim. Koniec epoki lodowcowej spowodował powodzie i rozpad Lemurii, a ludność wyemigrowała do euroazjatyckiej masy lądowej tworząc cywilizację harappańską, sumeryjską, egipską, celtycką i minojską, które wszystkie były współtworzone przez Dravidów i matrilinę. Można je porównać do mitologicznych Asurasów w Wedach, których społeczeństwo było również matrilinealne. Istniała równość płci i matriarchalna dominacja. Społeczeństwo asurystyczne Wedów było demokratyczne i bardziej równe. Posiadały one pozazmysłowe zdolności percepcyjne i skrajną formę duchowości. Społeczeństwo asurystyczne jest reprezentowane w Dravidian South India, gdzie obchodzone są takie festiwale jak Onam z okazji święta króla Asura Mahabali. Jest to antropologiczny dowód na asurystyczne pochodzenie Drawidów. The Dravidians oryginalnie przypuszczać ewoluować na the kontynent Lemuria w the India ocean. Ślady tego ogromnego superkontynentu obejmującego masy lądowe południowych Indii, Południowej Afryki, Australii i Antarktydy zostały wykryte w dnie oceanu indyjskiego. Niektóre choroby, takie jak zwłóknienie mięśnia sercowego, przewlekłe kalcystyczne zapalenie trzustki, wole wieloguzkowe i angiopatia błony śluzowej są specyficzne dla południowych Indii, Afryki Południowej i australijskich aborygenów. Wszystkie te społeczności południowo-indyjskie, w tym Nairs, Buszmeni i australijscy Aborygenowie mówią w językach pokrewnych z Dravidianem i są matrilineal. Te choroby endemiczne zostały związane z aktynamicznymi monazytem i illmenitem widzianym na brzegach oceanu Południowych Indii, Południowej

Afryki i Australii. Jest to kolejny medyczny dowód antropologiczny na pochodzenie matrilinealnych neandertalicznych społeczności asurystycznych z superkontynentu lemuryjskiego. Ten superkontynent obejmował również części Antarktydy. Neandertalski kolor skóry był jaśniejszy i bardziej sprawiedliwy, aby zwiększyć absorpcję promieniowania UV i skorygować niedobór witaminy D widoczny w tych grupach, który powstałby w antarktycznej części superkontynentu Lemuria. Życie wywodzi się z superkontynentu lemuryjskiego na podłożach aktynowych tworzących pierwotne archeologiczne komórki, które ewoluowały do form wielokomórkowych. Pochodzenie neandertalskie byłoby związane z masową ekstremofilną ekspansją archeologiczną, która nastąpiła w epoce lodowcowej. Opisy Asuras of Vedas i Rig vedic pasowałyby do południowo-polarnego pochodzenia epiku. The zasada Bóg the Rig veda być Varuna che być oceanic Bóg i Asura. The inny Bóg the Rig Veda- Rudra, Vayu i Agni być także Asuras. Bogowie mogą wskazywać południowy Lemuriański początek dla Wedyjski mitologia i swój asuryczny Wedyjski Bóg. Społeczeństwo asuryjskie było demokratyczne, bardziej społeczne, duchowe, eko-świadome, równe płci, matrilinealne i socjalistyczne. Skończyła się epoka lodowcowa i następujące po niej powodzie oraz potężne tsunami na Oceanie Indyjskim rozbiły lemurską masę lądową. Zostało to opisane w literaturze wedyjskiej o Dravidiańskim Królu Manu, który przeżył powódź i wyemigrował na północ do Euroazjatyckiej masy lądowej. Asuryjni Drawidianie, którzy wyemigrowali na północ rozwinęli nowoczesne miasta Harappa i Mohenjo-daro, Sumerię, cywilizację minojską Krety, cywilizację egipską, społeczeństwa Basków, Celtów i Berberów. Mitologia tych matrilinealnych społeczeństw ma Sivę jako ich boga, identyfikowanego w różnych nazwach, takich jak Minoan Zeus, Celtycki Cerannos i Dragda irlandzka. Język tych społeczeństw może być powiązany z Dravidianem, a struktura społeczeństwa była matrilinealna jak Asuras. Grupy homo sapien ewoluowały w Afryce w stosunku do sekwencji HERV w ludzkim genomie. Sekwencje HERV w genomie przyczyniły się do płynności i dynamiki genomu prowadząc do ewolucji przedczołowej kory mózgowej dominującej homo sapien. Homo sapiens migrował z Afryki na północ w centralnej Euroazjatyckiej masie lądowej. Byli prymitywnym społeczeństwem koczowniczym bez kultury miejskiej, mitologii, języka czy sztuki. Devas z Rig Veda będą te grupy homo sapiens, które migrowały z Afryki do Europy w późniejszym okresie i osiedliły się w środkowej Eurazji z ich jaśniejszym kolorze jako adaptacja do zwiększonej absorpcji promieniowania UV i syntezy witaminy D w chłodniejszych regionach. Bitwy między Asuras i Devas były próby przez środkowoazjatyckiej populacji homo sapien homo, aby pokonać i podporządkować Asuras zamieszkał w dolinie Indus i stworzył cywilizację w Harappa i

Mohenjo-Daro. Pokonani asuryjni Drawidianie z Mohenjo-Daro i Harappy wyemigrowali na południe i osiedlili się w swoich pierwotnych ziemiach ojczystych w południowych Indiach. Matrylicowa społeczność Dravidian Nair z podwyższonym wskaźnikiem autyzmu należy do tej grupy.

metabolika autystyczna i neandertalska

Wzorce metaboliczne autystyczne, schizofreniczne i Nair miały podobieństwa do populacji neandertalczyków. Neandertalczycy mają niską aktywność dehydrogenazy pirogronianowej. [9] Dieta Neandertalczyków była bogata w białko i tłuszcze, a niska w węglowodany. Ciało ketonowe zostało wykorzystane jako paliwo energetyczne i nie potrzebuje receptora insulinowego do metabolizmu. Dlatego oporność na insulinę powstała w ramach diety neandertalskiej, a fenotyp neandertalczyka jest zbliżony do fenotypu zespołu metabolicznego. Ponieważ zapotrzebowanie na metabolizm glukozy było mniejsze ze względu na spożycie dużej ilości tłuszczu, diety wysokobiałkowej, enzym dehydrogenazy pirogronianowej ewoluowałby w system o niskiej wydajności. Insulinooporność przyczyniłaby się do lipogenezy jako adaptacja ochronna przed zimnym klimatem epoki lodowcowej. Insulinooporność i dieta ketogeniczna przyczyniłyby się do zwiększenia długowieczności populacji neandertalczyków. Insulinooporność była związana z autyzmem. Niedobór dehydrogenazy pirogronianowej prowadzi do niskiego poziomu acetylo CoA. Prowadzi to do obniżenia regulowanego szlaku mewalonianu i niskiej syntezy cholesterolu. Niski poziom cholesterolu jest związany z autyzmem. Zespół Smith Lemli Opitz jest związany z autyzmem i schizofrenią. Niski poziom cholesterolu przyczyniłby się do niedoboru witaminy D w neandertalach. Niedobór witaminy D i krzywicy wyjaśniłby nieprawidłowości szkieletowe i makrocefalia Neandertalczyków. Niedobór witaminy D doprowadziłby do bardziej sprawiedliwej karnacji Neandertalczyków w związku ze zwiększoną potrzebą wchłaniania przez skórę promieni UV w celu promowania zwiększonej syntezy witaminy D, aby skorygować jej niedobór. Katabolizujące cholesterol endosymbiotyczne archaiki aktynowców zostały opisane w naszym laboratorium w chorobie układowej i neuropsychiatrycznej. W populacji autystycznej, schizofrenicznej i normalnej Nair występuje zwiększona aktywność cytochromu F420 zależnego od aktynowców. Wskazuje to na zwiększony wzrost endosymbiotyczny archaiczny, który hamuje aktywność dehydrogenazy pirogronianowej. Autystyczne, schizofreniczne i Nair schematy metaboliczne obejmują niską wydajność aktywność dehydrogenazy pirogronianowej przyczyniając się do kwasicy pirogronianowej. Pirogronian nie jest przekształcany w acetyl CoA. Niedobór acetylu CoA prowadzi do wad oksydacyjnego fosforylowania mitochondrialnego i dysfunkcji mitochondriów. Energia uzyskiwana jest z glikolizy, co prowadzi do powstania fenotypu Warburga. Aktywność heksokinazy zależnej od aktynowców oraz aktywność syntazy ATP zależnej od aktynowców były wysokie, ale poziom ATP we krwi był niski. Aktywność cytochromu C we krwi była wysoka, co wskazuje na dysfunkcję mitochondriów. Pirogronian jest kierowany na drogę bocznikową GABA do glutaminianu. Na glutaminian oddziałuje dehydrogenaza glutaminianowa wytwarzająca amoniak, która działa jak gazotransmiter modulujący funkcję i świadomość GABA/NMDA hormonu talamowo-ortalowego. Ścieżka bocznicowa GABA generuje również sukcynyl CoA i glicynę, które są substratami do syntezy porfiryn, przyczyniając się do rozwoju porfirynurii. Ponieważ glicyna jest wykorzystywana do syntezy porfiryn, nie jest ona dostępna do syntezy cystationiny. Przyczynia się to do hiperhomocysteinemii i hipermetionemii modulującej wzorce metylacji genomowej. Hiperhomocysteinemia, hiperamonemia i porfirynuria są charakterystyczne dla autyzmu i schizofrenii. Niski poziom acetylo CoA prowadzi do niskiej syntezy cholesterolu i niskiego poziomu kwasu żółciowego, a także syntezy witaminy D. Witamina D i kwasy żółciowe wiążą się z VDR wytwarzając immunosupresję, a ich niedobór przyczynia się do autoimmunizacji autyzmu i schizofrenii. Niedobór witaminy D i kwasów żółciowych może modulować rozwój neokorty i przyczyniać się do autyzmu i schizofrenii. Niski poziom cholesterolu może przyczynić się do niskiego poziomu hormonów płciowych i mniej dobrze określone fenotypy płci w autyzmie i schizofrenii. Dehydrogenaza pirogronianowa stanowi część systemu enzymów 2-oksydowych dehydrogenaz, które były niewystarczające w neandertalach, schizofrenikach i grupach autystycznych. Pozostałe enzymy obejmują dehydrogenazę ketonokwasową o rozgałęzionych łańcuchach, enzym dekarboksylazy glicynowej - dekarboksylazy glicynowej, które są niewystarczające w autyzmie, schizofrenii i neandertalach. Niedobór dehydrogenazy ketonowej w łańcuchu rozgałęzionym prowadzi do wzrostu ilości aminokwasów rozgałęzionych - leucyny, izoleucyny i waliny. Wzrost zawartości aminokwasów o rozgałęzionych łańcuchach prowadzi do wystąpienia zespołu metabolicznego X i cukrzycy typu mellitus. Wzrost ilości aminokwasów o rozgałęzionych łańcuchach może również powodować aktywację immunologiczną i choroby autoimmunologiczne. Wzrost zawartości aminokwasów o rozgałęzionych łańcuchach może wpływać na transport tryptofanu i tyrozyny przez neutralny transporter aminokwasów, prowadząc do niedoboru transmisji monoaminowej. Aminokwasy rozgałęzione mogą zwiększać aktywację NMDA powodując pobudliwość neuronów, przyczyniając się do zaburzeń neurodegeneracyjnych. Zmiany w transmisji NMDA i monoaminowej mogą prowadzić do chorób neuropsychiatrycznych. Aminokwasy o rozgałęzionych łańcuchach mogą zwiększać masę i siłę mięśni, przyczyniając się do powstania fenotypu neandertalskiego. Niedobór enzymu rozszczepienia glicyny - dekarboksylazy glicyny może prowadzić do akumulacji glicyny. Aminokwasy rozgałęzione same hamują enzym dekarboksylazy glicyny. Niedobór PDH prowadzi do zwiększonej glikolizy, przyczyniając się do zwiększonej syntezy fosfogliceranu, fosfoseryny i seryny. Seryna L jest przekształcana przez racemazę seryny na serynę D. Seryna D i glicyna mogą zwiększać transmisję NMDA, przyczyniając się do rozwoju chorób neuropsychiatrycznych, takich jak autyzm i schizofrenia, a także neurodegeneracja. Sama glicyna jest neurotransmitorem hamującym w mózgu. Serynka jest immunologicznie aktywująca przyczyniając się do choroby autoimmunologicznej. Glicyna jest immunosupresyjna. Stosunek seryna/glicyna może modulować odporność i transmisję NMDA. Serynka może przyczyniać się do proliferacji komórek i raka. Glicyna z drugiej strony hamuje proliferację komórek. Seryna poprzez działanie transferazy palmitoilowej może generować sfingolipidy. Deoksyspingolipidy są aterogenne i przyczyniają się do rozwoju zespołu metabolicznego X. W związku z tym dehydrogenazy 2-oksydowe - dehydrogenaza pirogronianowa, dehydrogenaza ketonowa o rozgałęzionych łańcuchach i dysfunkcja dekarboksylazy glicynowej u neandertalczyków oraz autyzm mogą przyczyniać się do rozwoju neuropsychiatrii, neurodegeneratywności, nowotworów, chorób autoimmunologicznych i zespołu metabolicznego. Zmiany stosunku seryny do glicyny oraz kwasów organicznych występują w autyzmie, schizofrenii, chorobach autoimmunologicznych, nowotworach, zespole metabolicznym i zwyrodnieniach. Jak już wcześniej wspomniano, hiperamonemia, porfiria i hiperhomocysteinemia w autyzmie i schizofrenii są spowodowane przez geny neandertalskie i metabolizm neandertalczyków.

Metabolonomia autystyczna i choroby systemowe

Autystyczny i schizofreniczny neandertaliczny fenotyp metaboliczny występuje również w raku, chorobie autoimmunologicznej, zwyrodnieniach, zespole metabolicznym X, który może współistnieć ze schizofrenią. Jest to spowodowane neuropatią pochwy z powodu wadliwej syntezy acetylocholiny wynikającej z braku substratu acetylu CoA. Prowadzi to również do nadmiernej aktywności współczulnej. Neuropatia pochwy jest związana z aktywacją immunologiczną i chorobą autoimmunologiczną. Neuropatia pochwowa może przyczyniać się do zwiększenia insulinooporności i zwiększenia aktywności współczulnej do transformacji nowotworowej. Syntetyczny defekt cholesterolu prowadzi do wadliwej synaptogenezy obserwowanej w autyzmie i schizofrenii. Niedobór kwasu żółciowego pochodzenia cholesterolowego i witaminy D może przyczyniać się do schizofrenii i autyzmu. Cholesterol jest zaangażowany w hamowanie kontaktu i gdy membrany są wadliwe może prowadzić do proliferacji komórek. Niski poziom cholesterolu prowadzi do niskiego poziomu witaminy D i kwasu żółciowego, z których oba wiążą się z VDR produkujących immunosupresję. Może to przyczyniać się do autoimmunizacji. Niedobór witaminy D może przyczyniać się do oporności na insulinę i fenotypu zespołu metabolicznego u neandertalczyków. Kwasy żółciowe działają jak hormony regulujące metabolizm lipidów i glukozy, a ich niedobór może również przyczyniać się do rozwoju zespołu X i insulinooporności. Fenotyp Warburga może również przyczyniać się do powstawania chorób cywilizacyjnych. Wzrost heksokinazy porów mitochondrialnych PT może przyczyniać się do proliferacji komórek i raka. Wzrost GAPD (dehydrogenazy gliceraldehydowo-3-fosforanowej) może przyczynić się do jej rybosylacji ADP i śmierci komórek jądrowych. Wzrost glikolizy może przyczynić się do aktywacji limfocytów i chorób autoimmunologicznych. Geny MHC są pochodzenia neandertalskiego, a autoimmunizacja jest związana z neandertalskimi allelami MHC. Przeciwciała autoimmunologiczne i przeciwciała przeciw-mózgowe są charakterystyczne dla autyzmu i schizofrenii. Fosfogliceran, metabolit glikolityczny, może być przekształcony w seryna - modulator receptora NMDA i glicynę - neurotransmitera hamującego. Wzrost zawartości fruktozy 1,6-dwufosforanu powoduje jego kierowanie do szlaku fosforanu pentozy, generującego NADPH stymulujący NOX i stres redoks przyczyniający się do rozwoju choroby. NOX jest również zaangażowany w aktywność NMDA. W schizofrenii ważny jest stres redoksowy i zwiększona aktywność NMDA przyczyniające się do dysfunkcji szlaku wzgórzowo-kortyko-okulistycznego. W ten sposób generowanie atawistycznego archetypów metabolicznych, immunologicznych i neuronalnych może przyczynić się do schizofrenii.

Archaiczne archaiki aktynowców i neandertalskie hybrydy

Dalszy wzrost wzrostu archeologicznego związany z globalnym ociepleniem prowadzi do powstania atawistycznej archeologicznej kolonii endosymbiotycznej z własnym fenotypem metabolicznym. [2] Archaeae są zależne od aktynowców i wykorzystują cholesterol jako substrat energetyczny. Zwiększony katabolizm cholesterolu w archaikach prowadzi do endogennej syntezy digoksyny, która hamuje błonową aktywność ATPazy potasowo-sodowej, prowadząc do wzrostu wapnia wewnątrzkomórkowego i redukcji wewnątrzkomórkowego magnezu. Wzrost wapnia wewnątrzkomórkowego prowadzi do powstania zwapnionych nanoarchaurów, które mogą istnieć przez całą wieczność.

Nanoarchaea, podobnie jak w przypadku ignococcus hospitalis, może produkować wielokomórkowe formy tkankowe, co prowadzi do powstania atawistycznej sieci kolonii aktynowców w obrębie komórki. Odwrotna aktywność transkryptazy pochodzenia HERV może integrować genomy archeologiczne z ludzkim genomem, jak wykazano w odniesieniu do genomów trypanosomalnych w chorobie Chagasa. Zwiększona ekspresja genów archeologicznych i zintegrowanych z ludzkimi genami w wyniku stresu oksydacyjnego wywołanego przez globalne ocieplenie i epokę lodowcową, która doprowadziła do zahamowania i demetylacji HDAC. Ekspresja endogennych genomów archeologicznych może prowadzić do ich namnażania w układzie. Podstawą pochodzenia neandertalskich hybryd jest ekspresja i namnażanie się endogennych sekwencji archeologicznych w genomie. Neandertalczycy wyewoluowaliby z powodu zmian w obszarze niekodowania genomu naczelnego, wynikających z integracji genomów archeologicznych z genomami naczelnych w epoce lodowcowej. Postuluje się, że globalne ocieplenie i ochłodzenie prowadzi do zwiększonego rozmnażania się ekstremofilnych kolonii archeologicznych. W rzeczywistości globalne ocieplenie jest związane ze zwiększonym uwalnianiem metanu z namnażających się kolonii archeologicznych w dnie oceanu. W okresach ekstremalnych zmian klimatycznych archaiczne archaiki ekstremofilne ulegają ekspansji nie tylko w środowisku naturalnym, ale także w niekodującym obszarze ludzkiego genomu. To przez globalne ocieplenie związane ze stresem oksydacyjnym HDAC hamuje aktywację odwrotnej transkryptazy i integruje ekspresję, która reintegruje zmultiplikowane genomy archeologiczne z genomami ludzkimi. Homo neandertalis ewoluowałby w wyniku ekspansji archeologicznej w ludzkim genomie w epoce lodowcowej, a obecna zwiększona tendencja do ekspresji neandertalskich autystycznych fenotypów hybrydowych wynikałaby ze zjawisk ekspansji archeologicznej w ludzkim genomie wytwarzanym przez globalne ocieplenie. Ekspansja archeologiczna wynikałaby z aktywności cywilizacyjnej i przemysłowej populacji homo sapien. Skutkuje to zwiększoną emisją gazów cieplarnianych i produkcją dwutlenku węgla, co prowadzi do rozmnażania się archetypów środowiskowych i symbiotycznych. Symbiotyczne rozmnażanie archeologiczne prowadzi do zwiększonej integracji archeologicznej w niekodującym regionie genomu i ekspresji neandertalskich hybryd. Namnażanie środowiskowe prowadzi do metanogenezy, która geometrycznie przyspiesza globalne ocieplenie, wzmacniając już uruchomiony proces. Wzrost archeologicznego rozmnażania i globalne ocieplenie spowoduje topnienie polarnych pokryw lodowych, powodując masowe powodzie i katastrofalne wyginięcia. Mnożenie się archaicznych skupisk na dnie oceanu może wywołać trzęsienia ziemi na dnie oceanu oraz potężne tsunami i powodzie, które spowodują rozpad kontynentu.

Cykl Jugów opisany w mitologii wedyjskiej byłby konsekwencją katastrofalnych wyginięć związanych ze zmianami klimatycznymi i późniejszej regeneracji życia. Archaiki aktynowców, również ekstremofilne, mogą zasiedlać przestrzenie międzygalaktyczne, przyczyniając się do powstawania międzygalaktycznych pól magnetycznych, których rotacja prowadzi do ewolucji układów gwiezdnych. Nasiona życia na Ziemi pochodziłyby z asteroid transportujących archaiczne archaiki aktynowców na Ziemię. Doprowadziłoby to do późniejszej ewolucji organizmu wielokomórkowego, naczelnych, a później grup neandertalczyków. Homo neandertalczycy mają fenotyp APOBEC, który czyni ich odpornymi na infekcje retrowirusowe, a obciążenie HERV w genomie neandertalskim jest mniejsze. Zwiększony wzrost archeologiczny i katabolizm cholesterolowy u neandertalczyków, fenotypy schizofreniczne i autystyczne prowadzą do zwiększonej syntezy endogennej digoksyny. Digoksyna wytwarza wewnątrzkomórkowo inhibicję ATPazy potasowo-sodowej i niedobór magnezu. Niedobór magnezu hamuje aktywność odwrotnej transkryptazy i ekspresję HERV. Dlatego też w neandertalach, autyzmie i schizofrenii wadliwa jest wsteczna ekspresja, namnażanie i integracja z genomem. Prowadzi to do mniejszej dynamiki i płynności genomu neandertalskiego, co prowadzi do wadliwej łączności synaptycznej, dużych rozmiarów mózgów i mniejszej kory przedczołowej. Uszkodzona łączność synaptyczna powstaje na skutek dwóch czynników. Synteza cholesterolu jest mniejsza, a wydzielanie cholesterolu glejowego działa jako czynnik troficzny dla synaptogenezy. Ekspresja HERV prowadzi do skokowych genów, które odpowiadają za płynność i dynamikę genomu potrzebnego do rozwoju złożonych dużych sieci neuronalnych. Prowadzi to do rozwoju dużych rozmiarów mózgu, jak u autyzmu i neandertalczyków. Zarówno kora mózgowa jak i móżdżek są duże. Móżdżek zawiera 50 procent neuronów w mózgu. Dlatego też przy braku złożonych sieci neuronów w korze mózgowej, a zwłaszcza w korze przedczołowej, móżdżek staje się dominujący i funkcjonuje jako mistrz mózgu. Homo sapiens nie posiada fenotypu APOBEC i oporności retroviralnej. U homo sapiens nie stwierdzono zarastania archeologicznego, katabolizmu cholesterolowego i syntezy digoksyny. Nie stwierdzono hamowania odwrotnej transkryptazy wywołanej digoksyną. Ekspresja HERV i jej integracja z genomem poprzez aktywność odwrotnej transkryptazy doprowadziła do zwiększenia niekodującego regionu genomu. Epidemie retrowirusowe u afrykańskich ssaków naczelnych przyczyniły się do rozwoju homo sapiens i ich mózgu w Afryce. Ewolucja homo sapiens nastąpiła w wyniku ekspansji sekwencji HERV w genomie w następstwie długotrwałych zakażeń retrowirusowych u afrykańskich ssaków naczelnych. Wzrost sekwencji HERV w genomie ssaków naczelnych doprowadził do zwiększenia płynności i dynamiki genomu, co doprowadziło do rozwoju dominującej kory przedczołowej i płata kończynowego. W mózgu homo sapiensa obecne były połączenia synaptyczne niezbędne do tworzenia złożonych sieci neuronalnych opartych na dynamicznym genomie modulowanym przez geny skokowe HERV. W rezultacie powstał chudy, ale bardziej wydajny i logiczny mózg z dominującą funkcją kory przedczołowej. Funkcja móżdżku została zahamowana z dominującą kontrolą nad funkcjami motorycznymi. Wzrost zanieczyszczenia falami elektromagnetycznymi z powodu uzależnienia od Internetu i długotrwałego użytkowania prowadzi do zanikania kory przedczołowej. Prowadzi to do powrotu do dominacji móżdżku w mózgu homo sapien i powszechnego wzrostu częstości występowania autyzmu, schizofrenii, obsesyjnej neurozy kompulsywnej, zespołu uzależnienia seksualnego, zaburzenia nadpobudliwości uwagi i dysleksji. Brak fenotypu APOBEC u homo sapiens i rozwój odpornych szczepów retrowirusowych doprowadziłby do wyginięcia gatunku homo sapiens. Ponadto globalne ocieplenie może prowadzić do stresu oksydacyjnego, hamowania HDAC, demetylacji i ekspresji HERV prowadzącej do odbudowy retrowirusów w układzie, przyczyniając się do powstania zespołu nabytego niedoboru odporności. Ekspresja HERV w obszarze niekodującym ludzkiego genomu jest związana z autyzmem i schizofrenią. Rozwój opornych zakażeń retrowirusowych i związane z globalnym ociepleniem namnażanie się archeologiczne prowadziłoby do eksterminacji gatunku homo sapiens z jego niekodującym obszarem genomu, do którego przyczyniły się sekwencje HERV. Zostaną one zastąpione przez neandertalskie hybrydy z niekodującym obszarem genomu, do którego przyczynią się zintegrowane sekwencje archeologiczne, które zwielokrotniają wzrost długości z powodu globalnego ocieplenia. Mnożące się symbiotyczne i środowiskowe archaiki jeszcze bardziej przyczynią się do wzrostu globalnego ocieplenia, dalszego zwiększenia namnażania archeologicznego i dominacji neandertalskich hybryd na świecie. Archealny metabolizm cholesterolu powoduje niski poziom cholesterolu, przyczyniając się do niedoboru hormonów płciowych, spadku tempa rozrodu i wyginięcia generowanych hybryd neandertalskich.

Aktynidowy archaiczny metabolizm i autyzm

Archaiki aktynowców posiadają aktywność oksydazy pierścieniowej cholesterolu generującej pirogronian, aktywność oksydazy łańcuchowej bocznej generującej maślan i propionian, aktywność aromatazy generującej pierścień WWA oraz aktywność dehydrogenazy beta-hydroksy steroidowej generującej digoksynę glikozydową i steroidowe kwasy żółciowe. Endogenna digoksyna jest pochodzenia archeologicznego, ponieważ cukry glikozydowe nie są syntetyzowane przez komórkę ludzką. Digoksyna glikozydowa może regulować funkcje neuronowe, immunologiczne i hormonalne. Endogenna digoksyna wytwarza inhibicję ATPazy potasowo-sodowej, co prowadzi do wzrostu poziomu wapnia wewnątrzkomórkowego i redukcji wewnątrzkomórkowego magnezu. Digoksyna może modulować wewnątrzkomórkowy stosunek wapnia do magnezu zwiększając komórkowy wapń i uszczuplając komórkowy magnez. Niedobór magnezu hamuje działanie enzymów glikolitycznych, enzymów cyklu tricarboxylowego TCA i syntazy mitochondrialnej ATP. Wzrost wapnia wewnątrzkomórkowego może modulować mitochondrialne pory PT i ich funkcję. Niedobór magnezu może hamować funkcję polimerazy DNA i RNA, a także aktywność odwrotnej transkryptazy. Geny HERV nie są wyrażone, co wpływa na skoki genów przyczyniając się do dynamiki i płynności genomu. Fluidalność genów HERV z ekspresją genów jest niezbędna do generowania złożonych sieci neuronalnych i genów immunologicznych, zwłaszcza genów HLA. Prowadzi to do wadliwego rozwoju kory przedczołowej i jej połączeń, a także mechanizmów immunologicznych przyczyniających się do chorób autoimmunologicznych. W ten sposób digoksyna może hamować funkcje genomowe. Indukowany przez digoksynę wewnątrzkomórkowy niedobór magnezu powoduje rybosomalną dezintegrację i wadliwą syntezę białek. Blokada PDH powoduje wadliwe wytwarzanie acetylu CoA, co prowadzi do zmniejszenia syntezy cholesterolu i kwasów tłuszczowych. Utlenianie kwasów tłuszczowych i ketogeneza są również hamowane przez związany z niedoborem magnezu dysfunkcję syntazy mitochondrialnej ATP. Aktynidowa, archeologiczna sieć wielokomórkowa poprzez wydzielanie digoksyny skutecznie blokuje i wyłącza wszystkie aspekty metabolizmu komórkowego. Komórkowy energetyczny zależy od syntezy ATP za pośrednictwem błony sodowo-potasowej ATP. Zapotrzebowanie komórek na ATP spada, ponieważ membranowa pompa sodowa zostaje zahamowana, a wszystkie szlaki metaboliczne zostają zablokowane. Komórka przechodzi w stan hibernacji. Ludzka komórka, tkanki i układy narządowe funkcjonują jak zombie. Komórka jest przejmowana przez atawistyczną wielokomórkową kolonię aktynowców. Aktynidowy archaealiczny metabolizm aktynowców przetrwa. Jak kwasów tłuszczowych, glukozy i aminokwasów jest hamowany metabolizm glukozy, kwasów tłuszczowych i aminokwasów gromadzą się w komórce i jest używany do aktynowców archaeal szlaki metaboliczne. Przykładem tego jest wzrost aktynowców katalizowanych aktywność heksokinazy, aktywność syntazy mitochondrialnej ATP, błony sodowo-potasowej ATP pośredniej syntezy ATP i oksydazy cholesterolu - łańcuch boczny oksydazy, oksydazy pierścieniowej, aromatazy pierścieniowej, dehydrogenazy beta hydroksy steroidowej i aktywności cholesterolu 7 alfa hydroksylazy.

Archeologiczna ścieżka kwasu shikimowego syntetyzuje neurotransmitery tyrozyny i tryptofanu oraz neuroalkaloidy. Szlak kwasu shikimowego może syntezować dopaminę, noradrenalinę i serotoninę, a także neuroalkaloidy - morfinę, nikotynę i strychninę, co zostało wykazane w tym laboratorium. Metabolizm atawistyczny, wykorzystujący cholesterol jako substraty energetyczne i aktynowce jako katalizatory, przejmuje komórkę. Komórka ludzka, która przechodzi w stan hibernacji, funkcjonuje jak zombie, a wielokomórkowa archeologiczna kolonia aktynowców przejmuje kontrolę nad komórką i ciałem. Digoksyna może produkować śmierć komórki przez mediatora wapnia mitochondrialnego PT dysfunkcji porów i proliferacji komórek przez zwiększenie wewnątrzkomórkowego wapnia aktywującego RAS onkogenu. Digoksyna modulując ATPazy potasowej sodu może regulować transport błony komórkowej i jądrowej błony. Digoksyna może modulować funkcję NFKB przez wzrost wewnątrzkomórkowego wapnia i produkować aktywację immunologiczną. Digoksyna zmieniając wewnątrzkomórkowy stosunek wapnia do magnezu może modulować sprzężone białka G i białkowe kinazy tyrozynowe związane z neuroprzekaźnikiem i receptorami endokrynnymi. Hiperdigoksinemia jest związana z autyzmem. Maślan funkcjonuje jako inhibitor HDAC regulujący funkcje genomowe, a także wytwarzający immunosupresję. Za pośrednictwem maślanu zmienione funkcje genomowe mogą przyczyniać się do rozwoju autyzmu. Propionian może przyczyniać się do powstawania kwasów organicznych. Propionian może wytwarzać aktywację NMDA, zwiększoną transmisję monoaminową produkować immunosupresję i modulować transmisję synaptyczną. Pyruwat jest również immunosupresyjny, reguluje wydzielanie insuliny i działa jako przeciwutleniacz. PAH może modulować funkcję receptora AHR regulując proliferację komórek i odporność. WWA i aktywacja receptora AHR może wpływać na funkcje mózgu prowadząc do autyzmu i ADHD. Aktywność oksydazy cholesterolu może generować H2O2 i redox stresu modulujące funkcję komórek. Redox stres jest związany z autyzmem. Archaea może generować magnetytu modulującego magnetopercepcję i pozazmysłowe postrzeganie ważne w autyzmie. W ten sposób archaiczny katabolizm cholesterolu może regulować funkcje genetyczne, immunologiczne, metaboliczne, hormonalne i neuronalne, tworząc fenotyp atawistyczny. Ta archeologiczna kolonia atawistyczna funkcjonuje jako nowy fenotyp prowadzący do autyzmu. Zmiany klimatyczne prowadzą do globalnego ocieplenia i wzrostu ekstremofilnego wzrostu archeologicznego. Prowadzi to do autystycznych i schizofrenicznych wzorców metabolicznych i zwiększonej częstości występowania chorób cywilizacyjnych. Ciało ludzkie zostaje przejęte przez atawistyczny archetyp kolonialny prowadzący do zespołu zombie. Następuje zmiana ciała, zmiana umysłu i zmiana kulturowa zbliżona do zmiany klimatu. Prowadzi to do neandertalizacji gatunku ludzkiego.

Autyzm, schizofrenia i neandertalska hybryda mózgu

Wzrost archeologicznych wzrostów i autystycznych wzorców metabolicznych prowadzi do autystycznych, kulturowych, neuronalnych i językowych fenotypów atawistycznych. Niskie wartości cholesterolu są charakterystyczne dla mózgów autystycznych. Niski poziom cholesterolu może przyczyniać się do wadliwej synaptogenezy, ponieważ cholesterol jest czynnikiem troficznym dla synaptogenezy. Prowadzi to do reaktywnej hipertrofii mózgu i dysfunkcji neokorty. Neandertalczycy mieli duże, mocne ciała, a ruchy ruchowe były ważnym elementem ich stylu życia zbieraczy. Wiązało się to również z większymi oczami i wysoko rozwiniętym systemem wzrokowym ważnym w ich myśliwskim stylu życia zbieraczy. Wiązało się to również z wyraźnym szyszynką z jej połączeniami siatkówki w celu regulacji rytmów dziennych i modulacji funkcji ciała za pomocą pola geomagnetycznego. Mózg neandertalczyka był większy, ale większa część mózgu była związana z regulacją ruchów ruchowych i wzroku, co miało kluczowe znaczenie dla stylu życia myśliwego zbieracza. Znaczenie ruchów ruchowych i duże rozmiary ciała neandertalczyków przyczyniły się do powstania wyraźnej kory ruchowej i płata ciemieniowego. Kora wzrokowa zajmowała również znaczną część kory mózgowej ze względu na znaczenie wzroku dla stylu życia myśliwych-zbieraczy. Kora wzrokowa, smakowa, słuchowa i sensoryczna były dominujące, co prowadziło do dominacji zmysłowej percepcji regulującej życie lub cywilizację zmysłów. Zmysłowa satysfakcja staje się dominującym tematem w życiu. Kwasy żółciowe ważne w tworzeniu dużych grup społecznych wiązały się z węchowymi receptorami GPCR produkującymi stymulację płatów kończynowych, były niewystarczające. Obszary płatów limbicznych hipokampu i kory przedczołowej były słabo rozwinięte. Kora przedczołowa dotyczyła interakcji społecznych, decyzji wykonawczych, osądu i sieci społecznych była mała. Dlatego Neandertalczycy nigdy nie tworzyli dużych skupisk społecznych, a jedynie małe grupy matriarchalne. Neandertalczycy nigdy nie tworzyli dużych grup narodowych, ponieważ kora przedczołowa związana z logicznymi interakcjami wykonawczymi wyższego szczebla była mała. Obszar językowy mózgu nie był rozwinięty, brakowało również podłoża językowego państw narodowych. Skutkuje to brakiem państw narodowych wśród ludności neandertalskiej i stanów wojennych. Kora ruchowa, kora mózgowa kontrolująca koordynację i kora wzrokowa były dominujące. Kora mózgowa była bardziej dominująca w porównaniu z korą mózgową.

W mózgu neandertalskim dominowała kora móżdżkowa. Większą część funkcji móżdżku stanowiła regulacja poznawcza i ruchowa. Móżdżek zajmuje się zachowaniami impulsywnymi, stanami zahamowanymi, obsesyjnymi stanami kompulsywnymi, stanami paranoicznymi, dziecięcymi zachowaniami naiwnymi, zachowaniami rytualnymi i stereotypowymi zachowaniami powtarzalnymi. Móżdżek zajmuje się stanami hipometrycznymi i hipermetrycznymi i produkuje dysmetrię myśli. Czasownik móżdżku jest związany z zachowaniami emocjonalnymi. Móżdżek tylny jest w przeważającej mierze poznawczy. Móżdżek przedni zajmuje się regulacją motoryczną. Móżdżek prawy jest połączony z lewą półkulą mózgu, a móżdżek lewy z prawą półkulą mózgu. Poprzez zjawisko diaschiozy zanik kory mózgowej prowadzi do zanikania móżdżku. Jeśli więc móżdżek nie rozwija się u płodu, kora mózgowa nie rozwija się. Rozwój grzbietowo-boczny kory przedczołowej zależy od rozwoju móżdżku. W kontekście wadliwego rozwoju móżdżku kora przedczołowa nie rozwija się. Móżdżek jest w rzeczywistości ważniejszy niż kora mózgowa i zawiera 50 procent neuronów mózgu. Funkcję kory mózgowej i móżdżku można porównać do funkcji świadomej i nieświadomej, snu i przebudzenia oraz logicznej i intuicyjnej. Można ją również porównywać jako patriarchalną korę mózgową versus matriarchalną korę mózgową, jak również jako komonsensalną korę mózgową versus magiczną korę mózgową. Kora mózgowa może być uważana za mózg modulowany HERV, a kora mózgowa za mózg modulowany archeologicznie. Jak powiedziano wcześniej, atawistyczna sieć kolonii archeologicznych wydziela digoksynę i komórkę neuronalną, która przechodzi w metaboliczną i funkcjonalną hibernację. Atawistyczna aktynoidalna sieć kolonii archeologicznej funkcjonuje jako sieć wykrywania i przetwarzania informacji, która również posiada zdolność społecznej inteligencji. Sieć kolonii archeologicznych posiada magnetyt zdolny do magnetopercepcji i percepcji kwantowej. Actinidic archeaeal colony pośredniczy kwantowa percepcja staje się dominującą formą percepcji, jak komórki neuronów przechodzi w metabolicznej i funkcjonalnej hibernacji wywołanej digoksyną. Świadome postrzeganie modulowane przez talamo-kortyko-okulistyczną ścieżkę staje się dysfunkcyjne i jest zastępowane przez magnetopercepcję / postrzeganie kwantowe za pośrednictwem systemu pompowanego fononu digoksyną z udziałem dipolarnego magnetytu i porfiryn. Percepcja kwantowa indukowana przez porfirynę i magnetyt może przyczyniać się do powstawania falowych form sieci kolonii atawistycznych, generujących wielkocząsteczkowe stany kwantowe. Porfiryny i magnetyt są cząsteczkami dipolarnymi i mogą prowadzić do makroskopijnych stanów kwantowych. W autyzmie i schizofrenii dominują pozazmysłowe tryby percepcji. Porfiryny magnetytowe i archeologiczne są dipolarne i w obecności digoksyny indukowane hamowanie ATPazy potasowej sodu może tworzyć tłoczone stany fononowe wymagane do odbioru kwantowego. Porfiryny, które są bardziej syntetyzowane w autyzmie i schizofrenii przyczyniają się do postrzegania pozazmysłowego. Ekstrasensoryczna percepcja kwantowa jest dominująca w autyzmie i schizofrenii. W stanie kwantowym wszystko istnieje jako nieograniczone prawdopodobieństwo i jest to świadomy obserwator, który przynosi jeden z prawdopodobieństw do jednego grawitonowe kryteria i świadomości. Wielorakie prawdopodobie"stwa w stanach kwantowych zgodnie z interpretacj¡ wielu ¦wi¦cianów jednocze±nie mog¡ istnia¢ w wielu wszech±wiatach lub wielorakich. Tak więc mózg kwantowy modulowany przez aktynowską kolonię archeologiczną jest wieczny i może istnieć na zawsze. Stanowi to podstawę biocentrycznej teorii wszechświata produkującej jednolite wyjaśnienie dla wszystkich zjawisk. Świat istnieje dzięki świadomości. Wszechświat jest w zasadzie biologiczny. Aktynoidalne nanoarchaea są ekstremofilne i mogą istnieć w przestrzeni międzygalaktycznej, przyczyniając się do powstawania spiralnych międzygalaktycznych pól magnetycznych, których rotacja prowadzi do ewolucji systemów gwiezdnych i planet. Życie samo w sobie miałoby aktynoidalne pochodzenie tworzone na podłożach aktynoidalnych przez abiogenezę. Kwantowa funkcja mózgu i zjawiska kwantowe, takie jak kwantowy gradient dyfrakcji kryształów, mogą prowadzić do powstania świata materialnego.

Móżdżek zajmuje się postrzeganiem pozazmysłowym i transem jak stany hipnotyczne. Móżdżek bierze udział w doświadczeniach pozazmysłowych i stanach magicznych. Doświadczenia duchowe i magiczne, jak również stany podobne do snu są również pośredniczone przez móżdżek. Móżdżek jest dominujący dla intuicji. Intuicyjne zjawisko jest podstawą kreatywności i można je nazwać szóstym zmysłem. Móżdżek bierze udział w zjawiskach telepatii, telekinezy i poltergeistyki. Percepcja ilościowa jest również dominująca w móżdżku, ponieważ 50 procent neuronów w mózgu są w móżdżku i atawistyczna aktynoidalna sieć kolonii archeologicznych jest w zasadzie złożona w móżdżku. Percepcja ilościowa może prowadzić do komunikacji ze zwierzętami i roślinami. Magnetopercepcja i percepcja kwantowa wygenerowałyby poczucie jedności ludzi, przyrody i zwierząt, przyczyniając się do duchowego doświadczenia. Magnetopercepcja i porfiryny biorą udział w odczuciu pól geomagnetycznych. Prowadzi to do poczucia jedności z naturą i grupą. Prowadzi to do świadomości grupowej, tożsamości grupowej i grupowego macierzyństwa charakterystycznego dla klastrów neandertalskich. Nie istnieje tożsamość indywidualna, która jest zastępowana przez tożsamość grupową. To przyczyniłoby się do powstania magicznej cywilizacji snów. Wygenerowałoby to kulturę pogańską. Wyróżniająca się szyszynka doprowadziłaby do dominującej percepcji geomagnetycznej i słonecznej, prowadząc do większego poziomu duchowości. W ten sposób dominujące pozazmysłowe kwantowe tryby percepcji w mózgu neandertalskim doprowadziłyby do świata snów w piance kwantowej, gdzie świat materialny połączył się ze światem fal kwantowych. Doprowadziłoby to do poczucia jedności ze światem lub uczucia Boga, które można trafnie określić jako świat Majów. Może to prowadzić do zwiększenia poczucia duchowości w grupach neandertalskich. Ponieważ przedczołowa i czasowa kora poznawcza była niewielka i dominowała dysfunkcjonalna percepcja pozazmysłowa. Mózg neandertalczyków miał atawistyczną sieć kolonii archeologicznych. Archealny magnetyt indukował magnetoopercepcję i świadomość grupową. Sieć kolonii atawistycznych ma magnetyt i aktynowce pośredniej magnetopercepcji w autyzmie. Posiadały one również zdolności komunikacji nielokalnej i telepatyczne. Percepcja ilościowa była bardziej dominująca w porównaniu z percepcją świadomą. To prowadzi do dominacji nieświadomej nad świadomą funkcją. To przyczynia się do sennego transu szamańskiego, jak stany prowadzące do duchowego doświadczenia. Magnetopercepcja i postrzeganie kwantowe mogą przyczynić się do postrzegania natury i świadomości środowiskowej. Funkcja neokorty jest wadliwa z powodu wadliwej synaptogenezy. Funkcja mózgu jest bardziej intuicyjna niż logiczna. Istnieje więcej zachowań emocjonalnych niż logicznych. Jest więcej sennego transu jak stany duchowe niż stanów czuwania. Ludność żyje w sennym, halucynacyjnym stanie. Postrzeganie pozazmysłowe przyczynia się do duchowego doświadczenia w autyzmie i neandertalach. Konwersja ciał ketonowych pochodzących z diety ketogenicznej na neuroprzekaźnik GABA i kwas hydroksymasłowy przyczyniłaby się do stymulacji hamujących transmisji w mózgu i potulnych, duchowych zachowań społeczeństw neandertalskich. Percepcja ilościowa i magnetopercepcja prowadzi do zjawisk sieci społecznych z równym udziałem wszystkich osób uczestniczących w sieci i bez lidera. Takie zachowania sieciowe doprowadziły do szybkich rewolucji społecznych w ostatnim czasie, jak w Egipcie i północnej Afryce. Sieci społecznościowe połączone kwantowymi metodami percepcji stają się podstawą społeczeństwa. Rodzina, kasta i hierarchie religijne rozpadają się, ustępując miejsca bardziej równoprawnym płciom i równym grupom społecznościowym opartym na percepcji kwantowej lub magnetopercepcji.

Dysfunkcja neokorty przyczynia się do wadliwej wokalizacji u neandertalczyków. Miały one również wysoko umieszczoną krtań, przyczyniając się do zaburzonej symetrii między połykaniem a oddychaniem, co prowadzi do ewolucji językoznawstwa charakterystycznego dla języka drawidyjskiego, pozbawionego samogłosek kwantowych. Rozwój języka i umiejętności komunikacyjne maleją wraz z nasilaniem się komunikacji gestycznej i pozazmysłowej. Język wokalny mówiony i pisany staje się coraz mniej popularny. W miejsce mowy mówionej i pisanej dominuje muzyka i taniec gestykulacyjny i komunikacyjny. Móżdżek jest ważny w odniesieniu do mowy. Wybór słów, gramatyka, prozodia i gesty zależą od móżdżku. Dominacja móżdżku prowadzi do wadliwego używania języka, autyzmu i dysleksji. Symboliczne formy komunikacji gestowej i gesty zostały opisane w formach sztuki Kerala na przykładzie Kathakali i Theyyams. [10] Wady mowy są cechą charakterystyczną autyzmu. Prowadzi to do powszechnego generowania fenotypów mózgu autystycznego w społeczeństwie. Móżdżek, choć był duży, był w przeważającej mierze poznawczy. Prowadzi to do zmniejszenia wydajności funkcji motorycznej móżdżku, co prowadzi do czynnościowego zespołu móżdżku. Ruchy neandertalczyków były nieporadne z powodu dysfunkcji móżdżku, jak to ma miejsce w przypadku autyzmu. Mowa móżdżku była staccato, wybuchowa, nieskoordynowana i zamazana. To może prowadzić do muzycznej jakości mowy. Przednia dysfunkcja kory mózgowej prowadzi do ekolalii i powtarzalności. Doprowadziłoby to do powstania muzyki. Język neandertalski byłby w przeważającej mierze muzyczny. Nieskoordynowanie wyrostka robaczkowego prowadzi do ataksji wyrostka robaczkowego. Prowadzi to do tworzenia niejasnych, abstrakcyjnych form rysunkowych. Byłaby to geneza sztuki abstrakcyjnej. Język pisany neandertalczyków, jak w przypadku Dravidian Harappans, był przede wszystkim pikturalnym skryptem lub hieroglifem. Sztuka abstrakcyjna wywodziła się z baskijskiej społeczności, z głównymi postaciami, takimi jak Picasso i Dali, które z nich powstały. Mózgowy wyrostek robaczkowy również prowadzi do chodu ataksyjnego prowadzącego do generowania form tanecznych. Symboliczne formy taneczne theyyam i kathakali w Kerali są tego przykładem. Przednia dysfunkcja kory mózgowej prowadzi również do ekopraksji lub powtarzania czynności ruchowych. Powtarzające się ruchy ataksyjne związane z dysfunkcją kory mózgowej i czołowej byłyby źródłem form tanecznych. Dominująca funkcja móżdżku przyczynia się do rozwoju rytuałów religijnych, muzyki i tańca. Archetypy nieświadomości wspólne dla wszystkich cywilizacji mają również swoje podłoże w móżdżku. Neandertalska muzyka, sztuka i taniec były formą duchowego kultu w komunii z naturą, jako część świadomości ekologicznej. Powtarzające się i rytualne czynności ruchowe jako część duchowego kultu byłyby generowane przez korę przedczołową i dysfunkcję móżdżku. Zwiększona ekspozycja na niski poziom pól elektromagnetycznych ze względu na wzrost wykorzystania Internetu w obecnej populacji prowadzi również do zaniku kory przedczołowej, co prowadzi do dominacji kory ciemieniowej, ruchowej i wzrokowej. Stwarza to neandertalczykom mózg jak u osób uzależnionych od Internetu i nadużywania go, co jest powszechne we współczesnym świecie. Kurczenie się kory przedczołowej i jej dróg dopaminergicznych łączących się ze zwojami podstawnymi jest podstawą uzależnienia od narkotyków, seksu i cukru. Uzależniające zachowania były powszechne w neandertalskiej populacji przy użyciu narkotyków, takich jak efedryna do tworzenia stanów szamańskich. Podobne zachowania uzależniające są częste w populacji nadmiernie narażonej na działanie niskich poziomów pól elektromagnetycznych generowanych przez korzystanie z internetu i wynikający z tego skurcz kory przedczołowej. Dominacja móżdżku prowadzi do zwiększonej częstości występowania schizofrenii, autyzmu, dysleksji, ADHD, obsesyjnych zaburzeń kompulsywnych i zespołów uzależnienia seksualnego. Wielkość móżdżku jest związana z poziomem estrogenów i testosteronu, a dysfunkcja móżdżku może przyczynić się do seksualnych zboczeńców cech obsesyjnych. Tak więc dominacja móżdżku prowadzi do dysmetrii ruchu i dysmetrii myśli prowadzących do dominującego kwantowego trybu percepcji. Osoby dominujące w móżdżku są kreatywnymi, autystycznymi zbawicielami i geniuszami, ale są niezdarne do rutynowych czynności ruchowych z powodu dysmetrii ruchu.

Coraz częstsze występowanie autyzmu, archaiki aktynowców i globalnego ocieplenia

Rosnąca częstość występowania autyzmu może być związana ze związanym z globalnym ociepleniem wzrostem archeologicznym w mózgu i niskim narażeniem na EMF w wyniku zwiększonego korzystania z Internetu. Wzrost homo sapien wzrostu i wzrost zanieczyszczenia przemysłowego i globalnego ocieplenia prowadzi do archeologicznego przerostu i neandertalizacji mózgu, co prowadzi do powrotu magicznego świata. Wynikałoby to również ze zwiększonego zanieczyszczenia elektromagnetycznego i wykorzystania Internetu, prowadząc do zanikania kory przedczołowej i autystycznej dominacji mózgu. Nastąpiłby powrót do sennego świata neandertalczyków. Wzrost przyrostu archeologicznego w oceanach zwiększyłby również metanogenezę i globalne ocieplenie, a także przyczyniłby się do powstania trzęsień ziemi w dnie oceanu, prowadzących do tsunami. Globalne ocieplenie doprowadziłoby do topnienia pokrywy lodowej na ziemi i powodzi, co doprowadziłoby do ewentualnego wyginięcia światowej populacji. Ponadto niski poziom cholesterolu i hormonów płciowych doprowadziłby do tego, że na świecie płeć aseksualna byłaby równoprawna, a jej zachowania seksualne i wskaźniki rozrodczości uległyby obniżeniu, co przyczyniłoby się do wyginięcia populacji. Byłoby to podstawą teorii Kali yuga, a koniec świata w mitologiach. Kwantowy magiczny świat Neandertalczyków trwałby nadal. Niedobór witaminy D może powodować nieprawidłowości w synaptogenezie i wzroście mózgu. Makrocefalia i dużych rozmiarów mózgi są postrzegane w autyzmie i neandertalczyków. [11] Neandertalczyków zostały postulowane mieć APOBEC3G fenotypu produkującego oporność retroviral jak w Dravidian pokrewnych australijskich aborygenów. [9] Hybrydy neandertalczyków są odporne na infekcje retrowirusowe i mają mniejsze obciążenie HERV w genomie. Homo sapiens nie posiadają apobecnego fenotypu i są bardziej podatne na infekcje retrowirusowe powodujące zwiększoną integrację HERV w genomie. Integracja HERV z genomem produkuje geny skokowe i genom dynamiczny. Ten dynamiczny genom jest ważny w generowaniu złożonych sieci synaptycznych i fenotypów HLA. Prowadzi to do powstania mniejszego rozmiaru mózgu ze wzrostem kory przedczołowej i autoimmunizacji w homo sapiens w przeciwieństwie do euroazjatyckiego fenotypu neandertalskiego. Mózg homo sapiens z dominacją kory przedczołowej i mniejszym rozmiarem jest konsekwencją ekspresji HERV w przeciwieństwie do wielkogabarytowego mózgu neandertalskiego z mniejszą korą przedczołową, która jest indukowana przez endosymbiotyczny archaeal nad wzrostem. Podwyższony poziom cholesterolu i kwasu żółciowego w homo sapiens spowodował wiązanie się kwasu żółciowego z węchowymi receptorami GPCR i stymulację płatów limbicznych. Powodowało to przerost kory przedczołowej i skroniowej. Mózg homo sapiens został zdominowany przez dużą korę przedczołową, która była wymagana dla zdolności wykonawczych, logicznych, rozumowania i kwestionowania. To doprowadziło do świata logiki i rozumu. Mózg homo sapien był zdominowany przez pajęczynę połączeń synaptycznych wytwarzanych przez zapośredniczony ekspresją HERV dynamiczny genom. Przedczołowa dominacja korowa doprowadziła do ewolucji dużych grup społecznych i państw narodowych. Ewolucja obszarów językowych w korze przedczołowej rozwinęła się do podłoża językowego państw narodowych. Skutkowało to brakiem globalnej świadomości i genezą idei wojny między narodami i prześladowaniami grup lub narodów językowych. Był to mózg logiczny w porównaniu z intuicyjnym i duchowym mózgiem Neandertalczyków. Utrata pozazmysłowych kwantowych trybów postrzegania mózgu homo sapien doprowadziła do zmniejszenia komunii z roślinami, zwierzętami i naturą, co doprowadziło do spadku świadomości ekologicznej w zachodniej cywilizacji homo sapien. Tylko homo sapiens zostały uznane za posiadające siłę życiową duszy i królestwo roślin i zwierząt było poza bladą duchowości. Utrata świadomości ekologicznej i duchowości doprowadziła do zniszczenia środowiska i globalnego ocieplenia. Komunia z naturą została utracona, a życie stało się mechaniczne, logiczne i zdroworozsądkowe. Magiczny senny trans jak świat neandertalskiego mózgu został utracony. Powstał on wraz z dominacją zachodniej cywilizacji chrześcijańskiej. Senny trans jak świat hermetycznych wyznań - Kabały, Szamanizmu, Pogaństwa, Hinduizmu, Taoizmu, Szitoizmu i Gnostycyzmu - został utracony wraz z utratą neandertalskiej struktury mózgu. Archeologiczne zmiany związane z przerostem mózgu i rozwojem neandertalskich hybryd przyczyniają się do schizofrenii i autyzmu.

Hybrydy neandertalczyków i funkcja endokrynologiczna

Niski cholesterol prowadzi do niskiego poziomu testosteronu i estrogenów oraz wadliwej modulacji funkcji i wzrostu mózgu przez hormon płciowy. Prowadziłoby to do wadliwej reakcji na stres i wskaźnika rozrodu płciowego prowadzącego do ewentualnego wyginięcia populacji neandertalczyków. Niski poziom testosteronu i estrogenów prowadziłby do mniej zdefiniowanych fenotypów bezpłciowych, braku męskiej dominacji, równości płci i matriarchalnych społeczeństw z grupowym macierzyństwem. Jest to podstawa matriarchalnego fenotypu kulturowego z brakiem męskiej dominacji. Niski poziom hormonów płciowych prowadziłby do niskich wskaźników dojrzałości obserwowanych u skamieniałych okazów charakterystycznych dla neandertalczyków. Kwasy żółciowe wiążą się z receptorami węchowymi i prowadzą do stymulacji płatów limbicznych oraz wiązania rodzinnego, a także wiązania się poszczególnych matek i dzieci. Grupowe macierzyństwo charakterystyczne dla matriarchii byłoby odzwierciedleniem niskiego poziomu kwasów żółciowych. Niski poziom kwasów żółciowych prowadzi do mniejszej więzi rodzinnej. Przyczynia się to do zachowań autystycznych. Brak jest więzi rodzinnej, którą zastępuje się wspólnym macierzyństwem. Wpisuje się to w hipotezę babci, w której dominują kobiety regulujące społeczeństwo. Społeczeństwo staje się bardziej zrównane pod względem płci ze swoimi astereotypowymi wzorcami zachowań aseksualnych powszechnymi w autyzmie. Zjawiska te mogą prowadzić do globalizacji, utraty tożsamości narodowej, utraty tożsamości seksualnej oraz uniwersalizacji zachowań i myśli. [12-15] Homo sapiens miał wyższy poziom cholesterolu, co prowadziło do wyższych poziomów syntezy hormonów płciowych - testosteronu i estrogenu. Doprowadziło to do rozwoju męskiego patriarchalnego społeczeństwa dominującego w homo sapiens. Samice były tłumione i nie miały żadnych praw oraz podlegały sztywnym kodeksom społecznym narzuconym przez męski patriarchat dominujący. Zachowania seksualne były również bardziej nastawione na formy konserwatywne, a aberracje były uznawane za nielegalne. Społeczeństwo homo sapien nierówne płciowo. Zwiększony poziom cholesterolu i kwasu żółciowego doprowadził do zwiększenia więzi rodzinnych i rodziny jako podstawowej struktury społeczeństwa. Dziecko identyfikowało się z ojcem i jego rodziną. Koncepcja rodziny nuklearnej umocniła się w grupie homo sapien. Zanikło grupowe poczucie wspólnoty i grupowe macierzyństwo matriarchalnego społeczeństwa neandertalskiego. Społeczeństwa neandertalskie z ich grupowym macierzyństwem, grupową świadomością, równością płci i wspólnotą przypominały prymitywną formę społeczeństwa komunistycznego. Ten postulat został wysunięty przez Engelsa w jego tezie "The Mothers". Społeczeństwo neandertalskie ze względu na swoją grupową świadomość było bardziej prymitywnym społeczeństwem komunistycznym lub socjalistycznym i pogańskim. Brak modulacji funkcji mózgu hormonem płciowym u neandertalskich hybryd może przyczynić się do schizofrenii i autyzmu.

Hybrydy neandertalczyków, archaiczne aktynoidy i choroby cywilizacyjne - rak, zespół metaboliczny X, choroba autoimmunologiczna i neurodegeneracja

Ludzkie komórki i tkanki przechodzą w stan hibernacji, w której pośredniczy aktynowa kolonia archeologiczna wydziela digoksynę. Polimeraza DNA, polimeraza RNA, rybosomalna funkcja, utlenianie kwasów tłuszczowych, glikoliza, cykl TCA, oksydacyjna fosforylacja mitochondrialna i synteza cholesterolu/kwasu tłuszczowego ulegają zamknięciu z powodu archeologicznego niedoboru magnezu wywołanego digoksyną. Ludzka komórka i tkanki przechodzą w stan hibernacji z energią do przeżycia wytwarzaną przez błonową syntezę ATP-azy potasowo-sodowej za pośrednictwem ATP. Archaiki aktynowców tworzą wielokomórkową kolonię/sieć, która przejmuje ludzką komórkę i tkanki, które w hibernacji zostają zredukowane do zombie. W ten sposób powstaje ludzki zespół zombie. Glukoza, kwasy tłuszczowe i aminokwasy gromadzą się w komórce, ponieważ drogi metaboliczne i kataboliczne są zablokowane. Metabolizm aktynowców zostaje przejęty przez aktynowców w wyniku katalizy aktynowców. Aktywność aktynowców zależna od heksokinazy i aktywność syntazy ATP mitochondrialnej, jak również aktywność oksydazy cholesterolowej zostały opisane w zaburzeniach systemowych. Hiperglikemia generowana w wyniku archaicznego wydzielania aktynowców w katabolizmie glukozowym powoduje blokadę digoksynową, która prowadzi do cukrzycy. Endogenna digoksyna prowadzi do wzrostu poziomu wapnia w mięśniach gładkich naczyń, skurczu naczyń i zakrzepicy naczyń. W sieci atawistycznej aktynowców i kolonii rozwijają się nowotwory i rak. Archeologiczna kolonia aktynowców wytwarzana przez digoksynę wyłącza metaboliczną maszynerię komórki neuronowej i przez pewien czas prowadzi do śmierci komórki przyczyniając się do zaburzeń neurodegeneracyjnych takich jak choroba Parkinsona, choroba Alzheimera i choroba neuronów ruchowych. Aktynidowa kolonia archeologiczna wydzielana przez digoksynę wyłącza neuronalne maszyny metaboliczne i sieci synaptyczne, co prowadzi do dominacji kwantowej i magnetopercepcji. Za kwantową i magnetopercepcję odpowiedzialny jest dipolarny magnetyt indukowany digoksyną oraz archaiczny układ fononowy pompowany porfirynami. Ponieważ móżdżek zawiera 50 procent neuronów w mózgu, dominuje magnetopercepcja kwantowa i magnetopercepcja móżdżkowa. Móżdżek staje się dominujący. Dominacja móżdżku może wystąpić również z powodu zanieczyszczenia elektromagnetycznego i szerszego wykorzystania Internetu. Niski poziom EMF jest postrzegany przez magnetyt w mózgu. Prowadzi to do przedczołowego zaniku kory mózgowej i dominacji móżdżku. Dominacja móżdżku była związana z autyzmem, schizofrenią, OCD, ADHD, cechami dewiacji seksualnej i naiwnego dzieciństwa typu wyhamowane, impulsywne zachowanie. Atawistyczna sieć kolonii archeologicznych przejmuje kontrolę nad ciałem i tkankami. Prowadzi to do aktywacji immunologicznej, generowania autoantygenów w miarę jak organizm ludzki próbuje walczyć z inwazyjną archeologiczną kolonią atawistyczną. To prowadzi do autoimmunologicznej choroby jak toczeń, stwardnienie rozsiane i reumatoidalne zapalenie stawów. Archeologiczna kolonia atawistyczna wygenerowana przez digoksynę blokuje odwrotną aktywność transkryptazy i wsteczne namnażanie i integrację. Prowadzi to do oporności na zakażenie retrowirusowe. Wadliwa ekspresja HERV prowadzi do wadliwych genów skokowych i genów HLA przyczyniających się do choroby autoimmunologicznej. Geny MHC są pochodzenia neandertalskiego, a autoimmunizacja jest związana z neandertalskimi allelami MHC. Przeciwciała autoimmunizacyjne i przeciwciała przeciw-mózgowe są charakterystyczne dla autyzmu. Autyzm i schizofrenia są związane z zaburzeniami systemowymi. Autystyczny fenotyp metaboliczny występuje również w chorobach nowotworowych, autoimmunologicznych, degeneracji, zespole metabolicznym X i schizofrenii. Jest to spowodowane neuropatią pochwy z powodu wadliwej syntezy acetylocholiny wynikającej z braku substratu acetylu CoA. Prowadzi to również do nadmiernej aktywności współczulnej. Neuropatia pochwy jest związana z aktywacją immunologiczną i chorobą autoimmunologiczną. Neuropatia pochwowa może przyczyniać się do zwiększenia insulinooporności i zwiększenia aktywności współczulnej do transformacji nowotworowej. Syntetyczny defekt cholesterolu prowadzi do wadliwej synaptogenezy obserwowanej w autyzmie i schizofrenii. Niedobór kwasu żółciowego pochodzenia cholesterolowego i witaminy D może przyczyniać się do schizofrenii i autyzmu. Cholesterol jest zaangażowany w hamowanie kontaktu i gdy membrany są wadliwe może prowadzić do proliferacji komórek. Niski poziom cholesterolu prowadzi do niskiego poziomu witaminy D i kwasu żółciowego, z których oba wiążą się z VDR produkujących immunosupresję. Może to przyczyniać się do autoimmunizacji. Niedobór witaminy D może przyczyniać się do oporności na insulinę i fenotypu zespołu metabolicznego u neandertalczyków. Kwasy żółciowe działają jak hormony regulujące metabolizm lipidów i glukozy, a ich niedobór może również przyczyniać się do rozwoju zespołu X i insulinooporności. W ten sposób generowanie kolonii/sieci atawistycznej prowadzi do powstania nowego fenotypu metabolicznego, immunologicznego i neuronalnego, który przejmuje władzę nad ludzkim ciałem, przyczyniając się do rozwoju chorób cywilizacyjnych, takich jak rak, zwyrodnienia, choroby autoimmunologiczne i zespół metaboliczny X, które wykazują epidemiczny wzrost zachorowalności, np. autyzm. Organizm ludzki przechodzi w stan hibernacji i śmierci jako zombie przejęte przez aktynowców sieci kolonii archeologicznych, które rządzą ludzkim mózgiem, układami narządów, tkankami i komórkami. Wiek neandertalczyków ponownie kwitnie z katastrofalnymi skutkami.

Wniosek

Wyniki sugerują neandertalizację człowieka z powodu globalnego ocieplenia i wzrostu archeologicznego. Neandertalizacja gatunku ludzkiego jest podstawą globalnej epidemii autystycznej, schizofrenicznej i cywilizacyjnej choroby - zespołu neandertalskiego hybrydowego zombie. Społeczeństwa matrilinowe to skamieniałe resztki neandertalczyków, a neandertalskie hybrydy przyczyniają się do rozwoju chorób cywilizacyjnych. Następują zmiany w umyśle, zmiany językowe, kulturowe, społeczne i duchowe, podobne do zmian klimatycznych, wynikające ze zwiększonego wzrostu archeologicznego w wyniku globalnego ocieplenia. Gatunki neandertalczyków ewoluowały w okresach ekstremalnych zmian klimatycznych epoki lodowcowej, które doprowadziły do zwiększonego wzrostu archeologicznego endosymbiotycznego wzrostu ekstremofilnego. Podobne ekstremalne zjawisko klimatyczne, jakim jest globalne ocieplenie, jest cechą naszego obecnego istnienia. Prowadzi ono do zwiększenia ekstremofilnego wzrostu endosymbiotycznego i neandertalażu populacji. Niski poziom cholesterolu i niski poziom hormonów płciowych doprowadziłby do fenotypów bezpłciowych i ewentualnego wyginięcia populacji. Ewoluuje nowy gatunek ludzki homo archaeax neanderthalis z jego nowym fenotypem antropometrycznym, metabolicznym, kulturowym, językowym, neuronowym, psychologicznym i genetycznym atawistycznym. [16] Neandertalizacja gatunku ludzkiego jest podstawą globalnej epidemii autystycznej, schizofrenicznej i cywilizacyjnej choroby neandertalczyka - zespołu hybrydowego zombie. Społeczeństwa matrilinowe są skamieniałymi pozostałościami neandertalczyków, a neandertalskie hybrydy przyczyniają się do rozwoju chorób cywilizacyjnych. Hybrydy neandertalskie w końcu zastąpią gatunek homo sapien.

Referencje

1. Weaver TD, Hublin JJ. Neandertal Birth Canal Shape and the Evolution of Human Childbirth. *Proc. Natl. Acad. Sci. USA* 2009; 106:8151-8156.
2. Kurup RA, Kurup PA. Endosymbiotic Actinidic Archaeal Mediated Warburg Phenotype Mediates Human Disease State. *Advances in Natural Science* 2012; 5(1):81-84.
3. Morgan E. The Neanderthal theory of autism, Asperger and ADHD; 2007, www.rdos.net/eng/asperger.htm.
4. Graves P. New Models and Metaphors for the Neanderthal Debate. *Current Anthropology* 1991; 32(5): 513-541.
5. Sawyer GJ, Maley B. Neanderthal zrekonstruowany. *The Anatomical Record Part B: The New Anatomist* 2005; 283B(1):23-31.
6. Bastir M, O'Higgins P, Rosas A. Facial Ontogeny in Neanderthals and Modern Humans. *Bastir M, O'Higgins P, Rosas A. Ontogeneza twarzy u neandertalczyków i współczesnych ludzi. Sci.* 2007; 274:1125-1132.
7. Neubauer S, Gunz P, Hublin JJ. Endocranial Shape Changes during Growth in Chimpanzees and Humans: Analiza morfometryczna Unique and Shared Aspects. *J. Hum. Evol.* 2010; 59:555-566.
8. Courchesne E, Pierce K. Brain Overgrowth in Autism during a Critical Time in Development: Implikacje dla rozwoju Neuronu Piramidalnego i Interneuronu i łączności. *Int. J. Dev. Neurosci.* 2005; 23:153–170.
9. Green RE, Krause J, Briggs AW, Maricic T, Stenzel U, Kircher M, Patterson N, Li H, Zhai W, *et al.* A Draft Sequence of the Neandertal Genome. *Science* 2010; 328:710-722.
10. Mithen SJ. *The Singing Neanderthals: The Origins of Music, Language, Mind and Body*; 2005, ISBN 0-297-64317-7.
11. Bruner E, Manzi G, Arsuaga JL. Encephalization and Allometric Trajectories in the Genus Homo: Dowody z linii neandertalskiej i nowoczesnej. *Proc. Natl. Acad. Sci. USA* 2003; 100:15335-15340.
12. Gooch S. *The Dream Culture of the Neanderthals: Strażnicy Starożytnej Mądrości.* Inner Traditions, Wildwood House, Londyn; 2006.
13. Gooch S. *The Neanderthal Legacy: Obudzenie naszych genetycznych i kulturowych korzeni.* Inner Traditions, Wildwood House, Londyn; 2008.
14. Kurtén B. *Den Svarta Tigern*, ALBA Publishing, Stockholm, Sweden; 1978.
15. Spikins P. Autyzm, Integracja "Różnicy" i Pochodzenie Nowoczesnego Zachowania Człowieka. *Cambridge Archaeological Journal* 2009; 19(2):179-201.

16. Eswaran V, Harpending H, Rogers AR. Genomika odrzuca wyłącznie afrykańskie pochodzenie człowieka. *Journal of Human Evolution* 2005; 49(1):1-18.

ROZDZIAŁ 9
HYBRYDYZACJA MIĘDZYGATUNKOWA, CHIMERY I PARTENOGENEZA - POCHODZENIE HOMO NEANDERTALIS I EWOLUCJA REGRESYWNA

Partenogeneza somatyczna zachodzi w wyniku przekształcenia komórki somatycznej w pluripotencjalną komórkę macierzystą, która może rozwinąć się w zarodki partenogenetyczne. Wynika to z hybrydyzacji dwóch różnych gatunków homo neanderthalis i homo sapiens. Ta międzygatunkowa hybrydyzacja powoduje konflikt wewnątrzgatunkowy i partenogenezę. Partenogeneza może być wywołana przez stres związany ze zmianami klimatycznymi oraz przez endosymbiotyczne archaiki i wiroidy RNA. Konflikt wewnątrzgatunkowy będący konsekwencją hybrydyzacji międzygatunkowej prowadzi do upodmiotowienia tryptofanowych szlaków katabolicznych i zwiększa ilość kynureniny, immunosupresji i ucieczki immunologicznej zarodków partenogenetycznych. Hybrydyzacja międzygatunkowa i konflikt wewnątrzgatunkowy skutkuje ekspresją genów reptilianu i syntezą digoksyny. Digoksyna produkowana przez archaiki endosymbiotyczne prowadzi do zwiększonego transportu tryptofanu i katabolizmu nad tyrozyną. Zwiększony katabolizm kynureniny u neandertalczyków powoduje ucieczkę immunologiczną i wzrost endosymbiotyczny w archawach. Endosymbiotyczny wzrost neandertalczyków powoduje neandertalizację gatunku. Neandertalizacja gatunku i hybrydyzacja międzygatunkowa oraz konflikty wewnątrzgatunkowe skutkują porfiriami i zwiększoną percepcją EMF na niskim poziomie za pośrednictwem porfirii, zanikiem korowym i dominacją móżdżku. Wywołuje to móżdżkowe zaburzenia poznawcze afektywne z cechami autystycznymi, impulsywnością, agresywnością, pożądaniem władzy, zwiększonym popędem seksualnym, alternatywną seksualnością, przestępczością, cechami kanibalistycznymi i anarchicznymi obyczajami społecznymi. Gatunki neandertalczyków dzięki endosymbiotycznemu wzrostowi archeologicznemu i transformacji komórek macierzystych miały aseksualny tryb rozmnażania z partenogenezą. Skutkuje to dominacją samic, zespołem amazońskim, kulturą męskich eunuchów i matriarchią. Hybrydyzacja międzygatunkowa i konflikt wewnątrzgatunkowy skutkuje fenotypem SLOS z obniżoną syntezą cholesterolu. Powoduje to zmniejszenie syntezy hormonów płciowych, co prowadzi do aseksualności i naprzemiennej seksualności. Neandertalczycy byli matriarchalnymi i czczą matkę boginię. Ekspresja genów reptilianów i fenotyp SLOS powodują powstawanie cech serpentynowych. Geny dla prymitywnego kompleksu mózgu reptilianów wyrażają się agresją, przemocą, impulsywnością, kanibalizmem, anarchią, niemoralnością, żądzą władzy i dominacji.

Fenotyp SLOS powoduje rozwój cech prymitywnych, takich jak rozwój ogona lub cauda, rozszczepu podbródka, widocznych cienkich długich zębów i kłów, piegów, łusek w skórze i syndaktycznie lub taśmowo. Synteza digoksyny i zmniejszenie transportu tyrozyny powoduje zmniejszenie syntezy dopaminy i melaniny, przyczyniając się do powstania plemienia białych bogów anarchicznych. Ekspresja genów reptilianów i synteza digoksyny prowadzi do nadpobudliwości współczulnej i zdolności do regulowania temperatury ciała w zależności od temperatury otoczenia, co powoduje zimną krew. Archaika indukuje fruktolizę i fruktozemię dzięki indukcji reduktazy aldozowej, co prowadzi do zwiększonej syntezy lipidów i mukopolisacharydów oraz zespołu hibernacji, przyczyniając się do otyłości i zwiększenia ilości tkanki tłuszczowej podskórnej, jak u gadów. Ewolucja żebra szyjki macicy, wierzchołka wdowy w brwiach okulistycznych i wydatnego drugiego palca u stóp spowodowana jest wzrostem cech recesywnych wynikających z chowu wsobnego. Hodowla wsobna jest wynikiem fenotypu autystycznego oraz zmniejszonego kontaktu społecznego i społecznego wycofywania się. Ten autystyczny fenotyp z chowem wsobnym i partenogenezą prowadzi do zmniejszenia różnorodności genetycznej i wymierania neandertalczyków. Neandertalczycy mają zwiększoną podskórną tkankę tłuszczową, łuszczącą się skórę, co jest częściowo spowodowane albinizmem i ekspozycją na promieniowanie UV, a także syntetycznym defektem cholesterolu, zwiększonym wydzielaniem soli przez ekrynowe gruczoły potowe i dominującym szlakiem tryptofanowym oraz syntezą serotoniny wytwarzającej szyszynkę lub trzecie oko. Wzmożony katabolizm tryptofanowy wywołuje epidemiczny zespół oshtorana. Neandertalizacja prowadzi do powstania epidemicznego zespołu anarchicznego. Neandertalizacja wywołuje również zespół męskiego eunucha i matrilinealizmu. Neandertalczycy byli w większości przypadków partenogenetyczni. Mózgowe zaburzenie poznawcze afektywne i aktynoidalny archaiczny magnetyt i porfirion indukowane postrzeganiem kwantowym skutkowały równością i uniwersalnością. Prymitywne plemiona neandertalczyków są reprezentowane przez Sasów, Saków, Basków, Etrusków, Drawidów, Celtów i Berberów. Najbardziej dominującym plemieniem Neandertalczyków są Anglosasi, którzy stworzyli równe społeczeństwo z uniwersalną kulturą amerykańską, uniwersalnym językiem angielskim, uniwersalnym systemem monetarnym reprezentowanym przez dolara oraz zjednoczeniem wszystkich grup etnicznych w amerykańskim marzeniu o tolerancji i inkluzywności. Neandertalczycy mieli cechy węży, a kultury neandertalskie na całym świecie są reprezentowane przez kult węży, co widać na przykładzie Sumerii, Drawidiuszów z południowych Indii, Toma z Egiptu i Meksyku. Plemiona Naga i Naga lore z południowych Indii reprezentują kulturę neandertalską.

Współczesna wersja kultów wężów widoczna jest w symbolu zawodu lekarza, przedstawieniu dolara i w wolnym murze. Wolne murarstwo anglosaskie obejmuje wszystkie religie i jest pierwszą uniwersalną religią i jest neandertalskie. Populacje neandertalczyków były reprezentowane przez poszczególne grupy krwi, uniwersalny dawca O Rh -ve i AB Rh -ve, uniwersalny odbiorca.

Fenotyp neandertalczyka daje wskazówki co do pochodzenia człowieka. Plemiona Naga w południowych Indiach były hipotezowane, że pochodzą ze starożytnej lemuryjskiej masy ziemskiej, która została rozbita przez tsunami i trzęsienia ziemi. Pozostałości fenotypu neandertalskiego można zobaczyć u australijskich aborygenów, nowozelandzkich Maorysów, Dravidiańskich Tamilów i Nairów. Społeczeństwa te są w przeważającej mierze matriarchalnymi i wężowymi wyznaniami. Homo neandertalczyk być może powstawał w Lemuriański oceanarium masa popierać the teoria the wodny małpa początek ludzie. Przyjęta teoria o pochodzeniu człowieka postuluje pochodzenie człowieka od naczelnych na afrykańskich sawannach. Kilka punktów daje wskazówkę co do pochodzenia gatunku ludzkiego z wody. Zachowanie neandertalczyków można porównać do zachowania małp bonobo lub lemurów widzianych na starożytnym kontynencie lemuriańskim. Homo neandertalczyk pochodziłby od małp bonobowatych w zacofanych wodach Lemurii komunikujących się z morzem. Małpy bonobo z powodu braku pokarmu zaczęłyby żerować w zacofanych wodach i w morzu na ryby i bulwy lilii wodnych. Ryby te zawierają niezbędne kwasy tłuszczowe, takie jak kwas dokoza heksaenowy, a bulwy zawierają dużo węglowodanów. Mózg jest uzależniony wyłącznie od węglowodanów i ciał ketonowych dla energii. Niezbędne kwasy tłuszczowe zwiększają wzrost mózgu. Wzrost mózgu u ludzi nazywa się encefalizacja, która jest bardziej niż u naczelnych i jest równoznaczna ze wzrostem ssaków morskich, takich jak delfiny i wieloryby. Małpy bonobo wlatywały do wody i stały w wodzie generując zjawiska dwunożności. Uwolniłoby to ich ręce do łowienia ryb i łamania skorupiaków w celu wytworzenia pożywienia. Uwolniłoby to również ręce do zbierania i zjadania bulw roślin wodnych. Gatunkom ludzkim, w przeciwieństwie do naczelnych, brakuje włosów, ale podobnie jak ssakom wodnym. Gatunki ludzkie mają zwiększoną zawartość tłuszczu podskórnego, podobnie jak ssaki wodne i w przeciwieństwie do ssaków naczelnych. Ludzie mają ekrynowe gruczoły potowe i gruczoły łzawiące przydatne w środowisku wodnym. Tchawica ludzka jest umieszczona w dolnej części szyi, w przeciwieństwie do tchawicy u ssaków naczelnych, gdzie jest bardziej nosowa. Język ludzki wskazuje na wodne pochodzenie dla gatunku ludzkiego. Aby język ludzki mógł się rozwijać, musisz świadomie kontrolować swój oddech, który nie istnieje u ssaków naczelnych, ale u ludzi i ssaków wodnych. Ludzie mają odruch nurkowy. Gładka skóra z nielicznymi włosami i grubym tłuszczem podskórnym jako izolacja wskazuje na wodne pochodzenie dla ludzi takich jak wieloryby i delfiny wodne. Również nogi i ręce z pajęczyną wskazują na pochodzenie wodne. Gruczoły łojowe z ich tłustą wydzieliną wskazują na wodoszczelność u ludzi i pochodzenie wodne. Homo neanderthalis w odróżnieniu od homo sapiens jest raczej typem pływania w wodzie. Homo neanderthalis miał dłuższe płuca i zwiększoną pojemność oddechową, co ułatwiało mu nurkowanie w wodzie i pływanie w niej. Homo neanderthalis ze względu na swój fenotyp SLOS i albinizm miał niedobór witaminy D. Witamina D jest syntetyzowana z cholesterolu. Homo neandertalczyk był cienki w porównaniu z homo sapiens bogatym w witaminę D. Długie płuca i cienka kość pomagały homo neandertalczykom unosić się w wodzie. Pochodzenie zatok przynosowych polegało na tym, że gatunek ludzki trzymał głowę nad wodą. Zachowania seksualne człowieka są jak u ssaków wodnych i w przeciwieństwie do ssaków naczelnych z przednią częścią populacji. Wszystkie te różnice wskazują na wodne pochodzenie człowieka lub hipotezę o wodnym pochodzeniu małpy. Homo neandertalczyk pochodzi od małp bonobo Lemuriańskich, które wlatywały do wody w poszukiwaniu pożywienia. Zachowania seksualne i rozwiązłość małp bonobo oraz alternatywna seksualność są porównywalne z homo neanderthalis. Homo neanderthalis powstaje w wyniku archeologicznej endosymbiozy. Wody oceanu i rozlewisk są bogate w morskie archaiki, które są zdolne do acetogenezy i metanogenezy. Wody zacofane i morze półwyspu południowoazjatyckiego są bogate w aktynowce, bathyarchaeota. Są one zdolne do acetogenezy i są źródłem węgla organicznego. Aktynowce tworzyłyby rusztowania do tworzenia złożonych cząsteczek życia, takich jak RNA, DNA, białko, izoprenoidy i złożone węglowodany. To produkowałoby wiroidy RNA, wiroidy DNA, izoprenoidalne organizmy i priony na aktynowskich powierzchniach, które miałyby symbiozę do tworzenia archaicznych i ewentualnie wielokomórkowych organizmów. Organizmy wielokomórkowe powstające na abiogenetycznych powierzchniach aktynidalnych w połączeniach wsteczno-oceanicznych widzianych w południowych Indiach półwyspu, które oderwały się od lądu lemuryjskiego, wyewoluowałyby w eukarioty, prokarioty, wielokomórkowe organizmy i symbiotyczne rośliny/zwierzęta. Małpy bonobo lemuryjskie wyewoluowałyby w homo neandertalis na skutek archaicznej endosymbiozy na aktynowych wybrzeżach zacofanych, jeziorach i oceanach półwyspu indyjskiego. Resztki homo neanderthalis widziane są u australijskich aborygenów, Maorysów i Dravidian, którzy są matriarchalnymi i wężowymi czcicielami. Wodna małpa i homo neandertalczyk ewoluowałyby w aktynowskich piaszczystych brzegach zacofanych wód i jeziorach Lemurii i półwyspu Indyjskiego. Społeczności Dravidian są matriarchalne i żeńskie dominujące. Tam być wysoki stopień consanguinity i inbreeding w Dravidian matrilineal społeczność. Parthenogeneza był dominująca w takich społecznościach z matriarchicznymi zespołami produkującymi męskie eunuchy i oshtoran syndromy. Homo neanderthalis jadł dietę mięsożerną. Zęby były dłuższe w porównaniu z homo sapiens, a kły wyraźniejsze niż kły węży. Krowy i byki były udomowione przez homo neandertalczyków, którzy pierwotnie byli myśliwymi i wojownikami polującymi na mamuty. Udomowienie krów i byków powodowało wysokie spożycie mleka i mięsa, w tym wołowiny. Doprowadziło to do wykształcenia się dorosłej populacji odpornej na laktozę. Gen tolerancji na laktozę powstał 12 000 lat temu. Związek pomiędzy krowami a neandertalczykami można określić jako pasożytniczą symbiozę obligatoryjną. Pochodzenie kultu krów i byków w półwyspie indyjskim może być z nim powiązane. Zwiększone spożycie mięsożernego mleka i mięsa powodowało zwiększone spożycie tryptofanów i katabolizm, generując więcej kynurenin produkujących immunosupresję i ucieczkę immunologiczną niezbędną do partenogenezy. Tłumienie immunologiczne powodowało również zimną krew neandertalczyków do przetrwania w zimnym, wodnistym klimacie. Elementy tej kultury są nadal widoczne w matriarchalnych Dravidian społeczności półwyspu indyjskiego. Aktynoidalne brzegi morza i zacofane brzegi półwyspu Indie są miejscem, z którego pochodzi homo neandertalczyk lub małpa wodna. Kultura Półwyspu Dravidiańskiego jest matriarchalna i tradycje religijne nadal trwają z kulturą czczenia węży. To może być nazwany jako syrena kultury.

Bezwłosość ludzka, gruby tłuszcz podskórny, pajęczyny w stopach i palcach, kształt nozdrza - wszystko to wskazuje na wodniste pochodzenie rasy ludzkiej na namorzynowych bagnach, zacofalniach i morzach. Obecność odruchu nurkowego u ludzi, pocenie się, łzawienie, opadanie krtani ludzkiej w szyi, wzorce układu włosowego, obecność błony dziewiczej i kazeiny vernix u dzieci takich jak foki wskazują na wodniste pochodzenie dla człowieka. Zachowania reprodukcyjne ludzi z populacją czołową, taką jak ssaki wodne, wskazują na wodniste pochodzenie u ludzi. Małpy człekokształtne zeszły z drzew i przeszły przez fazę akwaborealistyczną, gdzie przebiły się przez bagna żerując na mięczakach, owocach i rybach wytwarzających dwunożne zwierzęta. Konieczność wydalania dużej ilości soli w wodzie morskiej lub słonawej prowadzi do powstania łez i ekrynowych gruczołów potowych. Nos ludzki jest wystający w przeciwieństwie do nosa ssaków naczelnych, aby chronić go przed wodą. Ludzka bezwłosość, gęsty podskórny tłuszcz i pocenie się wskazują na wodniste pochodzenie dla człowieka i dwunożność. Encefalizacja mózgu była spowodowana dużym spożyciem kwasów tłuszczowych omega 3 i omega 6 z ryb. Ludzka szczęka jest krótka z krótkimi zębami, w przeciwieństwie do szympansów wskazujących na jedzenie morskiej żywności. Wszystkie nagie ssaki są wodne jak delfin, manatee, słoń, świnia i nosorożec. Ludzie są jedynymi nagimi małpami. Zwiększony podskórny tłuszcz lub blubber u niemowląt ludzkich oraz maź płodowa u niemowląt wskazują na wodniste pochodzenie dla gatunku ludzkiego. Ludzie mają gruczoły łzawiące i gruczoły potowe, które wydalają sól w środowisku morskim. Dzieci ludzkie są pulchne z 16-procentową zawartością tłuszczu w organizmie, a mleko ludzkie zawiera 25-procentową zawartość tłuszczu. Dzieci przewracają się na swoim ciele i pływają w wodzie z nosem w powietrzu. Fakt, że ludzkie dzieci potrafią pływać, wskazuje na wodniste pochodzenie gatunku ludzkiego. Ręka szympansa jest lekka i mocna do zwisania z drzewa. Ręka ludzkiego dziecka jest zbyt ciężka i słaba i może chwytać się za włosy matki podczas pływania w wodzie. Ludzkie dzieci wykształciły reakcję chwytania dla tego typu ewolucji. Samica gatunku ludzkiego ma długie, tłuste, pokryte łojem włosy na skórze głowy. Niemowlęce szympansy mają mocną szyję, która jest utrzymywana na stałym poziomie. Ludzkie dziecko osiąga stabilną szyję w wieku sześciu miesięcy, ale jeśli dziecko zostanie umieszczone w wodzie, szyja staje się silna. Ludzka mowa powstała w wyniku świadomej kontroli oddychania, której szympans nie jest w stanie osiągnąć. Mowa zawdzięcza swoje powstanie również położeniu krtani w szyi. Szczypce chwytające człowieka zostały opracowane w celu wydobywania mięsa z muszli ryb i małży, co nazywane jest precyzyjnym chwytem. Teoria ta została wysunięta przez Elaine Morgan. W rozlewiskach znajdują się lilie wodne i bulwy, których korzenie były spożywane przez prymitywnych ludzi wraz z rybami, małżami, ślimakami i rybami w skorupkach. Korzenie i liście lilii wodnej i lotosu zawierają alkaloidy, takie jak nupharyn i aporfina, które są psychoaktywne i wywołują stan snu neandertalczyków. The lotos i lilie wodne kojarzyć z tworzenie mit jak the słońce Bóg Ra wyłaniać się od the lotos w primordial woda i the Brahma the twórca siedzieć na the lotos. Homo neandertalczyk pojawił się jako pierwszy na lemurskiej ziemiance, która była bardziej podobna do wielkiej wyspy, podatnej na rozbijanie się na niezależne lądowiska z powodu rozległych tsunami w tym regionie. Doprowadziło to do chowu wsobnego u neandertalczyków, co doprowadziło do utraty różnorodności genetycznej i ekspresji genów reptiliańskich. Przyczyniłoby się to również do ewentualnego wyginięcia neandertalczyków. Małpa wodna pojawiłaby się jako homo neandertalczyk na lądzie lemurskim i w jego odosobnionych regionach, takich jak zacofane wody połączone z morskimi regionami Kerali z piaskami aktynowców. Wskazuje na to wytrwałość społeczeństwa matrilinowego w Dravidianach z Kerali i wykrywanie endosymbiotycznych archaicznych we krwi populacji Kerali. Psychometryczny iloraz neandertaliczny jest wysoki w populacji Kerala z dużą częstością występowania autyzmu. Matematyczność i pokrewieństwo jest powszechne w populacji Dravidian Nair w Kerali. Drawidianie mają tendencję do posiadania fenotypu neandertalczyka. The Dravidian Nairs postulować mieć Scythian początek. Kult wężów, muzyka wężowa i tańce wężowe są powszechne w Kerali. Społeczności w Kerali są w większości mięsożerne i spożywają wołowinę. Kultura w Kerali jest bardziej tolerancyjna i Keralici migrują na całym świecie i mieszają się z różnymi społecznościami. Tolerancja i inkluzywność jest cechą ilorazu NQ. Świątynie wężowe są szeroko rozpowszechnione w Kerali. Kerala ma większą częstość występowania neandertalskich sekwencji genomowych związanych z chorobami takimi jak autyzm, schizofrenia, ADHD, uzależnienia, zespół metaboliczny, choroby autoimmunologiczne i nowotwory. To jest kuszące, aby zlokalizować pochodzenie wyprostowanej małpy wodnej w rozległych zacofanych wodach i jeziorach Kerala z jego połączeń z morzem i jego aktynowców piasku bogate brzegi. Wody zacofane są bogate w świeże ryby i małże i lilie wodne i lotosy dając bulwy i korzenie. Homo neanderthalis wyewoluował z archeologicznej endosymbiozy i archaiki morskie są dominujące w morzach Oceanu Indyjskiego i zacofalniach Kerali. Kult węża jest dominującym tematem w kulturze Dravidian Nair, a wąż Bóg Anantha jest dominującym bóstwem. To kusi nas do spekulacji na temat pochodzenia dwunożności, gatunku ludzkiego i homo neandertalczyków w Kerali.

Pochodzenie małpy wodnej wskazuje na dominującą rolę samicy tego gatunku w ewolucji człowieka. Ludzkie teorie ewolucyjne skupiają się na samcach zbieraczy myśliwych i narzędziowców. Wodne pochodzenie bipedalizmu i gatunku ludzkiego wskazuje na dominującą rolę kobiety w ewolucji człowieka. Anatomia ciała samic z wiszącymi gruczołami sutkowymi i zaokrąglonymi gluteriami jest przeznaczona do unoszenia się na wodzie i pływalności, a nie do seksualnego przyciągania. Prowadzi to do ginekocentrycznego podejścia do ewolucji, w przeciwieństwie do podejścia androcentrycznego. Ewolucja była w zasadzie przeznaczona do ochrony i wychowania dzieci. Ludzie ewoluowali na bagnach, w wodach zacofanych i morzu i nie są biologicznie ani społecznie gorsi od mężczyzn. Homo neandertalczycy mają cechy odmienne od szympansów. Wzorce społeczne homo neanderthalis można porównać do małp bonobo. Społeczeństwo małp bonobo jest zorientowane na kobiety i egalitarne. Seks jest częścią relacji społecznych i służy jako substytut agresji. Małpy bonobo mają różne rodzaje seksualności heteroseksualnej, od samca do samca i od samicy do samicy. Częstotliwość interakcji seksualnych jest większa, ale tempo rozrodu małp bonobo jest takie samo jak szympansów. Szympansy rozwijały się na otwartej, suchej sawannie, podczas gdy małpy bonobo nadal żyły na drzewach i wisiały na drzewach. Drzewiaste siedlisko małp bonobo prowadzi je do ewolucyjnej formy życia, w której mogą zwisać z namorzynowych drzew na bagnach i ostatecznie brodzić w wodzie. Małpy bonobo są małpami świniowatymi, których samce ważą 43 kg, a samice 33 kg. Są wszystkożerne i jedzą owoce, małą ilość kręgowców i bezkręgowców. Mają fantazyjną zabawę i uprawiają seks w pozycjach misyjnych. Mają bardzo zróżnicowaną seksualność i zachowania grupowe. Seks był środkiem do nawiązywania stosunków społecznych. Samice bonobo łączyły się między sobą i prowadziły wspólnotę. Mężczyzna bonobo jest przywiązany do swojej matki i zależy od niej w kwestii ochrony przez całe życie. Społeczeństwo bonobo można porównać do matriarchalnego żeńskiego dominującego społeczeństwa neandertalskiego.

Dominujący model kobiecej ewolucji człowieka stawia pytanie, kto wyewoluował pierwszy - mężczyzna czy kobieta. Oryginalne skamieniałości gatunku ludzkiego są w przeważającej mierze żeńskie, a skamieniałości męskie ewoluowały po miliardach lat. Oryginalny gatunek ludzki stanowiłby skupisko samic dwunożnych w wodach bagiennych żerujących na bulwach lilii wodnych i lotosu oraz rybach, małżach i skorupiakach. Samice mogą rozmnażać się poprzez partenogenezę jak zwierzęta niższe. Dlatego naturalne jest, że samice gatunku rozwijają się jako pierwsze. Związek seksualny w takich samicach tylko w primodialnych społeczeństwach był lesbijski. Ewolucja samców nastąpiła w późniejszym czasie. Model macho ewolucji człowieka z samcem łowcy i samcem narzędziowca oraz samicą wspólnikiem ewoluującym razem jest bardzo mało prawdopodobny. Kolejny etap ewolucji człowieka został postulowany jako międzygatunkowe hybrydy. Został on przedstawiony przez Eugene'a McCarthy'ego. McCarthy wskazał na kilka cech mężczyzn ludzi podobnych do świń. Organy wieprzowe mogą być przeszczepiane ludziom bez odrzucenia. Świnie takie jak ludzie są bezwłose, mają grubą warstwę podskórnego tłuszczu, wystający nos i ciężkie rzęsy oczu. Genetyczna sekwencja świń zawiera podobny element SINE ALU jak u ludzi. Zjawisko przekraczania bariery gatunkowej jest reprezentowane przez powstawanie epidemii świńskiej grypy u ludzi. Wczesna dwubiegunowa samica tylko gatunku ludzkiego wygenerowałaby międzygatunkowe mieszańce świń ludzkich. W ten sposób powstałyby międzygatunkowe mieszańce samców i samic. Organ płciowy samca odpowiada ogonowi ssaków. Podobnie organy płciowe takich gatunków jak węże odpowiadają pączkom kończyn. Zarodek ludzki w różnych stadiach rozwoju można porównać do ryb, płazów i zwierząt niższych. Międzygatunkowa hybryda doprowadziłaby do rozwoju samca i samicy tego gatunku. Ssaki wodne, takie jak krowy, byki, świnie, słonie, nosorożce, żółwie, krokodyle, węże wodne i żółwie olbrzymie przyczyniłyby się do powstania międzygatunkowych hybryd. Wygenerowałoby to populację dwunożnych samców i samic na bagnach o różnych rodzajach interakcji seksualnych - heteroseksualnych, biseksualnych, homoseksualnych i lesbijskich. Różnorodność genetyczna jest wymagana, aby gatunek mógł przetrwać. Tak więc heteroseksualność jako sposób zachowania seksualnego stałaby się akceptowalna dla społeczeństwa jako takiego. Opisano koniugację bakteryjną i archeologiczną z komórkami ludzkimi. Chimery ludzi i zwierząt zostały wyprodukowane w laboratoriach. W laboratoriach ludzkich wytworzono międzygatunkowe hybrydy i wyprodukowano populacje. Międzygatunkowe mieszańce obejmują dzo między jakiem a bydłem, zubron między krową a żubrem, cama między wielbłądem a illamą, jakulo między jakiem a bawołem, owce-kozy i muły. Przykładem tego jest Roślina Małp Człekokształtnych. Międzygatunkowe mieszańce byłyby chronione przed izolacją i zniszczeniem przed- i po-cygotycznymi zjawiskami immunosupresji i ucieczki immunologicznej za pośrednictwem tryptofanu katabolitu kynureniny. Dieta ryb w wodach bagiennych jest bogata w tryptofan. Hinduski mit o stworzeniu ryby Matsya, żółwia Koorma, dzika Varaha i lwa Narasimha wskazują na pokolenie międzygatunkowych hybryd jako główny linczowy punkt ewolucji. Pokolenie ludzkiej struktury mózgu również zależy od międzygatunkowej hybrydyzacji. Kompleks reptiliański mózgu jest dominujący u neandertalczyków. Kompleks reptilianów jest widoczny u amniotów, do których należą ssaki, gady i ptaki. W skład kompleksu wchodzą zwoje podstawne, pnia mózgu i móżdżek. Stanowi to podstawę zaburzeń poznawczych móżdżku afektywnych u neandertalczyków. Mózg reptilianów jest miejscem wyobraźni, intuicji, instynktu, kompulsywności i marzeń. Komunikuje się on za pomocą symboli i archetypów. Jest miejscem obsesyjnego nieładu kompulsywnego, przesądów, rytuałów, niewolnictwa i konformacji do wszelkich czynności. Jest to miejsce terytorialności, agresji, rasizmu, przemocy i hiperseksywności. Kompleks reptiliański dominuje u płazów, ryb i gadów. Mózg neandertalski ma zanik kory mózgowej i dominację móżdżku. Mózg gadów i geny gadów raptiliańskich dominują u neandertalczyków, co wskazuje na hybrydyzację międzygatunkową pierwszych ewoluujących samic neandertalskich i tylko samic matriliniowych społeczeństwa neandertalskiego. Hybrydy międzygatunkowe oznaczają znaczenie nawet palcowych zwierząt kopytnych, takich jak świnie i bydło, w kulturze i religii człowieka. Do kopytnych parzystokopytnych zalicza się bydło, świnie, jelenie, wielbłądy, owce, kozy i hipopotamy. Kopytne parzystokopytne to nosorożec i konie. Walenie wodne, takie jak wieloryby, delfiny i purpura, wyewoluowały z parzystych zwierząt kopytnych. Delfiny mogą komunikować się z ludźmi. Walenie wodne i nawet palce tworzą razem rodzinę zwaną cetardiodactyla. Parzystokopytne tworzą duże grupy społeczne z hierarchią, grupami haremowymi i kawalerskimi. Zaznaczają swoje terytorium poprzez wydzielinę gruczołową. Zwierzęta kopytne potrafią pływać, a wieloryby i delfiny galopować w wodzie. Antygeny świń są bardzo podobne do antygenów ludzkich, a organy świń mogą być ksenotransplanowane na ludzi. Odrzucenie jest spowodowane obecnością retrowirusa u świń, który infekuje ludzi. Celowe usunięcie retrowirusowego DNA od świń sprawia, że świnia jest cennym źródłem do przeszczepu organów. Retrowirusowo usunięta świnia została sklonowana i rozwinięta do embrionów i wszczepiona do loch. Świnie służą jako rezerwuar dla ludzkich narządów do przeszczepów. Organy wieprzowe mogą być przeszczepione ludziom, jeśli są uodpornione na surowicę ludzką. Surowica końska jest wykorzystywana do wytworzenia przeciwciał przeciwko tężcowi i anty-venom węża. Spożywanie wołowiny prowadzi do rozwoju choroby prionowej u ludzi. Insulina świńska może być wstrzykiwana ludziom, a świńskie zastawki mogą być przeszczepiane ludziom. Produkty krowie, takie jak mleko, gnój i mocz, są stosowane jako leki dla ludzi. Ludzkie komórki macierzyste wstrzykiwane do embrionów świń powodują rozwój chimer ludzkich świń. Ta ludzka świńska chimera może być użyta do przeszczepu organów. Rozwój embrionów ludzkiej chimery wolframowej wskazuje na znaczenie hybrydyzacji międzygatunkowej w ewolucji człowieka. Oznacza to kult krowy jako Kamadhenu lub matki bogini w kulturze hinduskiej, kult Wisznu, dzika jako jednego z awatarów Wisznu oraz religijny związek pomiędzy szatanem a świniami w religiach semickich. The Hinduski gwiazda znak w religia i astrologia mieć figuratywny zwierzę przedstawienie.

Małpa wodna ewoluowała od małp bonobo do homo neandertalczyków w słonawych wodach tylnych półwyspu Indyjskiego. Neandertalczycy wyewoluowali przez archeologiczną endosymbiozę. Archaiki mogą utleniać cholesterol i amoniak dla swojej energii. Archeaea wiąże się z receptora opłat produkuje dysfunkcję mitochondriów i hamuje cykl TCA i wynikającą z tego aktywację szlaku glikolitycznego dla energetyki. Wytwarza to metaboliczny fenotyp Warburga w homo neandertalis. Homo neandertalis jest uzależniony od utleniania organizmu ketonowego w celu zaspokojenia jego potrzeb energetycznych i utrzymuje się na diecie ketogenicznej. Spożywanie diety ketogenicznej powoduje katabolizm aminokwasów i wytwarzanie amoniaku, który może być utleniony przez archaika dla jego potrzeb energetycznych. Amoniak może łączyć się z dwutlenkiem węgla produkującym mocznik, na który może oddziaływać ureaza archeologiczna generująca amoniak ponownie. Mocznik może hamować funkcje mitochondriów i produkować modulację białek poprzez karbomylowanie. Może więc wpływać na metabolonom. Zahamowanie cyklu TCA kieruje acetyl CoA do szlaku mewalonianu syntetyzującego cholesterol, który może być utleniony przez archaika dla jego potrzeb energetycznych. Utlenianie pierścienia cholesterolowego generuje pirogronian, który jest aktywowany przez SGPT generujący glutaminian, który jest katabolizowany przez dehydrogenazę glutaminianu generującą amoniak. Amoniak może być utleniany przez archaiki ze względu na swoją energetykę. Amoniak może być również przetwarzany na mocznik w cyklu mocznikowym do przechowywania amoniaku. Karbomylowanie białek za pośrednictwem mocznika prowadzi do dysfunkcji komórek somatycznych i wynikającego z tego przejęcia ludzkich komórek przez endosymbiotyczne archaiki produkujące zespół zombie z maszynerią komórkową przejętą do syntezy i utleniania cholesterolu, jak również do tworzenia i utleniania amoniaku, który służy archeologicznej energetyce. Mocznik służy jako substrat do przechowywania amoniaku. Małpa wodna ewoluowała w słonawych wodach zacofanych półwyspu indyjskiego i Kerali. Małpa wodna wyewoluowała z małp bonobo i ostatecznie rozwinęła się w homo neandertalczyka. Homo neanderthalis i małpa wodna miały wodny dom słonawej wody, a mocznik służył jako podłoże do zrównoważenia zawartości soli w płynach ustrojowych z wysoką zawartością soli w słonawej wodzie. Małpa wodna i homo neandertalczyk żywiły się rybami, małżami, krabami, a także bulwami roślin wodnych i ten zwyczaj nie wymagał silnych samców i był wykonywany głównie przez samice. Archeologiczny katabolizm cholesterolowy powodował u małp wodnych niski poziom hormonów płciowych, a homo neandertalis produkował fenotyp bezpłciowy z naprzemiennymi zachowaniami płciowymi. Ta kolonia fenotypów bezpłciowych była matriarchalna i dominująca płciowo, a w jej skład wchodziły głównie grupy posłusznych eunuchów płci męskiej. Wysoka zawartość soli w organizmie spowodowana życiem w słonawych wodach posłużyła do wywołania u dominującej samicy partenogenezy. Synteza mocznika z amoniaku była również istotna w indukcji procesu partenogenezy. Mocznik może indukować rozwój żeńskich komórek płci żeńskiej do rozwoju zarodków partenogenetycznych. Mocznik może sprzyjać transformacji, jak również zachowaniu komórek macierzystych i zarodkowych. Endosymbiotyczne archaiki mogą powodować transformację komórek zarodkowych, jak również transformację komórek macierzystych i indukować partenogenezę. Partenogeneza byłaby dominującą formą rozmnażania u małp wodnych i homo neandertalczyków. Synteza mocznika może zachodzić w wątrobie, skórze i mózgu homo neandertalczyków oraz w pewnym stopniu w homo sapiens. Mózg homo neandertalczyka ewoluował w wyniku endosymbiotycznej endosymbiozy magnetotaktycznej. Archaiki magnetotaktyczne i porfiryny mogą wytwarzać zwiększoną absorpcję niskich poziomów EMF, powodując zanik korowy i dominację móżdżku. Wytwarza to móżdżkowe zaburzenie poznawcze afektywne homo neandertalicznego fenotypu mózgu z jego impulsywnym zachowaniem, wycofaniem społecznym, kreatywnością i autystycznymi, jak również schizofrenicznymi fenotypami. Endosymbiotyczne archaiki wykorzystują amoniak jako substrat energetyczny, a amoniak jest przechowywany w cząsteczce mocznika do wykorzystania w miarę potrzeb. Synteza mocznika w mózgu homo neandertalczyka jest pod tym względem znacząca i służy do celów endosymbiotycznej energetyki archaea. Mózg homo neandertaliczny może być uważany za kwantową, obliczeniową kolonię magnetotaktyczną. Komórki i obwody neuronalne homo neandertalczyka są przekształcane w obwody zombie przez karbomylowanie neuronów i białek synaptycznych przez mocznik mózgu. Tak więc synteza mocznika w mózgu ma ogromne znaczenie dla funkcjonowania magnetotaktycznej kolonii archeologicznej zdominowanej przez mózg homo neandertalczyków. Synteza mocznika ma również duże znaczenie w adaptacji małpy wodnej i homo neandertalczyków do słonych wód słonawych w Kerali oraz w utrzymaniu równowagi między zawartością sodu w płynach ustrojowych a słoną wodą słoną. Cząsteczka mocznika jest również ważna w generowaniu i zachowaniu komórek macierzystych i zarodkowych oraz ich partenogenetycznej indukcji niezbędnej do tworzenia zarodków przez rozmnażanie bezpłciowe. Tak więc utlenianie amoniaku i synteza mocznika jest kluczowa w endosymbiotycznej energetyce archeologicznej, która ożywia rusztowanie zombie neandertalskiego ciała i mózgu, utrzymanie sieci magnetotaktycznych kolonii archeologicznych, które funkcjonują jako siła sterująca w neandertalskim mózgu zombie oraz w generowaniu komórek macierzystych i zarodkowych, a także w indukcji partenogenezy.

Archealna endosymbioza powoduje neandertalizację gatunku. Archaika może aktywować enzym AMPK (kinaza monofosforanowa adenozyna). Neandertalczycy spożywali ketogenną dietę nie wegetariańską bogatą w tłuszcze i białka. Ketogeniczna dieta neandertalczyków może indukować aktywację AMPK. Fenotyp małży wodnych zjadł wiele ryb w diecie, a kwasy tłuszczowe ryb mogą powodować aktywację AMPK. Fenotyp małpy wodnej zjadł również wiele bulw roślin zacofanych, takich jak lotos i lilie wodne, zawierających dużą ilość glukomannanu, który wytwarza aktywację AMPK. Bulwy roślin wodnych zawierają dużą ilość błonnika, którego trawienie generuje krótkołańcuchowe kwasy tłuszczowe, takie jak octan, maślan produkujący aktywację AMPK. Aminokwasy i kwasy tłuszczowe mogą indukować aktywację AMPK. Aktywacja AMPK może indukować stany niskiego poziomu glukozy i braku tlenu w epoce lodowcowej. Neandertalczycy mieli fenotyp dominujący w móżdżku o zwiększonej aktywności współczulnej wytwarzający impulsywny strach, ucieczkę, fenotyp walki. Katecholaminy - epinefryna i noradrenalina oraz dopamina mogą wytwarzać aktywację AMPK. Aktywacja AMPK może skutkować jednoczesną aktywacją mtora, co prowadzi do dendrytycznych wad cięcia kręgosłupa i autystycznego mózgu neandertalczyka. Aktywacja AMPK skutkuje jednoczesną aktywacją HIF alfa i indukcją fenotypu Warburga i fenotypu komórek macierzystych. Aktywacja AMPK może indukować uwolnienie białek UCP od fosforylacji oksydacyjnej, prowadząc do dysfunkcji mitochondriów. Aktywacja AMPK prowadzi do zwiększenia katabolizmu i zmniejszenia anabolizmu. Aktywacja AMPK prowadzi do utraty masy ciała. Aktywacja AMPK może również prowadzić do zwiększonej sygnalizacji insuliny i aktywności IGF. Nasila się glikoliza, utlenianie kwasów tłuszczowych i aminokwasów. Synteza białek jest zahamowana. Aktywacja AMPK zmniejsza syntezę kwasów tłuszczowych, cholesterolu i trójglicerydów oraz zwiększa ich rozkład. Zwiększone utlenianie aminokwasów prowadzi do katabolizmu tryptofanowego, w wyniku którego powstają zwiększone ilości kynurenin, które są ważne w procesie ucieczki immunologicznej i partenogenezy. Aktywacja AMPK, w wyniku której powstaje fenotyp komórek macierzystych, prowadzi do generacji komórek zarodkowych. Aktywacja AMPK może aktywować oocyt do rozwoju zarodków partenogenetycznych. Aktywacja AMPK może zwiększać wewnątrzkomórkowe oscylacje wapniowe, zwiększać wewnątrzkomórkową ROS i stosunek AMP/ADP powodując szokową i falową aktywację oocytów wytwarzających partenogenezę. Aktywacja AMPK może hamować układ odpornościowy wytwarzający ucieczkę immunologiczną i partenogenetyczną embriogenezę. Aktywacja AMPK może zwiększyć długość życia gatunku i zachować fenotyp neandertalczyka. Aktywacja AMPK może wytworzyć ochronę serca i neuroprotekcję. Aktywacja AMPK jest ważna dla płodności, transformacji komórek macierzystych i generowania komórek zarodkowych. Aktywacja AMPK może rozdzielić fosforylację oksydacyjną, jak również spowodować biogenezę mitochondriów. Aktywacja AMPK ma działanie antyoksydacyjne poprzez indukowanie NRF 2, dysmutazy nadtlenkowej i UCP. Aktywacja AMPK powoduje zmniejszenie generacji wolnych rodników, które pełnią rolę posłańców dla endogennej replikacji retrowirusowej. Wytwarza to sztywny genom, wadliwą łączność synaptyczną i zanik kory mózgowej. Aktywacja AMPK indukuje glikogenolizę i hamuje glikogenezę. Aktywacja AMPK zwiększa również transport glukozy. Fosforylacja oksydacyjna mitochondriów jest blokowana przez aktywację AMPK poprzez indukcję białek UCP. Glukoza jest przekształcana w fruktozę przez reduktazę aldozową i dehydrogenazę sorbitolową indukowaną przez archaiki i trafia do szlaku fruktolitycznego. Powoduje to fruktozemię i zwiększoną syntezę lipidów i mukopolisacharydów, co prowadzi do powstania zespołu hibernacji charakterystycznego dla metabolizmu neandertalskiego. Aktywacja AMPK skutkuje również zahamowaniem syntezy białek i zwiększeniem autofagii/mitofagii oraz odnową organizmu, zwiększając żywotność gatunku. W ten sposób indukowana przez archaika aktywacja AMPK prowadzi do wygenerowania gatunku partenogenetycznego, który jest dominującym gatunkiem żeńskim i macierzyńskim.

Sprowokowana klimatem endosymbioza archeologiczna prowadzi do transformacji komórek macierzystych i generowania komórek zarodkowych prowadzących do partenogenezy. Prowadzi to do dysfunkcji mitochondriów i aktywacji glikolitycznej przyczyniającej się do powstania fenotypu Warburga. Mikrozarodki pasożytują na różnych tkankach, takich jak mózg, serce, wątroba i płuca. Mikrozarodki zawierają kropelki lipidowe organelle, które tworzą rezerwuar do replikacji archeologicznej. Fenotyp Warburga prowadzi do blokady dehydrogenazy pirogronianowej i cyklu TCA. Pirogronian kierowany jest do szlaku bocznicowego GABA generując sukcynylowy koagulant. Indukowany przez fenotyp Warburga wzrost glikolizy prowadzi do wytworzenia fosfogliceranu, seryny i glicyny. Glicyna może łączyć się z kwasem sukcynilowym generującym delta aminokwas lewulinowy, który stanowi podstawę syntezy porfiryn. Porfiryny mogą stanowić wzorzec dla tworzenia się wiroidów RNA, wiroidów DNA i prionów, a także organizmów lipidowych izoprenoidów. Wszystkie one symbiozują z archaicznymi organizmami poprzez szablonową replikację. Archaiki zawierają magnetyt i porfiryny, które są zdolne do absorpcji niskiego poziomu EMF. Prowadzi to do kwantowej percepcji niskiego poziomu EMF prowadzącej do zanikania korowego i dominacji móżdżku, które charakteryzowały mózg neandertalczyka. Neandertalczycy mają tendencję do występowania zaburzeń poznawczych afektywnych w móżdżku. Sieć archeologiczna w kroplach lipidowych w mózgu jest zdolna do transportu intersynaptycznego i funkcjonuje jako gigantyczna magnetotaktyczna kolonia archeologiczna w mózgu zombie i kontroluje funkcje mózgu. Olbrzymia neuronowa kolonia magnetotaktyczna jest zdolna do kwantowej percepcji i świadomości. To powoduje, że to, co nazywa się syndromem zombie. Fenotyp Warburga, który jest generowany przez endosymbiotic archaea prowadzi do przekształcenia komórek zarodkowych i komórek macierzystych i parthenogeneza. Partenogenetyczne mikrozarodki wraz z ich lipidową kroplą organelle zbiornik archaea tworzy podłoże mózgu neandertalskiego i jego zawartość magnetytu i porfiru jest w stanie kwantowej percepcji i świadomości. Może to prowadzić do powstawania fenotypów schizofrenicznych i autystycznych. Mikrozarodki partenogenetyczne z ich fenotypem Warburga badające wiele tkanek wytwarzają stan patogenetyczny. Fenotyp Warburga może wytwarzać insulinooporność i cukrzycę, a także zakrzepicę naczyniową. Fenotyp Warburga i partenogeneza mogą prowadzić do onkogenezy. Fenotyp Warburga i zarodki partenogenetyczne mogą prowadzić do choroby autoimmunologicznej. Fenotyp Warburga i zwiększona glikoliza powodują aktywację immunologiczną. Fenotyp Warburga może prowadzić do zwiększonej glikolizy i gliceraldehydu 3-fosforanowego, za pośrednictwem którego dochodzi do śmierci komórek jądrowych i neurodegeneracji.

Somatyczna partenogeneza jest spowodowana zmianami klimatycznymi. Zmiany klimatyczne mogą powodować arktyczną endosymbiozę i archaiczną partenogenezę wywołaną przez wiroidy RNA. W odpowiedzi na stres komórki somatyczne mogą zostać przekształcone w komórki macierzyste przez endosymbiotyczne archaea. Metabolonomia komórek macierzystych - glikoliza beztlenowa, dysfunkcja PDH, dysfunkcja mitochondriów z niedoborem CoQ, dysfunkcja dehydrogenazy ketonowej o rozgałęzionych łańcuchach, homocystinuria i demitelacja genomowa, porfirie i wytwarzanie reaktywnych form tlenu, SLOS (Smith Lemli Opitz) prowadzące do zubożenia cholesterolu, niskich hormonów płciowych, niedoboru witaminy D i niedoboru kwasu żółciowego. Komórki macierzyste mogą ulegać endoreduplikacji, fuzji i pączkowania komórek oraz pękać jak bakterie wytwarzające poliploidalność. Te poliploidalne komórki mogą stać się parthogenicznymi embrionami. Komórki poliploidalne są odporne na stres i niestabilne genomowo. Komórki poliploidalne są genomowo, metabolicznie i fenotypowo różne i niestabilne. Mogą zostać przekształcone w różne tkanki, takie jak mózg, wątroba i serce, tworząc embriony somatyczne. Wielokrotne zarodki somatyczne z poliploidalnością wytwarzają liczne zaburzenia osobowości - schizofrenię, autyzm i zaburzenia nastroju. Wielokrotne zarodki somatyczne z poliploidią są antygenowe i mogą wywołać chorobę autoimmunologiczną. Wielokrotne zarodki somatyczne z poliploidiami są niestabilne genomowo i mogą produkować raka. Partogeneza może prowadzić do zmian społecznych, w tym społeczeństw matrilinowych, naprzemiennych płci i różnych tożsamości. Wielokrotne zarodki somatyczne z poliploidią są niestabilne metabolicznie i genotypowo prowadzi do neurodegeneracji. Wielokrotne zarodki somatyczne z różną niestabilnością metaboliczną mogą prowadzić do zespołu metabolicznego. Dysfunkcja mitochondriów wywołana przez wiroidy Archaea i

RNA oraz regulowana glikoliza powodują transformację komórek macierzystych komórek somatycznych. Komórki somatyczne, które są komórkami macierzystymi przekształcają się w układzie aktywacji immunologicznej oraz wydzielania cytokin, mogą zostać przekształcone w komórki kiełkowe - spermę oraz komórki jajowe. Może to prowadzić do zapłodnienia i partenogenezy. Archeologiczna digoksyna może wytwarzać wewnątrzkomórkowy niedobór magnezu i nieudaną mitozę z powodu dysfunkcji wrzeciona. To może produkować komórki poliploidalne. Komórki poliploidalne mogą przejmować funkcje komórek macierzystych. Komórki macierzyste mogą naśladować komórki linii germinalnej. Programy mejotyczne poliploidalnych komórek macierzystych mogą się aktywować generując zarodki rozszczepiające, morule, które mogą zostać przekształcone w sferoidy guza. Sferoidy mogą być przekształcone w blastocysty i zarodki po implantacji produkujące onkogenezę. Mogą również udawać, że wytwarzają przerzuty.

Neandertalczycy jedli wysokobiałkową, wysokotłuszczową dietę nie-wegetariańską, polując i zmiatając mamuty i inne zwierzęta. Spowodowało to duże obciążenie tryptofanu w układzie wytwarzającym tryptofanurię i tryptofanemię. Mięso zawiera wysoki poziom tryptofanu i hemoglobiny, które mogą indukować enzym indoleaminy 2,3-dioksygenazy i tryptofanu 2,3-dioksygenazy, które są enzymami hemu. Neandertalczycy jedli dietę o niskiej zawartości błonnika, co powodowało zmniejszenie podaży krótkołańcuchowych kwasów tłuszczowych, zwłaszcza maślanu z jelit. Maślan może tłumić indoleaminę 2,3-dioksygenazy i tryptofanu 2,3-dioksygenazy i błonnika brakuje diety w neandertalach może regulować aktywność indoleaminy 2,3-dioksygenazy i tryptofanu 2,3-dioksygenazy, co powoduje wzrost katabolizmu tryptofanu wzdłuż ścieżki kynureniny. Naturalne substancje, które są niewystarczające w diecie nie wegetariańskiej, takie jak alkaloidy mosiądzu, kurkumina, kofeina, herbata i kokaina może hamować indoleaminy 2,3-dioksygenazy i tryptofanu 2,3-dioksygenazy, która staje się ponad aktywny w neandertalach produkujących tryptofan katabolizm. Tryptofan jest metabolizowany do formyl kynureniny, hydroksykynureniny, kwasu kynureninowego, kwasu 3-hydroksyantranilowego, kwasu chinolinowego i NAD. Kynurenina może wiązać się z receptorem AHR tworząc immunomodulację i immunosupresję. Może wytwarzać tolerancję immunologiczną w przypadku embirogenezy, partenogenezy, autoimmunizacji, nowotworów, tolerancji na lipopolisacharydy i przewlekłych infekcji. Kynurenina może wytwarzać supresję komórek T i odporność prowadzącą do immunotolerancji ważnej w wyżej wymienionych stanach. W ten sposób strumień szlaku kynureniny może przyczyniać się do embirogenezy i partenogenezy poprzez wytwarzanie tolerancji immunologicznej. Guzy mogą uciec przed zniszczeniem immunologicznym poprzez tłumienie komórek NK i T. Tak więc metabolizm nowotworów zależy od aktywacji katabolizmu tryptofanu wzdłuż szlaku kynureniny. Szlak kynureninowy jest aktywowany w tolerancji na lipopolisacharydy i przewlekłe infekcje wytwarzające immunosupresję i immunotolerancję. Archealna endosymbioza zależy od immunotolerancji i immunosupresji poprzez aktywację katabolizmu tryptofanowego wzdłuż szlaku kynureninowego. Katabolizm tryptofanowy wzdłuż szlaku kynureniny może również przyczyniać się do zaburzeń psychicznych. Kynurenina blokuje receptor NMDA i receptor nikotynowy alfa 7. Prowadzi to do regulacji w dół transmisji NMDA i cholinergicznej. Kynurenina może również regulować transmisję dopaminergiczną. Prowadzi to do schizofrenii i autyzmu. Katabolizm tryptofanu wzdłuż szlaku kynureniny blokuje syntezę serotoniny z tryptofanu, przyczyniając się do zaburzeń depresyjnych i lękowych. Katabolizm tryptofanowy wzdłuż szlaku kynureninowego może prowadzić do syntezy kwasu chinolinowego i aktywacji immunologicznej, co prowadzi do autoimmunizacji, tolerancji immunologicznej i aktywacji immunologicznej. Kynurenina może wytwarzać immunosupresję i blokadę NMDA, podczas gdy kwas chinolinowy może wytwarzać aktywację immunologiczną i eksitotoksyczność NMDA. Katabolizm tryptofanowy wzdłuż szlaku kynureniny może wytwarzać kwas chinolinowy ważny w neurodegeneracji. Strumień tryptofanu wzdłuż szlaku kynureniny może generować kwas chinolinowy, który może wytwarzać niskiej klasy zapalenie i insulinooporność powodując zespół metaboliczny. Tak więc strumień tryptofanu wzdłuż szlaku kynureniny może wytwarzać choroby autoimmunologiczne, neurodegenerację, schizofrenię, depresję, autyzm, raka i zespół metaboliczny. Indukcja enzymu heme indoleaminy 2,3-dioxygenazy i tryptofanu 2,3-dioxygenazy może prowadzić do zubożenia hemu i indukcji syntazy ALA zwiększającej syntezę porfiryn i produkującej porfirie. Porfiryny mogą tworzyć samoreplikujące się porfiryny. Porfiryny tworzą szablon do tworzenia wiroidów RNA, wiroidów DNA i organizmów izoprenoidalnych, które przez abiogenezę mogą symbiotycznie tworzyć endosymbiotyczne archaiki. Indukcja indoleaminowej 2,3-dioksygenazy i tryptofanu 2,3-dioksygenazy wytwarza kynureninę, która może tłumić układ odpornościowy generując immunotolerancję i archaiczną endosymbiozę. Tak więc ładunek tryptofanu i indukcja indoleaminy 2,3-dioksygenazy i tryptofanu 2,3-dioksygenazy powoduje systemowe zaburzenia cywilizacyjne w populacji neandertalczyków. Ładunek tryptofanu i indukcja 2,3-dioksygenazy indoleaminowej i 2,3-dioksygenazy tryptofanowej może powodować tolerancję immunologiczną i immunosupresję przez kynureninę produkującą archaiczną endosymbiozę i neandertalizację gatunku. Ładunek tryptofanu i indukcja 2,3-dioksygenazy indoleaminowej i 2,3-dioksygenazy tryptofanowej może powodować immunotolerancję, która może przyczynić się do partenogenetycznej embriogenezy lub ciąży somatycznej w wielu tkankach u neandertalczyków. Ładunek tryptofanu i indukcja indoleaminy 2,3-dioksygenazy i tryptofanu 2,3-dioksygenazy może produkować autystyczne schizofreniczne plemię Neandertalczyków z partenogenezą i matriarchią.

Ewolucja neandertalczyków została określona przez archeologiczną endosymbiozę. Gatunek ludzki wyewoluował w homo neandertalczyk na podstawie archeologicznej endosymbiozy. Archeologiczna endosymbioza była mediowana przez tryptofanowy szlak kataboliczny kynureniny. Kynureniny mogą wytwarzać immunosupresję i tolerancję immunologiczną, co prowadzi do archeologicznej endosymbiozy. Szlak kynureninowy powoduje blokadę receptora NMDA, cholinergicznego receptora nikotynowego alfa 7, zmniejszenie produkcji serotoniny i zwiększenie transmisji dopaminergicznej. Wytwarza to autystyczne, schizofreniczne plemię neandertalczyków z mniejszą funkcją wykonawczą na froncie i większą dominacją móżdżku w zachowaniu impulsywnym typu. Indukcja indolaminy 2,3-dioksygenazy i tryptofanu 2,3-dioksygenazy doprowadziła do skierowania katabolizmu tryptofanu wzdłuż ścieżki kynureniny. Neandertalczycy jedli wysokobiałkową, nie wegetariańską dietę tryptofanową, co doprowadziło do indukcji katabolizmu tryptofanowego. W diecie neandertalczyków brakowało błonnika pokarmowego, a trawienie błonnika powodowało wytwarzanie krótkołańcuchowych kwasów tłuszczowych, zwłaszcza maślanu, co powodowało wzrost aktywności 2,3-dioksygenazy indolaminowej i 2,3-dioksygenazy tryptofanowej oraz wzrost katabolizmu tryptofanowego. Ścieżka kynureniny powoduje wytwarzanie kwasu chinolinowego, który może wytwarzać chroniczną aktywację immunologiczną i insulinooporność. Kwas chinolinowy jest również zaangażowany w neurodegenerację. Komórki immunologiczne indukowane przez kynureninę oraz supresja komórek NK mogą prowadzić do rozwoju raka. Archaiczna endosymbioza wywołana przez immunotolerancję wywołaną przez kynureninę może prowadzić do raka, choroby autoimmunologicznej, zespołu metabolicznego, neurodegeneracji, schizofrenii i autyzmu poprzez wytwarzanie archeologicznego cholesterolu katabolitu digoksyny. Tak więc większe obciążenie tryptofanu dzięki diecie mięsnej i diecie o niskiej zawartości błonnika powoduje generowanie kynureniny, która ma działanie podobne do ketaminy i wytwarza zachowania neandertalskie. Indukcja enzymów hemowych indolaminy 2,3-dioksygenazy i tryptofanu 2,3-dioksygenazy powoduje zubożenie hemu, aktywację syntazy ALA i porfirii. Porfiryny mogą się samoorganizować tworząc porfiryny i mogą działać jako wzorzec do generowania izoprenoidalnych organizmów, wiroidów RNA, wiroidów DNA, które wszystkie symbiozowały do tworzenia archaicznych aktynowców. Porfiony mają falowo-cząsteczkowe istnienie i w obecności membranowych interkalacji porfionu z inhibicją ATPazy potasowej sodowej za pośrednictwem porfionu może skutkować pompowanym systemem fononowym i dipolarną percepcją kwantową za pośrednictwem porfionu. Inhibicja ATPazy potasowo-sodowej i błony komórkowej z udziałem porfiru może prowadzić do zwiększenia poziomu wapnia wewnątrzkomórkowego i zmniejszenia poziomu magnezu wewnątrzkomórkowego, co prowadzi do dysfunkcji mitochondriów, dysfunkcji błony komórkowej, zaburzeń w przetwarzaniu białka golgi związanego z ciałem, defektu funkcji DNA i RNA oraz zaburzeń funkcji komórek. To zwiększenie wewnątrzkomórkowego wapnia i zmniejszenie magnezu z powodu hamowania ATPazy potasowo-sodowej może spowodować aktywację immunologiczną, pobudzenie glutaminianów, aktywację onkogenów i stany chorobowe. Tolerancja immunologiczna wytwarza raka, transformację komórek macierzystych i partenogenezę. Komórki macierzyste raka mogą rozwijać programy mejotyczne generujące zarodki partenogenetyczne, które mogą przetrwać i rosnąć w obecności tolerancji immunologicznej tworzonej przez kynureniny. Wiele zarodków partenogenetycznych może tworzyć wiele osobowości prowadzących do schizofrenii i autyzmu, rosną do raka, jego metabolizm komórek macierzystych ze zwiększoną glikolizą i dysfunkcją mitochondriów może produkować zespół metaboliczny, komórka macierzysta za pośrednictwem zwiększonej glikolizy może prowadzić do aktywacji immunologicznej i normalnego obumierania tkanek kosztem zarodków partenogenetycznych może produkować degenerację. Przewlekłe zapalenie wywołane przez kwas chinolinowy i inne katabolity tryptofanowe produkujące chorobę autoimmunologiczną i kwas chinolinowy związane ze śmiercią i zwyrodnieniem komórek. Szlak kataboliczny tryptofanu powoduje powstawanie u neandertalczyków zespołów cywilizacyjnych prowadzących do ich wyginięcia. Ładunek tryptofanu u wyższych naczelnych i homo sapiens, spowodowany zwiększonym spożyciem mięsa mięsożerców w stepach euroazjatyckich, spowodował u nich immunosupresję, immunotolerancję, archeologiczną endosymbiozę i neoneandertalizację kynureniny. W ten sposób ładunek tryptofanowy, spowodowany dietą o wysokiej zawartości mięsa i niskiego błonnika, przyczyniłby się do powstania i immunotolerancji kynureniny, co doprowadziłoby do archaicznej endosymbiozy i ewolucji homo neandertalczyków i homo neoneandertalczyków. Neandertalczycy z powodu archaicznej endosymbiozy mieli transformację komórek macierzystych, aktywację programów mejotycznych w komórkach macierzystych, generację komórek zarodkowych i partenogenezę. Efektem tego była dominacja kobiet i społeczeństwa matriarchalne. Hybrydyzacja wewnątrzgatunkowa i konflikt wewnątrzgenomowy również przyczyniły się do partyzantogenezy i reptilianowej ekspresji genów wynikającej z hybrydyzacji międzygatunkowej i konfliktu wewnątrzgenomowego. Do genów dotkniętych konfliktem należą: PDH, BKCD, SLOS, porfiria, choroba Hartnupa, obniżona synteza cholesterolu, synteza CoQ i synteza witaminy D. Cecha Hartnupa rozwijałaby się, aby przeciwdziałać obciążeniu tryptofanów u neandertalczyków wynikającemu z diety wysokomięsnej. Powoduje to tak zwany zwiększony katabolizm tryptofanowy i katabolity kynureninowe, które są mediatorami zespołu otorynowego opisywanego początkowo na obszarach okołowierzchołkowych. Endemiczne zespoły sztormu występowałyby w populacji neandertalczyków i powodowałyby oporne zaburzenia myślenia i nastroju, zaburzenia ruchowe, w tym pląsawicę i tik, a także schizofrenię i autyzm. Generowanie zaburzeń tikowych w ramach epidemii lub endemicznego zespołu okulistycznego doprowadziłoby do powstania języka tikowego. Język ludzki, w tym starożytny, jak akkadyjski i sanskrycki, rozwinął się jako pierwszy na obszarach europejskich. Endemiczne zespoły otrzewnowe mogą również prowadzić do zmiany metabolizmu tłuszczów w wątrobie i marskości wątroby. Mogą one powodować dysfunkcję nadnerczy i nadpobudliwość, prowadząc do nadciśnienia tętniczego, chorób naczyniowych, nowotworów i chorób autoimmunologicznych. Częstość występowania zespołów toczniopodobnych i stwardnienia rozsianego jest wysoka w endemicznym zespole naczyniowym. Katabolizm tryptofanowy w zespole naczyniowym może powodować dysfunkcje poznawcze takie jak choroba Alzheimera, choroba Parkinsona i śmierć komórek. Partenogeneza może prowadzić do autystycznego fenotypu z dominacją móżdżku i móżdżku zaburzenia poznawcze afektywne. Partenogeneza indukowana ekspresją genów reptilianów może produkować porfirii i porfiryn indukowanych postrzegania pozazmysłowego. W ten sposób powstaje kreatywne plemię z postrzeganiem kwantowym.

Archealna endosymbioza i neandertalizacja zależały od immunotolerancji i immunoparaliżu z wykorzystaniem szlaku kynureniny. Ścieżka kataboliczna tryptofanu i kynureniny może mieć działanie podobne do ketaminy ze względu na blokadę NMDA powodującą ekstazy, CCAS, porażenie korowe mózgu i pozazmysłowe postrzeganie. Katabolizm tryptofanowy jest ukierunkowany na szlak kynureninowy, co prowadzi do wyczerpania melatoniny i aktywności nocnej oraz braku snu. Katabolity tryptofanowe kynureniny i kwasu kynureninowego mogą powodować zmniejszenie syntezy insuliny, zmniejszenie uwalniania insuliny, zmniejszenie aktywności biologicznej insuliny powodującej insulinooporność. Zespół katabolitów tryptofanowych może prowadzić do nadaktywności współczulnej i zespołu dysautonomicznego wytwarzającego odpowiedź na loty lękowe i impulsywność. Indukcja genów reptiliańskich przez konflikt wewnątrzgenomowy i hybrydyzację międzygatunkową może prowadzić do ekspresji szlaku shikimatycznego produkującego alkaloidalne neurotransmitery - LSD, nikotynę, strychninę, meskalinę produkującą stany szamańskie i pozazmysłową percepcję. W wyniku indukcji zubożenia IDO i hemu może dojść do powstania porfirii i pozazmysłowej percepcji za pośrednictwem porfirii. Wyczerpanie hemu może zmniejszyć aktywność enzymów hemowych. Enzym hemowy cytochromu C oksydazy jest inaktywowany, co prowadzi do dysfunkcji mitochondriów. Hemowe enzymy katalazy i peroksydazy glutationowej są inaktywowane produkując wolny stres rodnikowy. Enzym hemerowy cytochrom P450 jest inaktywowany, wytwarzając wadliwą syntezę kwasu żółciowego z powodu niedoboru cholesterolu 7 alfa hydroksylazy, powodując zespół metaboliczny X z powodu niedoboru kwasu żółciowego. Niedobór enzymu hemecytochromu F450 powoduje wytwarzanie wadliwej dehydrogenazy aromatazy i dehydrogenazy beta-hydroksy steroidowej, powodując zmniejszenie syntezy testosteronu, estrogenu i kortyzolu. Wytwarza to bezpłciowy i naprzemienny stan neandertalu płciowego. Enzym heme lanosterolu 14 alfa demetylaza jest inaktywowany, hamując syntezę cholesterolu i zespół zubożenia cholesterolu. Hemowy enzym kwasu retinowego hydroksylaza i hydroksylaza cholekalcyferolowa są niewystarczające, co powoduje brak witaminy D i A oraz wadliwą odporność i niekontrolowaną proliferację komórek.

Początkowym zdarzeniem jest zwiększona ścieżka kataboliczna tryptofanu wytwarzająca immunotolerancję i immunoparaliż za pośrednictwem kynureniny. Powoduje to wzrost endosymbiotyczny i neandertalizację. Powoduje to konwersję komórek somatycznych do komórek zarodkowych i aktywację programów mejotycznych, co prowadzi do partenogenezy. Homo neandertalina rozmnaża się poprzez partenogenezę. W rozrodzie płciowym dochodzi do nieprawidłowego funkcjonowania, co prowadzi do powstania gatunku partenogenetycznego. Partenogeneza jest indukowana przez aktynowce i wiroidy RNA. Stres wywołany przez zmiany klimatyczne może wywołać partenogenezę. Enzymy hemowe cytochromu P 450 zależne od aromatazy i dehydrogenazy beta-hydroksy steroidowej są wadliwe, co skutkuje brakiem hormonów płciowych wytwarzających bezpłciowość i naprzemienność płciową. Enzymy hemerowe NOS, CBS i HO1 są wadliwe, co prowadzi do braku gazotransmiterów NO, CO i H2S, a w konsekwencji do dysautonomii i dysfunkcji seksualnej. Partenogeneza powoduje powstawanie wielu zarodków w tkankach, co prowadzi do powstawania wielu osobowości oraz schizofrenii i autyzmu. Partenogeneza powoduje również powstawanie nowotworów i chorób autoimmunologicznych. Partenogeneza w mózgu może prowadzić do śmierci normalnej tkanki i neurodegeneracji. Metabolizm komórek macierzystych zarodków partenogenetycznych ze zwiększoną glikolizą i dysfunkcją mitochondriów prowadzi do powstania zespołu metabolicznego. Zubożenie hemu prowadzi do powstawania porfirii i porfirii powodujących postrzeganie ilościowe. Związana ze szlakiem katabolicznym tryptofanu kynurenina może wytwarzać zespół ketaminowy podobny do schizofrenii. Podobny zespół schizofreniczny i autystyczny może wystąpić u neandertalczyków z powodu alkaloidów tryptofanowych syntetyzowanych przez aktywację genu reptiliańskiego - LSD i meskaliny. W ten sposób powstaje szamańskie, duchowe, kwantowe spostrzegawcze społeczeństwo. Indukowane porfirynem kwantowe postrzeganie niskiego poziomu EMF może spowodować zanik korowy i CCAS i stan impulsywny, stan agresywny, przemoc, przestępczość, duchowość i terroryzm. Neoneandertalczycy tworzą małe kolonie i grupy plemienne. W wyniku percepcji kwantowej za pośrednictwem porfiru powstają spójne małe grupy, w których wspólne życie tworzy społeczeństwo anarchiczne. Społeczeństwo anarchiczne powstaje w wyniku zaburzeń poznawczych móżdżku afektywnego i zaniku korowej percepcji kwantowej. To społeczeństwo anarchiczne jest małe i plemienne, gwałtowne i agresywne, duchowe i transcendentalne. Powoduje to utratę tożsamości narodowej i recesję na rzecz prymitywnych tożsamości plemiennych. Cywilizacyjne tożsamości narodowe załamują się i są zastępowane przez małe tożsamości plemienne, powodując trwałą wojnę, niestabilność i kryzys. Rozmnażanie się partenogenetyczne u neandertalczyków i neonandertalczyków, jak również brak hormonów płciowych związanych z aseksualnością i naprzemienną seksualnością powoduje matriarchalne dominowanie kobiet w małych grupach społecznych. Może się to zdarzyć w otoczeniu neoneandertalczyków w wyniku endosymbiotycznego wzrostu archeologicznego. W matriarchalnym społeczeństwie neoneandertalczyków dominują kobiety, a mężczyźni zostają zredukowani do marginalnej roli w społeczeństwie, tworząc kompleksy nienawiści i słabości. Można to porównać do tworzenia społeczeństwa żeńskich amazonek i męskich eunuchów. Świat ma tendencję do przekształcania się w anarchiczne społeczeństwo amazońskich kobiet i męskich eunuchów. Reprezentuje to wykastrowany męski syndrom z pozbawieniem godności, integralności, pasji i dumy. Społeczności neandertalczyków funkcjonowały jako anarchiczne małe społeczności żyjące wspólnie. Brakowało w nich koncepcji altruistycznej, egoistycznej i obsesyjnej miłości oraz rodziny nuklearnej. Żyli jako małe grupy 15-20 osobowe o świadomości grupowej. Wywołane porfirią pozazmysłowe postrzeganie kwantowe zaowocowało dobrze zespolonymi anarchicznymi społecznościami, w których dzieci żyły wspólnie i wychowywały się. Relacje seksualne stały się partnerstwem pomiędzy równymi i funkcjonalnymi. Były rozwiązłe, samowystarczalne i nie były w społecznie usankcjonowanych związkach jak małżeństwo. Obowiązkiem męskiego eunuchoida była mała społeczność, która służyła związkom w społeczności zależnym od wspólnej świadomości opartej na pozazmysłowej percepcji kwantowej. Społeczności neandertalczyków i neoneandertalczyków były matriarchalne i równoprawne pod względem płci i nie miały żadnego hierarchicznego przywództwa. Nie było królów ani królowych i było to społeczeństwo bezpaństwowe. Było to stowarzyszenie dobrowolne i nie istniało żadne prawo pisane ani kontrola, chyba że w drodze konsensusu. Reprezentowane jest ono przez starożytne społeczeństwa indyjskie w okresie buddyjskim w historii Indii określane jako Janapadams. Były to małe społeczeństwa bezpaństwowe rządzone przez równość i konsensus. Starożytna cywilizacja harappańska była również zorganizowana jako bezpaństwowe społeczeństwo anarchistyczne. To samo odnosi się do starożytnych królestw celtyckich w Walii, Szkocji, Basku, Katalonii i Bretanii. Koncepcja społeczeństw anarchistycznych jest wzorowana na Mandalach w Azji Południowo-Wschodniej, które obejmują współczesną Indonezję, Wietnam, Laos, Kambodżę, Myanmar i Tajlandię. Cywilizacje te były przedłużeniem cywilizacji południowo-indyjskiej Dravidian, wywodzącej się z cywilizacji harappańskiej. W czasach nowożytnych odrodziły się społeczeństwa anarchistyczne w postaci współczesnej Grama Swaraj z Gandhiego, której filozofia była w zasadzie anarchiczna. Gandhi pochodził z obszaru Indii, gdzie cywilizacja harappańska rozwijała się w czasach prehistorycznych. Te same anarchistyczne społeczeństwa można zobaczyć w żydowskim Kibucu. Żydzi, Celtowie, Drawidianie wszyscy mieli neandertalskie pochodzenie. Stanowiło to podstawę prymitywnych, anarchicznych społeczności neandertalczyków. Związany z globalnym ociepleniem endosymbiotyczny wzrost archeologiczny powoduje neandertalazję. W archaicznych archaikach aktynowców kwantowa percepcja niskiego poziomu EMF skutkuje zanikiem korowym i dominacją w móżdżku, co prowadzi do zaburzeń poznawczych afektywnych w móżdżku. Percepcja kwantowa za pośrednictwem archaicznych porfirów prowadzi do powstawania niewielkich, powiązanych ze sobą społeczności neonandertalczyków o anarchicznych formach organizacji. Cywilizacja ludzka w wyniku globalnego ocieplenia i neandertalizacji mózgu cofa się, tworząc małe plemienne wspólnoty anarchiczne w wiecznych działaniach wojennych, których efektem jest koniec państw narodowych. Rozpoczął się neoneandertalistyczny świat anarchii.

Matriarchalne społeczeństwa z partenogenetycznymi kobietami prowadzą do syndromu wykastrowanych eunuchów płci męskiej i społeczeństw równych płci. Anarchia staje się normą życia politycznego na świecie z towarzyszącymi jej katastrofalnymi zniszczeniami. Zespół eunucha płci męskiej w połączeniu z mózgowym zaburzeniem poznawczym afektywnym w świecie anarchicznym o plemiennych tożsamościach może powodować terroryzm, przestępczość, kreatywność, agresję, przemoc, brak empatii i autystyczne plemię. Partenogenetyczni neoneandertalczycy ostatecznie wyginą z powodu braku różnorodności genów w populacji.

Zmiany klimatyczne i narażenie na pola EMF w internecie o niskim poziomie mogą wywołać aktywność HO1 i zwiększoną syntezę porfiryn. Porfiryny mogą tworzyć porfiryny, które działają jako wzór do tworzenia wiroidów RNA, wiroidów DNA i izoprenoidów w procesie abiogenezy. Są one symbiozą do tworzenia aktynowych archaicznych i wiroidów RNA. W wyniku tego dochodzi do endosymbiotycznej transformacji komórek macierzystych za pośrednictwem archaeów. Endosymbiotyczne archaiki mogą indukować aktywację receptorów opłat i aktywować HIF alfa, co prowadzi do metabolizmu komórek macierzystych o zwiększonej glikolizy i dysfunkcji mitochondriów. Endosymbiotyczne archaiki mogą indukować reduktazę aldozową i metabolizm fruktozy, powodując frukotemię, syntezę lipidów, mukopolisacharydozę, porfirie i zespoły hibernacji/zombie. Zwiększona glikoliza i fenotyp Warburga mogą aktywować układ odpornościowy. Programy mejotyczne komórek macierzystych ulegają aktywacji i prowadzą do powstawania komórek zarodkowych i partenogenezy. Tak więc zmiany klimatyczne i ekspozycja na Internet powodują zmiany w rozrodczości do dominującego rozrodu bezpłciowego i partenogenezy. Powoduje to powstanie fenotypu bezpłciowego męskiego eunucha. Skutkuje to równouprawnieniem płci i dominacją kobiet. Populacja płci męskiej zostaje wywłaszczona i jest peryferyjna w stosunku do funkcji społecznych. W ten sposób powstaje społeczeństwo eunuchów i matriarchów płci męskiej. Społeczeństwo wycofuje się do reżimu matriarchalnego z powszechnymi konsekwencjami społecznymi. Porfiriony i aktynoidalne archaiki magnetotaktyczne mogą odbierać pola elektromagnetyczne niskiego poziomu, powodując czołowy zanik korowy i dominację móżdżku. Prowadzi to do zaburzenia funkcji poznawczych móżdżku na skalę epidemiczną. Móżdżek jest miejscem impulsywnego zachowania, agresji, przestępczości, postrzegania pozazmysłowego, zjawisk duchowych i snów, a także transu. Powoduje to powstanie impulsywnego społeczeństwa bez żadnej logiki czy rozumu, wytwarzającego bezprawie i anarchię. W ten sposób powstaje anarchiczny świat neonandertalczyków z małymi społecznymi grupami plemiennymi i upadkiem zorganizowanego społeczeństwa obywatelskiego i państw narodowych. Konsekwencją tego są powszechne bezprawie, wojny, przestępczość, terroryzm, obietnica seksualna, upadek rodziny nuklearnej, alternatywna seksualność, wspólne życie i rozpad struktur społecznych społeczeństwa homo sapien. Otwiera się anarchiczny, eunuchoidalny świat neoneandertalczyków. Tak więc zmiany klimatyczne i internet powodują zmiany seksualne, anarchiczne zmiany społeczne i zmiany reprodukcyjne. Neandertalczycy żyją w wymarzonym świecie wyobraźni i zjawisk paranormalnych modulowanych przez przerost móżdżku i funkcję. W ten sposób powstaje duchowy świat transu i religijności. Mózg neandertalczyków aktywuje domyślną sieć w płacie przedtrzonowym, wytwarzając senny dzień, twórczą wizualizację, zjawiska fantazji, depersonalizację i zmienioną świadomość. Zwiększony katabolizm tryptofanowy produkuje kynureninę, która blokuje receptor NMDA produkujący ketaminę lub fencyklidynę schizofreniczną psychozy na skalę epidemiczną. Zwiększony poziom kynureniny może również blokować receptor alfa 7 nikotynowej acetylocholiny, zmniejszać aktywność serotoninergiczną i aktywować receptor dopaminergiczny. Ścieżka kataboliczna tryptofanu wytwarza również alkaloidy halucynogenne, takie jak strychnina, meskalina i LSD. W neonandertalach przyczynia się to do powstawania stanów szamańskich w ciągu dnia. To przyczynia się do kreatywności, autyzmu, schizofrenii, braku kontaktów społecznych, małych populacji plemiennych i wymarzonego świata w społeczeństwie neandertalskim. Zwiększona ilość porfirów produkuje postrzeganie kwantowe i świat marzeń. Neandertalczycy tworzą małe grupy społeczne i brakuje im kontaktów społecznych z nie spokrewnionymi populacjami produkującymi małe, autystyczne plemiona. Neoneandertalczyków i homo sapiens można wyróżnić następujące zjawiska nieświadomości kontra świadomość, religii kontra nauka, magia kontra logika, sen kontra obudzenie i psychiczne kontra materiał. Neoneandertalczycy mają wielkie zdolności paranormalne i społeczeństwo było bardziej religijne i duchowe. Stworzyli oni miasta snów, które były klasycznie psychopatyczne, magiczne i przypominające sen. Neandertalska kultura magii, kultury i ducha była inna niż homo sapiens. Mity, folklor i religijność pochodzą od neandertalczyków. Kult węży jako symbol Boga i wykorzystanie kryształów i minerałów, czego przykładem są formy medycyny Siddha, są neandertalskie. Malowali oni skórę i twarz tworząc rozległe tatuaże, nosili ozdoby i byli niezwykle ceremonialni i rytualni. Stworzyli taniec jako formę kultu porównywalną z koncepcją Sziwy jako tancerki niebieskiej. Neandertalskie plemiona były nocne i znały gwiazdozbiory wielkiego niedźwiedzia, małego niedźwiedzia i drako. Neandertalczycy byli plemieniem nocnym ze względu na wrażliwość na światło spowodowaną porfiriami, które sprawiały, że preferowali noc do dnia. Bogowie neandertalczycy pochodzili z kosmosu zewnętrznego, a cywilizacja została zasiana przez kontakty międzygalaktyczne pośredniczące w oddziaływaniach kometarnych i asteroidalnych. Komety i asteroidy niosły magnetotaktyczne aktynoidalne archaiki, które tworzyły kolonie przekształcające się w homo neandertalczyków. Neandertalczycy byli religijni, mieli ceremonie pogrzebowe i wierzyli w życie pozagrobowe. Cywilizacja Dravidiańska, Uluzzian i Chatelperonean, a także Baskowie i Katalończycy byli neandertalczykami. Były to cywilizacje snów, rytuałów, tańców, religijności i transu z powodu epidemii CCAS. Neandertalczycy byli plemieniem nocnym, które czciło księżycową boginię, było matriarchalnym zbiorem pożywienia, a kobiety rządziły społeczeństwem. Homo sapiens byli słońcem czczącym patriarchalnych myśliwych wojowników i mężczyzn rządzących społeczeństwem. Kobiety były tylko adiunktami. Społeczeństwo neandertalczyków było religijne, rytualne i symboliczne z kosmologicznym podejściem do świata. Było to społeczeństwo twórczej wyobraźni. Było to społeczeństwo w przeważającej mierze partenogenetyczne i aseksualne. Tantryczna forma duchowości i poczucie duchowego przebudzenia wskazane przez Kundaliniego ukazywały aseksualną naturę i eunuchoidalność charakterystyczną dla plemienia neandertalczyków. Móżdżek jest miejscem twórczych wizualizacji, paranormalnych i snów. W mózgu neandertalskim dominował móżdżek, tworząc stany transu, sny, telepatię, uzdrawianie psychiczne, zjawiska poltergeistyczne i religijność. Była to wysoka cywilizacja snów zapośredniczonych przez móżdżek. Móżdżek wytwarza ataksyjny zespół motoryczny oraz dysmetrię myśli. Dysmetria myśli prowadzi do autystycznego i schizofrenicznego plemienia neandertalczyków i neonandertalczyków, wytworzonego przez zmiany klimatyczne i ekspozycję w Internecie. Móżdżek jest miejscem występowania powszechnych guzów zarodkowych, a partenogeneza wywołana artefaktem jest wyższa w móżdżku produkującym przerost móżdżku, dominacja móżdżku i dysfunkcja móżdżku. Partenogeneza wywołana artefaktem powoduje dominację neandertalskiego mózgu w móżdżku i wymarzoną cywilizację neandertalczyków.

Umysł homo sapiens może charakteryzować się ego, a homo neandertalczykiem id. Cechy homo sapiens to słońce, faszyzm, psychoza, logika, nauka, przebudzenie, dorosły, dzień, Bóg, mężczyzna i yang, natomiast cechy homo neandertalczyków to komunizm, księżyc, nerwica, intuicja, religia, senny dzień, dziecko, noc, diabeł, kobieta i ying. Cro-Magnonowie byli myśliwymi, patriarchalnymi i czcicielami słońca. Homo neandertalczycy byli czcicielami księżyca, patriarchalnymi i zbieraczami żywności. Homo neandertalczycy zamieszkiwali Europę i Środkowy Wschód. Gooch postulował podwójną spiralną koncepcję umysłu w przeciwieństwie do dominacji półkulistej. Podwójna spirala umysłu Goocha obejmuje móżdżek, który zajmuje się snem i kreatywnością oraz mózg zajmujący się logiką. Jego koncepcja świętego życia człowieka, podwójna helisa umysłu, miasta snów, kreacje przestrzeni wewnętrznej i podzielonego ja są obszernie opisane w jego pracy. Móżdżek jest miejscem zjawisk paranormalnych i nadprzyrodzonych i rodzi wytwory z przestrzeni wewnętrznej. Są to kreacje z przestrzeni wewnętrznej, za pośrednictwem której móżdżek tworzył podstawy dla wampirów, troglodytów, demonów i asurasów. Kora mózgowa jest miejscem ego, a móżdżek miejscem id. Móżdżek staje się dominującym miejscem dzięki artefaksie i wiroidowej partenogenezie zarodkowej. Krzyżowanie się Cro-Magnona z neandertalczykami spowodowało wybuch duchowości, artyzmu i kreatywności. Ludzkie zachowanie można wytłumaczyć podwójną spiralną koncepcją umysłu. Socjaliści są neandertalczykami i konserwatystami Cro-Magnona. Neandertalczycy mieli rude włosy ze skośnym czołem i byli czcicielami księżyca. Kult księżycowy był powszechny w Żyznym Półksiężycu, który obejmował Turcję, Egipt, Harappę, Sumerię i Arabię. Podstawą tych cywilizacji był księżyc. Społeczeństwa neandertalskie były matriarchalne, całkowicie rozwiązłe i napędzane seksem i prowadzone przez kobiety. Można je porównać z zachowaniami bonobo naczelnych. Neandertalczycy byli krótkowzroczni, leworęczni i niedowidzący. Cro-Magnony były wyższe, dalekowzroczne i praworęczne. Neandertalczycy żyli wspólnie, a Cro-Magnonowie byli monogamiczni i związani parami. Neandertalczycy mieli większy móżdżek, piknikowy typ ciała, nieatletyczny typ ciała, leworęczność, mniej łysienia typu męskiego, wydatne brwi oczu, recesywne podbródki, byli neurotyczni, a mniej psychozy, bardziej hipnotyzujący i lepszy wzrok w nocy. Fenotyp neandertalczyka można zaobserwować u osób porzucających naukę, uzależnionych, alkoholików, bezrobotnych i bezsennych. Żyli w świecie marzeń sennych i wzmożonej aktywności seksualnej, a także naprzemiennej seksualności. Neandertalczycy byli zorganizowani religijnie byli widziani na południu Europy, na wschodzie Europy wśród nietykalnych, podczas gdy Cro-Magnonowie mieli duże społeczeństwo obywatelskie i byli widziani w północnej Europie, Europie Zachodniej, wspólnotach Braminów i byli wyżsi. Polityczne idee rewolucji francuskiej, rosyjskiej i talibów były neandertalskie, podczas gdy idee nazistów i KKK były Cro-Magnonami. Neandertalczycy byli w zasadzie społeczeństwem marzycielskim, księżycowym i byli reprezentowani przez Celtów, czarownice, kabalistów, różokrzyżowców i judaistów. Nazistowska nienawiść do Żydów i zachodnia nienawiść do islamu wynikają z ich neandertalskiego pochodzenia. Homo sapiens natomiast byli czcicielami słońca.

Neandertalczycy byli leworęczni i leworęczni, a Cro-Magnonowie praworęczni i prawoskrętni. The Neandertalczyk społeczeństwo reprezentować Nairs, Nagas, Sakas, Scythians, Saxons, Celts, Berbers, Sumerians, Dravidians, Harappans, Etruskowie i Egipcjanin. Księżyc był czczony w Egipcie, Babilonie, Indiach, Sumerii, Asyrii, Akkadyjczykach i Chaldejczykach. Bóg księżycowy był nazywany jako grzech i Thoth. Są to najstarsze ludzkie bóstwa i są reprezentowane przez Sziwę w Indiach. Egipski bóg Izyda, celtycki bóg Morgana, grecki bóg Artemida, Afrodyta i Selena byli przedstawicielami boga księżycowego. Wszystkie pogańskie święta zależą od cykli księżycowych. The księżycowy Bóg czcić w the Kabbala, the Talmuds, the Ur Chaldees, Harappa i w the Żyzny Półksiężyc. Cywilizacja Harappan miała Sziwę z jej półksiężycem symbolizującym księżycowy kult. Soma była bóstwem przewodniczącym ceremonii Rig Vedic i jest reprezentowana przez księżyc. Soma jest właściwie napojem z mleka, miodu, marihuany i innych ekstraktów roślinnych, które wytworzyły stan halucynacji. Kultura hinduska była neandertalska i księżycowa, podobnie jak kolejne sekty hinduizmu Saivitów, takie jak Aghoras i Nagas. Określenie na chorobę psychiczną - szaleńca pochodziło od księżycowego kultu. Cywilizacja Cro-Magnona była przeciwieństwem, gdzie słońce było dominującym elementem, a logika - kulturą społeczeństwa. Wojny historii i nienawiść do takich cywilizacji jak Żydzi, islam i hinduiści opierały się na neandertalskim pochodzeniu i ich księżycowym kulcie.

Neandertalczycy rozwinęli się poprzez wysiew kometarnych genów reptiliańskich z kosmosu. Międzygalaktyczne porfiryny, wiroidy RNA, wiroidy DNA i wzorce replikujące archaiki magnetotaktyczne są podstawą genów kometarnych i wysiewania życia na Ziemi. Replikacja wzorca i partenogeneza są związane z ewolucją neandertalczyków. Konflikt wewnątrzgatunkowy i hybrydyzacja międzygatunkowa powoduje ekspresję genów reptiliańskich w niedoborze ludzkiego PDH, dysfunkcji mitochondriów, SLOS i porfirii. Partenogeneza i matriarchia są ze sobą powiązane, podobnie jak SLOS, aseksualność i alternatywna seksualność. Prowadzi to do powstawania anarchicznych społeczeństw anarchicznych o charakterze hierarchicznym. Równość i wrażliwość na płeć są związane z wężowym kultem Khylsta i Capracoitów - Nagów i Asurasów - Drawidiuszów i Sumerów - Punktów i Egipcjan. Matka Bogini, lud wężowy i Neandertalczycy są synonimami. The Dravidians, Celt, Egipcjanin, Żyd, Berber, Sakas, Nagas, Nairs, Asuras i Neanderthals być partenogenetyczny. Spożywali oni wysokotłuszczową dietę wysokobiałkową - mleko i miód, a także mieli utrzymującą się tolerancję dorosłych na laktozę. Przyczyniło się to do spożycia diety ketogenicznej, metabolizmu komórek macierzystych i partenogenezy. Globalne ocieplenie i zmiany klimatyczne mogą prowadzić do archaicznej endosymbiozy i neandertalizacji gatunku. Prowadzi to do hybrydyzacji międzygatunkowej i konfliktów wewnątrzgatunkowych przyczyniających się do partenogenezy. Wiroidy Archaea i RNA mogą indukować partenogenezę. Partenogeneza może prowadzić do matriarchii i dominacji samic. Partenogeneza może powodować ekspresję genów reptilianów, porfirii, pozazmysłowej percepcji i fenotypu autystycznego. Prowadzi to do powstania twórczej, duchowej i matriarchalnej populacji. Ma to podobieństwo do kolonii mrówek i pszczół. Zachowują się one jak partenogenetyczne społeczeństwa neandertalczyków. Ekspresja genów reptilianów wytwarza fenotyp SLOS, niski poziom cholesterolu i brak hormonów płciowych, co prowadzi do bezpłciowości i naprzemiennej seksualności.

Partenogeneza może prowadzić do chorób człowieka. Partenogenetyczna Ciąża somatyczna może prowadzić do raka. Zarodki partenogenetyczne zachowują się jak autoantygeny powodujące chorobę autoimmunologiczną i autoimmunologiczną. Partenogeneza i glikoliza komórek macierzystych może prowadzić do aktywacji limfocytów i choroby autoimmunologicznej. Partenogeneza w mózgu może prowadzić do wielu osobowości powodujących schizofrenię i autyzm. Partenogeneza zarodków w tkance nerwowej może prowadzić do neurodegeneracji poprzez głodowanie komórek gospodarza. Partenogeneza prowadzi do powstania fenotypu Warburga. Fenotyp Warburga przyczynia się do glikolizy beztlenowej, dysfunkcji mitochondriów i zespołu metabolicznego. Partenogeneza może prowadzić do ewolucji płciowej i naprzemiennej seksualności. Partenogeneza prowadzi do braku zapotrzebowania na rozmnażanie seksualne. Ekspresja genów reptilianów i fenotypu SLOS powoduje zubożenie cholesterolu i niedobór hormonów płciowych. Powoduje to powstanie fenotypu bezpłciowego. Ekstremalne zmiany klimatyczne mogą powodować symbiozę archeologiczną i partenogenezę. Prowadzi to do hybrydyzacji międzygatunkowej i konfliktów wewnątrzgatunkowych. Prowadzi to do powstania społeczeństwa matrilinowego i dominacji kobiet. Status samców jest niski w społeczeństwach matrilinealnych. W społeczeństwach neandertalskich dominowały kobiety. Hybrydyzacja międzygatunkowa i konflikt wewnątrzgatunkowy prowadzi do archaicznej i RNA wiroidowej partenogenezy. Ekspresja genów reptilianów wytwarza fenotyp SLOS, niski poziom cholesterolu, niskie stężenie hormonów płciowych i bezpłciowość. Prowadzi to do naprzemiennej seksualności, społeczeństw matrilinealnych, dominacji kobiet i zespołu DEVI. Przyczynia się to do powstawania fenotypu autystycznego i neandertalistycznych plemion autystycznych.

Partenogeneza wywołana zmianami klimatycznymi jest wynikiem pośrednictwa archaicznych i wiroidów RNA. Prowadzi to do powstania społeczeństwa matriliniowego, matriarchicznego i aseksualnego. Ekspresja genów reptilianów i porfirii prowadzi do generowania porfirii i pozazmysłowej percepcji. Partenogeneza i kult Bogini Matki są ze sobą powiązane. Porfiryny wytwarzają pozazmysłowe postrzeganie kwantowe i cywilizację kwantową. Prowadzi to do kreatywności i autyzmu. Powrót Nagas i Asuras z powodu zmiany klimatu jest związany z archeologiczną endosymbiozą i partenogenezą. Archaea i wiroidy mogą indukować partenogenezę. Archaea and RNA viroid indukują dysfunkcję mitochondriów i regulowaną glikolizę, co prowadzi do transformacji komórek macierzystych komórek somatycznych. Metabolizm komórek macierzystych obejmuje glikolizę beztlenową, dysfunkcję PDH, mutację CoQ 2 i dysfunkcję mitochondriów. Komórki somatyczne będące komórkami macierzystymi ulegają transformacji w procesie aktywacji immunologicznej i wydzielania cytokin, mogą zostać przekształcone w komórki kiełkowe - plemniki i komórki jajowe. Może to prowadzić do zapłodnienia i partenogenezy. Porfiryny są wynikiem wewnątrzgenomowej hybrydyzacji konfliktowo-gatunkowej i ekspresji genów reptiliańskich. Archaiki mogą indukować aktywację receptorów HIF alfa i toll, co prowadzi do glikolizy, dysfunkcji mitochondriów i GABA shunt. Prowadzi to również do syntezy porfiryn i porfiryn. Porfiryny mogą wytwarzać postrzeganie pozazmysłowe/kwantowe. Porfiryny mogą powodować percepcję kwantową i cywilizację kwantową istniejącą w wielorakich światach. Archaiki aktynowców i porfiryny pełnią funkcję magnetotaktyczną, czego efektem jest funkcja neuronów lustrzanych. Prowadzi to do powstania plemienia autystycznego. Kora mózgowa staje się atroficzna, a kora mózgowa dominująca, wytwarzając zaburzenie poznawcze afektywne mózgu. Hybrydyzacja międzygatunkowa i konflikt wewnątrzgatunkowy prowadzi do symbiozy archeologicznej i partenogenezy. Istnieje konflikt wewnątrzgatunkowy i hybrydyzacja międzygatunkowa powodująca to zjawisko. Skutkuje to ekspresją genów reptiliańskich i aktywacją szlaku kwasu shikimowego. Prowadzi to do zwiększonej syntezy dopaminy. Transmisja hiperdopaminergiczna może wytwarzać endemiczną chorobę la tourette z tikami motorycznymi i wokalnymi. Syczenie jak tiki wokalne doprowadziło do ewolucji języka.

Neandertalczycy spożywają dietę wysokotłuszczową o wysokiej zawartości białka, ketogenną. Prowadziło to do hibernacji, fruktolizy i fruktozemii, lipogenezy i odkładania się tłuszczu, gromadzenia się mukopolisacharydów, partenogenezy i metabolizmu komórek macierzystych, glikolizy i dysfunkcji mitochondriów. Dieta wysokotłuszczowa o wysokiej zawartości białka może prowadzić do zmniejszenia SCFA, modulowanej acetylacji histonu, ekspresji HERV i modulacji genomowej. Niski poziom krótkołańcuchowych kwasów tłuszczowych, w tym maślanu, wynikający z diety o niskiej zawartości błonnika, prowadzi do zmniejszenia ekspresji HDAC, co jest związane z ekspresją HERV. Ekspresja genów gadów gadów może prowadzić do homocystynurii i modulacji ekspresji genomowej poprzez demetylację. Neandertalizacja mózgu produkuje pozazmysłowe postrzeganie, zanik korowy, dominacja móżdżku i móżdżku zaburzenia poznawcze afektywne (CCAS). Współczynnik neandertalażu jest związany z neurotycznością, społecznym strachem, unikaniem społecznym, depresją, zaburzeniami dwubiegunowymi i autyzmem. Iloczynnik neandertalczyka jest związany z obawą przed obcymi, agresywnym zachowaniem i ograniczeniem społecznym. NQ jest również związany z rozwiązłością seksualną, emocjonalnym stoicyzmem i strachem w sytuacji społecznej. NQ wiąże się również z lękiem, ksenofobią, brakiem empatii, współczuciem. Współczynnik NQ jest związany z brakiem pamięci operacyjnej i świadomości oraz rozwojem pamięci długoterminowej. Współczynnik NQ jest związany z ryzykownymi zachowaniami fizycznymi, społecznymi i seksualnymi. Współczynnik NQ odnosi się do małych grup liczących 8-10 osób. Grupy neandertalczyków były małe. Grupy homo sapien liczyły 150 i były duże. NQ tworzą sojusze w ramach grup krewnych i więzi rodzinne były silne. Homo sapiens mogli tworzyć sojusze z grupami nie spokrewnionymi i rozwiniętymi dużymi cywilizacjami.

Fenotyp autystyczny i schizofreniczny został przypisany przez Leo Kannera i Bruno Bettelheima jako chłodzona matka matriarchalnego fenotypu neandertalskiego. Homo neandertalczyk jest żeńskim dominującym matriarchalnym społeczeństwem. Mózg neandertalczyka przyczynia się do zaburzenia funkcji poznawczych móżdżku z dużą częstością występowania autyzmu i schizofrenii. Prowadzi to do rodzicielskiego zimna, obsesyjności, społecznej izolacji i rytualizmu. Autystyczne i schizofreniczne neandertalskie matki rodzą autystyczne i schizofreniczne dzieci. Autyzm i schizofrenia są zaburzeniami socjalizacji. Matki dzieci autystycznych i schizofrenicznych są społecznie wycofane i zdominować ich dzieci prowadzące do tego, co jest nazywane jako zespół Mahlera lub symbiotyczny zespół psychotyczny. Jest to syndrom różnicowania i deanimacji, w którym dziecko postrzega siebie jako przedłużenie matki. Neandertalczycy mają magnetotaktyczne archaiczne i porfirynowe postrzeganie kwantowe, a dominująca matka jest niezróżnicowana psychologicznie od dzieci neandertalczyków. Dzieci neandertalczyków z matek dominujących stają się społecznie wycofane i odizolowane, co prowadzi do paleologicznego procesu myślenia przyczyniającego się do autyzmu i schizofrenii. Mózg neandertalczyków ewoluuje w wyniku symbiozy archeologicznej, a archeologiczny katabolizm cholesterolowy prowadzi do obniżenia poziomu cholesterolu i kwasów żółciowych w neandertalach. Archaiki używają cholesterolu jako substratu energetycznego i mają aktywność oksydazy cholesterolowej. Kwasy żółciowe mogą wiązać się z receptorami węchowymi i modulować zachowanie płata limbicznego i człowieka. Kwasy żółciowe biorą udział w wiązaniu społecznym, a ich niedobór w neandertalach przyczynia się do powstawania mniejszych społeczeństw i ciasnych grup rodzinnych. Niedobór kwasów żółciowych przyczynia się do zmniejszenia więzi społecznych u neandertalczyków oraz do powstawania autyzmu i schizofrenii. Relacje rodzinne w społeczeństwie matriarchalnym są napięte, co prowadzi do powstania zespołu pustej twierdzy.

Porfiryiry mają falowo-cząsteczkowe istnienie i mogą istnieć w przestrzeni międzygalaktycznej. Tworzą szablon do tworzenia abiogenetycznych organizmów izoprenoidalnych, wiroidów DNA, wiroidów RNA, podwójnych szablonów helikalnych przypominających gady. Tworzenie się wszechświata zależy od abiogenetycznego pola magnetycznego związanego z międzygalaktycznym polem magnetycznym w archaicznych archaikach. Geny kometarne pochodzące z międzygalaktycznych archaicznych i wiroidów przez asteroidalny wpływ życia nasion w ziemi. Archaiki międzygalaktyczne i geny kometarne wytworzyły ewolucję życia na Ziemi. Archeologiczne kolonie aktynowców stały się wielokomórkowe i ewoluowały w neandertalczyków. Partenogenetyczne embriony neandertalczyków mają szablon pośredniczący w replikacji.

Hybrydyzacja międzygatunkowa i konflikt wewnątrzgatunkowy doprowadziły do powstania archaicznych i wiroidowych procesów partenogenezy. Spowodowało to matriarchię i dominację samic. Ekspresja genów reptilianów i fenotyp SLOS powodowały niski poziom cholesterolu, hormonów płciowych i aseksualność. W ten sposób powstała kultura równości płci i alternatywnej seksualności. ESP wywołane przez porfirynę może prowadzić do zjednoczonej świadomości, równości i jedności. Prowadzi to do powstania anarchicznego i niehierarchicznego społeczeństwa. Neandertalizacja mózgu może prowadzić do zaburzeń poznawczych afektywnych w móżdżku. CCAS prowadzi do ewolucji złości i duchowości. CCAS prowadzi również do nielogicznych, impulsywnych aktów przyczyniających się do terroryzmu. Pozazmysłowa percepcja i ataksja spowodowana dysfunkcją móżdżku może prowadzić do kreatywności, tańca, malarstwa i sztuki.

Hybrydyzacja międzygatunkowa i konflikty wewnątrzgatunkowe mogą prowadzić do partyjogenezy - archaiki i indukcji wiroidowej. Ekspresja genów reptilianów i metabolizm komórek macierzystych prowadzi do dysfunkcji mitochondriów, niedoboru PDH, glikolizy, fruktolizy, fruktozemii, lipogenezy, zespołu hibernacji, mukopolisacharydozy i zespołu zombie. Wytwarza to zespół metaboliczny z otyłością i cukrzycą imitujący nawyki reptilianów. Hybrydyzacja międzygatunkowa i konflikty wewnątrzgatunkowe prowadzą do zmian klimatycznych, archaiczności i partenogenezy wywołanej przez wiroidy. Ekspresja genów reptilianu wytwarza HIF alfa i zwiększa aktywację immunologiczną glikolizy. Partenogeneza somatyczna jest związana z autoimmunizacją. Ekspresja genów gadów szpikułowych i synteza digoksyny prowadzi do aktywacji immunologicznej. Geny Reptilianu i ekspresja HLA są ze sobą powiązane. Geny HLA pochodzą od neandertalczyków. Indukowana przez wiroidy archaiczna i RNA aktywacja receptora poboru opłat może prowadzić do aktywacji immunologicznej. To powoduje chorobę autoimmunologiczną. Hybrydyzacja międzygatunkowa i konflikty wewnątrzgatunkowe mogą prowadzić do partenogenezy, archaiki i wiroidów wywołanych RNA. Ekspresja genu reptilianów prowadzi do porfirii. Porfiryny są związane z postrzeganiem ilościowym. Neandertalczycy są oporni na retroviral z mniejszą ekspresją HERV, co prowadzi do zaników korowych i dominacji móżdżku, przyczyniając się do CCAS. Percepcja kwantowa indukowana przez porfiryny może prowadzić do powstania cywilizacji kwantowej. Wynika to z neandertalizacji mózgu, zmniejszenia kory mózgowej. Hybrydyzacja międzygatunkowa i konflikt wewnątrzgatunkowy, jak wspomniano wcześniej, może prowadzić do partenogenezy - archaiki i wiroidy indukowane. Ekspresja genów reptilianów prowadzi do wytworzenia porfirii i porfirii wytwarzającej ESP i percepcję kwantową. Funkcjonalność neuronów lustrzanych związana jest z porfirią archaiczną. Prowadzi to do percepcji kwantowej i cywilizacyjnej, a także do biologicznej reinkarnacji.

Tabela 1. Wywiad partenogenetyczny w ciążach kobiet

Grupa	Procent
Matrilineal Nair	11
Nie-matrylinowy	2

Tabela 2. Współczynnik neandertalczyka

Grupa	NQ
Matrilineal Nair	Wysoki
Nie-matrylinowy	Niski poziom

Referencje

1. Gordon Scherer (2013). The Serpent People. Blog: Węże. Mar. 22, 2013.
2. Geher, G., Holler, R., Chapleau, D., Fell, J., Gangemi, B., Gleason, M., Rolon, V., Shimkus, A., i Tauber, B. (2017). Wykorzystanie technologii genomu osobistego i psychometrii do badania osobowości neandertalczyków. *Human Ethology Bulletin*, 3, 34-46.

ROZDZIAŁ 10
Z POŁUDNIOWYCH INDII POCHODZENIE ŻYCIA, HOMO NEANDERTALCZYK I GATUNEK LUDZKI - POCHODZENIE KOBIETY I ŻYZNE ZACOFANE WODY KERALI - OSTATNIE SCHRONIENIE NEANDERTALCZYKÓW W POŁUDNIOWYCH INDIACH

Partenogeneza somatyczna zachodzi w wyniku przekształcenia komórki somatycznej w pluripotencjalną komórkę macierzystą, która może rozwinąć się w zarodki partenogenetyczne. Wynika to z hybrydyzacji dwóch różnych gatunków homo neanderthalis i homo sapiens. Ta międzygatunkowa hybrydyzacja powoduje konflikt wewnątrzgatunkowy i partenogenezę. Partenogeneza może być wywołana przez stres związany ze zmianami klimatycznymi oraz przez endosymbiotyczne archaiki i wiroidy RNA. Konflikt wewnątrzgatunkowy będący konsekwencją hybrydyzacji międzygatunkowej prowadzi do upodmiotowienia tryptofanowych szlaków katabolicznych, wytwarzając zwiększoną ilość kynureniny, immunosupresję i ucieczkę immunologiczną zarodków partenogenetycznych. Hybrydyzacja międzygatunkowa i konflikt wewnątrzgatunkowy skutkuje ekspresją genów reptilianu i syntezą digoksyny. Digoksyna produkowana przez archaiki endosymbiotyczne prowadzi do zwiększonego transportu tryptofanu i katabolizmu nad tyrozyną. Zwiększony katabolizm kynureniny u neandertalczyków powoduje ucieczkę immunologiczną i wzrost endosymbiotyczny w archawach. Endosymbiotyczny wzrost neandertalczyków powoduje neandertalizację gatunku. Neandertalizacja gatunku i hybrydyzacja międzygatunkowa oraz konflikty wewnątrzgatunkowe skutkują porfiriami i zwiększoną percepcją EMF na niskim poziomie za pośrednictwem porfirii, zanikiem korowym i dominacją móżdżku. Wywołuje to móżdżkowe zaburzenia poznawcze afektywne z cechami autystycznymi, impulsywnością, agresywnością, pożądaniem władzy, zwiększonym popędem seksualnym, alternatywną seksualnością, przestępczością, cechami kanibalistycznymi i anarchicznymi obyczajami społecznymi. Gatunki neandertalczyków dzięki endosymbiotycznemu wzrostowi archeologicznemu i transformacji komórek macierzystych miały aseksualny tryb rozmnażania z partenogenezą. Skutkuje to dominacją samic, zespołem amazońskim, kulturą męskich eunuchów i matriarchią. Hybrydyzacja międzygatunkowa i konflikt wewnątrzgatunkowy skutkuje fenotypem SLOS z obniżoną syntezą cholesterolu. Powoduje to zmniejszenie syntezy hormonów płciowych, co prowadzi do aseksualności i naprzemiennej seksualności. Neandertalczycy byli matriarchalnymi i czczą matkę boginię.

Ekspresja genów reptilianów i fenotyp SLOS powodują powstawanie cech serpentynowych. Geny dla prymitywnego kompleksu mózgu reptilianów wyrażają się agresją, przemocą, impulsywnością, kanibalizmem, anarchią, niemoralnością, żądzą władzy i dominacji. Fenotyp SLOS powoduje rozwój cech prymitywnych, takich jak rozwój ogona lub cauda, rozszczepu podbródka, widocznych cienkich długich zębów i kłów, piegów, łusek w skórze i syndaktycznie lub taśmowo. Synteza digoksyny i zmniejszenie transportu tyrozyny powoduje zmniejszenie syntezy dopaminy i melaniny, przyczyniając się do powstania plemienia białych bogów anarchicznych. Ekspresja genów reptilianów i synteza digoksyny prowadzi do nadpobudliwości współczulnej i zdolności do regulowania temperatury ciała w zależności od temperatury otoczenia, co powoduje zimną krew. Archaika indukuje fruktolizę i fruktozemię dzięki indukcji reduktazy aldozowej, co prowadzi do zwiększonej syntezy lipidów i mukopolisacharydów oraz zespołu hibernacji, przyczyniając się do otyłości i zwiększenia ilości tkanki tłuszczowej podskórnej, jak u gadów. Ewolucja żebra szyjki macicy, wierzchołka wdowy w brwiach okulistycznych i wydatnego drugiego palca u stóp spowodowana jest wzrostem cech recesywnych wynikających z chowu wsobnego. Hodowla wsobna jest wynikiem fenotypu autystycznego oraz zmniejszonego kontaktu społecznego i społecznego wycofywania się. Ten autystyczny fenotyp z chowem wsobnym i partenogenezą prowadzi do zmniejszenia różnorodności genetycznej i wyginięcia neandertalczyków. Neandertalczycy mają zwiększoną podskórną tkankę tłuszczową, łuszczącą się skórę, co jest częściowo spowodowane albinizmem i ekspozycją na promieniowanie UV, a także syntetycznym defektem cholesterolu, zwiększonym wydzielaniem soli przez ekrynowe gruczoły potowe oraz dominującym szlakiem tryptofanowym i syntezą serotoniny wytwarzającej szyszynkę lub trzecie oko. Wzmożony katabolizm tryptofanowy wywołuje epidemiczny zespół oshtorana. Neandertalizacja prowadzi do powstania epidemicznego zespołu anarchicznego. Neandertalizacja wywołuje również zespół męskiego eunucha i matrilinealizmu. Neandertalczycy byli w większości przypadków partenogenetyczni. Mózgowe zaburzenie poznawcze afektywne i aktynoidalny archaiczny magnetyt i porfirion indukowane postrzeganiem kwantowym skutkowały równością i uniwersalnością. Prymitywne plemiona neandertalczyków są reprezentowane przez Sasów, Saków, Basków, Etrusków, Drawidów, Celtów i Berberów. Najbardziej dominującym plemieniem Neandertalczyków są Anglosasi, którzy stworzyli równe społeczeństwo z uniwersalną kulturą amerykańską, uniwersalnym językiem angielskim, uniwersalnym systemem monetarnym reprezentowanym przez dolara oraz zjednoczeniem wszystkich grup etnicznych w amerykańskim marzeniu o tolerancji i inkluzywności. Neandertalczycy mieli cechy wężów, a kultury neandertalskie na całym świecie są reprezentowane przez kult wężów, co widać na przykładzie Sumerii, Drawidiuszów z południowych Indii, Toma z Egiptu i Meksyku. Plemiona Naga i Naga lore z południowych Indii reprezentują kulturę neandertalską. Współczesna wersja kultów wężów widoczna jest w symbolu zawodu lekarza, przedstawieniu dolara i w wolnym murze. Wolne murarstwo anglosaskie obejmuje wszystkie religie i jest pierwszą uniwersalną religią i jest neandertalskie. Populacje neandertalczyków były reprezentowane przez poszczególne grupy krwi, uniwersalny dawca O Rh -ve i AB Rh -ve, uniwersalny odbiorca.

Fenotyp neandertalczyka daje wskazówki co do pochodzenia człowieka. Plemiona Naga w południowych Indiach były hipotezowane, że pochodzą ze starożytnej lemuryjskiej masy ziemskiej, która została rozbita przez tsunami i trzęsienia ziemi. Pozostałości fenotypu neandertalskiego można zobaczyć u australijskich aborygenów, nowozelandzkich Maorysów, Dravidiańskich Tamilów i Nairów. Społeczeństwa te są w przeważającej mierze matriarchalnymi i wężowymi wyznaniami. Homo neandertalczyk być może powstawał w Lemuriański oceanarium masa popierać the teoria the wodny małpa początek ludzie. Przyjęta teoria o pochodzeniu człowieka postuluje pochodzenie człowieka od naczelnych na afrykańskich sawannach. Kilka punktów daje wskazówkę co do pochodzenia gatunku ludzkiego z wody. Zachowanie neandertalczyków można porównać do zachowania małp bonobo lub lemurów widzianych na starożytnym kontynencie lemuriańskim. Homo neandertalczyk pochodziłby od małp bonobo z lemurskich zacofanych akwenów komunikujących się z morzem. Małpy bonobo z powodu braku pokarmu zaczęłyby żerować w zacofanych wodach i w morzu na ryby i bulwy lilii wodnych. Ryby te zawierają niezbędne kwasy tłuszczowe, takie jak kwas dokoza heksaenowy, a bulwy zawierają dużo węglowodanów. Mózg jest uzależniony wyłącznie od węglowodanów i ciał ketonowych dla energii. Niezbędne kwasy tłuszczowe zwiększają wzrost mózgu. Wzrost mózgu u ludzi nazywa się encefalizacja, która jest bardziej niż u naczelnych i jest równoznaczna ze wzrostem ssaków morskich, takich jak delfiny i wieloryby. Małpy bonobo wlatywały do wody i stały w wodzie generując zjawiska dwunożności. Uwolniłoby to ich ręce do łowienia ryb i łamania skorupiaków w celu wytworzenia pożywienia. Uwolniłoby to również ręce do zbierania i zjadania bulw roślin wodnych. Gatunkom ludzkim, w przeciwieństwie do naczelnych, brakuje włosów, ale podobnie jak ssakom wodnym. Gatunki ludzkie mają zwiększoną zawartość tłuszczu podskórnego, podobnie jak ssaki wodne i w przeciwieństwie do ssaków naczelnych. Ludzie mają ekrynowe gruczoły potowe i gruczoły łzawiące przydatne w środowisku wodnym. Tchawica ludzka jest umieszczona w dolnej części szyi, w przeciwieństwie do tchawicy u ssaków naczelnych, gdzie jest bardziej nosowa. Język ludzki wskazuje na wodne pochodzenie dla gatunku ludzkiego. Aby język ludzki mógł się rozwijać, musisz świadomie kontrolować swój oddech, który nie istnieje u ssaków naczelnych, ale u ludzi i ssaków wodnych. Ludzie mają odruch nurkowy. Gładka skóra z nielicznymi włosami i grubym tłuszczem podskórnym jako izolacja wskazuje na wodne pochodzenie dla ludzi takich jak wieloryby i delfiny wodne. Również nogi i ręce z pajęczyną wskazują na pochodzenie wodne. Gruczoły łojowe z ich tłustą wydzieliną wskazują na wodoszczelność u ludzi i pochodzenia wodnego. Homo neanderthalis w odróżnieniu od homo sapiens jest raczej typem pływania w wodzie. Homo neanderthalis miał dłuższe płuca i zwiększoną pojemność oddechową, co pomagało mu nurkować w wodzie i pływać w niej. Homo neanderthalis ze względu na swój fenotyp SLOS i albinizm miał niedobór witaminy D. Witamina D jest syntetyzowana z cholesterolu. Homo neandertalczyk był cienki w porównaniu z homo sapiens bogatym w witaminę D. Długie płuca i cienka kość pomagały homo neandertalczykom unosić się w wodzie. Pochodzenie zatok przynosowych polegało na tym, że gatunek ludzki trzymał głowę nad wodą. Zachowania seksualne człowieka są jak u ssaków wodnych i w przeciwieństwie do ssaków naczelnych z przednią częścią populacji. Wszystkie te różnice wskazują na wodne pochodzenie człowieka lub hipotezę o wodnym pochodzeniu małpy. Homo neandertalczyk pochodzi od małp bonobo Lemuriańskich, które wlatywały do wody w poszukiwaniu pożywienia. Zachowania seksualne i rozwiązłość małp bonobo oraz alternatywna seksualność są porównywalne z homo neanderthalis. Homo neanderthalis powstaje w wyniku archeologicznej endosymbiozy. Wody oceanu i rozlewisk są bogate w morskie archaiki, które są zdolne do acetogenezy i metanogenezy. Wody zacofane i morze półwyspu południowoazjatyckiego są bogate w aktynowce, bathyarchaeota. Są one zdolne do acetogenezy i są źródłem węgla organicznego. Aktynowce tworzyłyby rusztowania do tworzenia złożonych cząsteczek życia, takich jak RNA, DNA, białko, izoprenoidy i złożone węglowodany. To produkowałoby wiroidy RNA, wiroidy DNA, izoprenoidalne organizmy i priony na aktynowskich powierzchniach, które miałyby symbiozę do tworzenia archaicznych i ewentualnie wielokomórkowych organizmów. Organizmy wielokomórkowe powstające na abiogenetycznych powierzchniach aktynidalnych w połączeniach wsteczno-oceanicznych widzianych w południowych Indiach półwyspu, które oderwały się od lądu lemuryjskiego, wyewoluowałyby w eukarioty, prokarioty, wielokomórkowe organizmy i symbiotyczne rośliny/zwierzęta. Małpy bonobo lemuryjskie wyewoluowałyby w homo neandertalis na skutek archaicznej endosymbiozy na aktynowych wybrzeżach zacofanych, jeziorach i oceanach półwyspu indyjskiego. Resztki homo neanderthalis widziane są u australijskich aborygenów, Maorysów i Dravidian, którzy są matriarchalnymi i wężowymi czcicielami. Wodna małpa i homo neandertalczyk ewoluowałyby w aktynowskich piaszczystych brzegach zacofanych wód i jeziorach Lemurii i półwyspu Indyjskiego. Społeczności Dravidian są matriarchalne i żeńskie dominujące. Tam być wysoki stopień consanguinity i inbreeding w Dravidian matrilineal społeczność. Parthenogeneza był dominująca w takich społecznościach z matriarchicznymi zespołami produkującymi męskie eunuchy i oshtoran syndromy. Homo neanderthalis jadł dietę mięsożerną. Zęby były dłuższe w porównaniu z homo sapiens, a kły wyraźniejsze niż kły węży. Krowy i byki były udomowione przez homo neandertalczyków, którzy pierwotnie byli myśliwymi i wojownikami polującymi na mamuty. Udomowienie krów i byków powodowało wysokie spożycie mleka i mięsa, w tym wołowiny. Doprowadziło to do wykształcenia się dorosłej populacji odpornej na laktozę. Gen tolerancji na laktozę powstał 12 000 lat temu. Związek pomiędzy krowami a neandertalczykami można określić jako pasożytniczą symbiozę obligatoryjną. Pochodzenie kultu krów i byków w półwyspie indyjskim może być z nim powiązane. Zwiększone spożycie mięsożernego mleka i mięsa powodowało zwiększone spożycie tryptofanów i katabolizm, generując więcej kynurenin produkujących immunosupresję i ucieczkę immunologiczną niezbędną do partenogenezy. Tłumienie immunologiczne powodowało również zimną krew neandertalczyków do przetrwania w zimnym, wodnistym klimacie. Elementy tej kultury są nadal widoczne w matriarchalnych Dravidian społeczności półwyspu indyjskiego. Aktynoidalne brzegi morza i zacofane brzegi półwyspu Indie są miejscem, z którego pochodzi homo neandertalczyk lub małpa wodna. Kultura Półwyspu Dravidiańskiego jest matriarchalna i tradycje religijne nadal trwają z kulturą czczenia węży. To może być nazwany jako syrena kultury. Teoria małp wodnych znajduje echo w kulturze półwyspu indyjskiego. Istniały małpie królestwa z małpami wodnymi budującymi nawet mosty lądowe w morzu, co zostało zauważone w eposie Ramajana. W tym kontekście istotny jest mit o Hanumanie i jego armii wojowniczych naczelnych lub małp wodnych. Wojownicze małpy wodne miały zbudować most lądowy między Sri Lanką a półwyspem Indiami. Wojownicze małpy wodne miały królestwa rządzone przez takich królów jak Bali i Sugreeva. Wojownicy z rzędu naczelnych byli inteligentni, mogli poruszać się po oceanie i namorzynach i zachowywali się jak małpy wodne. Homo neanderthalis i gatunek ludzki pochodziły z zacofanych wód południowego krańca Indii. Odkryto paleolityczne miejsca w Kerali, zwłaszcza w północnej i środkowej części Kerali. Wskazuje to na pochodzenie homo neanderthalis i gatunku ludzkiego z **południowych Indii.**

Bezwłosość ludzka, gruby tłuszcz podskórny, pajęczyny w stopach i palcach, kształt nozdrza - wszystko to wskazuje na wodniste pochodzenie rasy ludzkiej na namorzynowych bagnach, zacofalniach i morzach. Obecność odruchu nurkowego u ludzi, pocenie się, łzawienie, opadanie krtani ludzkiej w szyi, wzorce układu włosowego, obecność błony dziewiczej i kazeiny vernix u dzieci takich jak foki wskazują na wodniste pochodzenie dla człowieka. Zachowania reprodukcyjne ludzi z populacją czołową, taką jak ssaki wodne, wskazują na wodniste pochodzenie u ludzi. Małpy człekokształtne zeszły z drzew i przeszły przez fazę akwaborealistyczną, gdzie przebiły się przez bagna żerując na mięczakach, owocach i rybach wytwarzających dwunożne zwierzęta. Konieczność wydalania dużej ilości soli w wodzie morskiej lub słonawej prowadzi do powstania łez i ekrynowych gruczołów potowych. Nos ludzki jest wystający w przeciwieństwie do nosa ssaków naczelnych, aby chronić go przed wodą. Ludzka bezwłosość, gęsty podskórny tłuszcz i pocenie się wskazują na wodniste pochodzenie dla człowieka i dwunożność. Encefalizacja mózgu była spowodowana dużym spożyciem kwasów tłuszczowych omega-3 i omega-6 z ryb. Ludzka szczęka jest krótka z krótkimi zębami, w przeciwieństwie do szympansów wskazujących na jedzenie morskiej żywności. Wszystkie nagie ssaki są wodne jak delfin, manatee, słoń, świnia i nosorożec. Ludzie są jedynymi nagimi małpami. Zwiększony podskórny tłuszcz lub blubber u niemowląt ludzkich oraz maź płodowa u niemowląt wskazują na wodniste pochodzenie dla gatunku ludzkiego. Ludzie mają gruczoły łzawiące i gruczoły potowe, które wydalają sól w środowisku morskim. Dzieci ludzkie są pulchne z 16-procentową zawartością tłuszczu w organizmie, a mleko ludzkie zawiera 25-procentową zawartość tłuszczu. Dzieci przewracają się na swoim ciele i pływają w wodzie z nosem w powietrzu. Fakt, że ludzkie dzieci potrafią pływać, wskazuje na wodniste pochodzenie dla gatunku ludzkiego. Ręka szympansa jest lekka i mocna do zwisania z drzewa. Ręka ludzkiego dziecka jest zbyt ciężka i słaba i może chwytać się za włosy matki podczas pływania w wodzie. Ludzkie dzieci wykształciły reakcję chwytania dla tego typu ewolucji. Samica gatunku ludzkiego ma długie, tłuste, pokryte łojem włosy na skórze głowy. Niemowlęce szympansy mają mocną szyję, która jest utrzymywana na stałym poziomie. Ludzkie dziecko osiąga stabilną szyję w wieku sześciu miesięcy, ale jeśli dziecko zostanie umieszczone w wodzie, szyja staje się silna. Ludzka mowa powstała w wyniku świadomej kontroli oddychania, której szympans nie jest w stanie osiągnąć. Mowa zawdzięcza swoje powstanie również położeniu krtani w szyi. Szczypce chwytające człowieka zostały opracowane w celu wydobywania mięsa z muszli ryb i małży, co nazywane jest precyzyjnym chwytem. Teoria ta została wysunięta przez Elaine Morgan. W rozlewiskach znajdują się lilie wodne i bulwy, których korzenie były spożywane przez prymitywnych ludzi wraz z rybami, małżami, ślimakami i rybami w skorupkach. Korzenie i liście lilii wodnej i lotosu zawierają alkaloidy, takie jak nupharyn i aporfina, które są psychoaktywne i wywołują stan snu neandertalczyków. The lotos i lilie wodne kojarzyć z tworzenie mit jak the słońce Bóg Ra wyłaniać się od the lotos w primordial woda i the Brahma the twórca siedzieć na the lotos. Homo neandertalczyk pojawił się jako pierwszy na lemurskiej ziemiance, która była bardziej podobna do wielkiej wyspy, podatnej na rozbijanie się na niezależne lądowiska z powodu rozległych tsunami w tym regionie. Doprowadziło to do chowu wsobnego u neandertalczyków, co doprowadziło do utraty różnorodności genetycznej i ekspresji genów reptiliańskich. Przyczyniłoby się to również do ewentualnego wyginięcia neandertalczyków. Małpa wodna pojawiłaby się jako homo neandertalczyk na lądzie lemurskim, a jej odosobnione regiony, takie jak zacofane wody połączone z morskimi regionami Kerali z piaskami aktynowców. Wskazuje na to trwałość społeczeństwa matrilinowego w Dravidianach z Kerali i wykrywanie endosymbiotycznych archaicznych we krwi populacji Kerali. Psychometryczny iloraz neandertaliczny jest wysoki w populacji Kerala z dużą częstością występowania autyzmu. Matematyczność i pokrewieństwo jest powszechne w populacji Dravidian Nair w Kerali. Drawidianie mają tendencję do posiadania fenotypu neandertalczyka. The Dravidian Nairs postulować mieć Scythian początek. Kult wężów, muzyka wężowa i tańce wężowe są powszechne w Kerali. Społeczności w Kerali są w większości mięsożerne i spożywają wołowinę. Kultura w Kerali jest bardziej tolerancyjna i Keralici migrują na całym świecie i mieszają się z różnymi społecznościami. Tolerancja i inkluzywność jest cechą ilorazu NQ. Świątynie wężowe są szeroko rozpowszechnione w Kerali. Kerala ma większą częstość występowania neandertalskich sekwencji genomowych związanych z chorobami takimi jak autyzm, schizofrenia, ADHD, uzależnienia, zespół metaboliczny, choroby autoimmunologiczne i nowotwory. To jest kuszące, aby zlokalizować pochodzenie wyprostowanej małpy wodnej w rozległych zacofanych wodach i jeziorach Kerala z jego połączeń z morzem i jego aktynowców piasku bogate brzegi. Wody zacofane są bogate w świeże ryby i małże i lilie wodne i lotosy dając bulwy i korzenie. Homo neanderthalis wyewoluował z archeologicznej endosymbiozy i archaiki morskie są dominujące w morzach Oceanu Indyjskiego i zacofalniach Kerali. Kult węża jest dominującym tematem w kulturze Dravidian Nair, a wąż Bóg Anantha jest dominującym bóstwem. To kusi nas do spekulacji na temat pochodzenia dwunożności, gatunku ludzkiego i homo neandertalczyków w Kerali. Homo neanderthalis i gatunek ludzki pochodziłby z zacofanych wód południowego krańca Indii, Kerali. Odkryto paleolityczne miejsca w Kerali, zwłaszcza w północnej i środkowej części Kerali. Wskazuje to na pochodzenie homo neanderthalis i gatunku ludzkiego z południowych Indii.

Pochodzenie małpy wodnej wskazuje na dominującą rolę samicy tego gatunku w ewolucji człowieka. Ludzkie teorie ewolucyjne skupiają się na samcach zbieraczy myśliwych i narzędziowców. Wodne pochodzenie bipedalizmu i gatunku ludzkiego wskazuje na dominującą rolę kobiety w ewolucji człowieka. Anatomia ciała samic z wiszącymi gruczołami sutkowymi i zaokrąglonymi gluteriami jest przeznaczona do unoszenia się na wodzie i pływalności, a nie do seksualnego przyciągania. Prowadzi to do ginekocentrycznego podejścia do ewolucji, w przeciwieństwie do podejścia androcentrycznego. Ewolucja była w zasadzie przeznaczona do ochrony i wychowania dzieci. Ludzie ewoluowali na bagnach, w wodach zacofanych i morzu i nie są biologicznie ani społecznie gorsi od mężczyzn. Homo neandertalczycy mają cechy odmienne od szympansów. Wzorce społeczne homo neanderthalis można porównać do małp bonobo. Społeczeństwo małp bonobo jest skupione na samicach i egalitarne. Seks jest częścią relacji społecznych i służy jako substytut agresji. Małpy bonobo mają różne rodzaje seksualności heteroseksualnej, od samca do samca i od samicy do samicy. Częstotliwość interakcji seksualnych jest większa, ale tempo rozrodu małp bonobo jest takie samo jak szympansów. Szympansy rozwijały się na otwartej, suchej sawannie, podczas gdy małpy bonobo nadal żyły na drzewach i wisiały na drzewach. Drzewiaste siedlisko małp bonobo prowadzi je do ewolucyjnej formy życia, w której mogą zwisać z namorzynowych drzew na bagnach i ostatecznie brodzić w wodzie. Małpy bonobo są małpami świniowatymi, których samce ważą 43 kg, a samice 33 kg. Są wszystkożerne i jedzą owoce, małą ilość kręgowców i bezkręgowców. Mają fantazyjną zabawę i uprawiają seks w pozycjach misyjnych. Mają bardzo zróżnicowaną seksualność i zachowania grupowe. Seks był środkiem do nawiązywania stosunków społecznych. Samice bonobo łączyły się między sobą i prowadziły wspólnotę. Mężczyzna bonobo jest przywiązany do swojej matki i zależy od niej w kwestii ochrony przez całe życie. Społeczeństwo bonobo można porównać do matriarchalnego żeńskiego dominującego społeczeństwa neandertalskiego. Homo neandertalczyk i gatunek ludzki pochodziłby z zacofanych terenów południowego krańca Indii. Wskazuje to na pochodzenie homo neanderthalis i gatunku ludzkiego z południowych Indii. Społeczeństwo w Kerali jest w przeważającej mierze matriarchalne i żeńskie. Stanowi to dowód antropologiczny dla tej hipotezy.

Dominujący model kobiecej ewolucji człowieka stawia pytanie, kto wyewoluował pierwszy - mężczyzna czy kobieta. Oryginalne skamieniałości gatunku ludzkiego są w przeważającej mierze żeńskie, a skamieniałości męskie ewoluowały po miliardach lat. Oryginalny gatunek ludzki stanowiłby skupisko samic dwunożnych w wodach bagiennych żerujących na bulwach lilii wodnych i lotosu oraz rybach, małżach i skorupiakach. Samice mogą rozmnażać się poprzez partenogenezę jak zwierzęta niższe. Dlatego naturalne jest, że samice gatunku rozwijają się jako pierwsze. Związek seksualny w takich samicach tylko w primodialnych społeczeństwach był lesbijski. Ewolucja samców nastąpiła w późniejszym czasie. Model macho ewolucji człowieka z samcem łowcy i samcem narzędziowca oraz samicą wspólnikiem ewoluującym razem jest bardzo mało prawdopodobny. Kolejny etap ewolucji człowieka został postulowany jako międzygatunkowe hybrydy. Został on przedstawiony przez Eugene'a McCarthy'ego. McCarthy wskazał na kilka cech mężczyzn ludzi podobnych do świń. Organy wieprzowe mogą być przeszczepiane ludziom bez odrzucenia. Świnie takie jak ludzie są bezwłose, mają grubą warstwę podskórnego tłuszczu, wystający nos i ciężkie rzęsy oczu. Genetyczna sekwencja świń zawiera podobny element SINE ALU jak u ludzi. Zjawisko przekraczania bariery gatunkowej jest reprezentowane przez powstawanie epidemii świńskiej grypy u ludzi. Wczesna dwubiegunowa samica tylko gatunku ludzkiego wygenerowałaby międzygatunkowe mieszańce świń ludzkich. W ten sposób powstałyby międzygatunkowe mieszańce samców i samic. Organ płciowy samca odpowiada ogonowi ssaków. Podobnie organy płciowe takich gatunków jak węże odpowiadają pączkom kończyn. Zarodek ludzki w różnych stadiach rozwoju można porównać do ryb, płazów i zwierząt niższych. Międzygatunkowa hybryda doprowadziłaby do rozwoju samca i samicy tego gatunku. Ssaki wodne, takie jak krowy, byki, świnie, słonie, nosorożce, żółwie, krokodyle, węże wodne i żółwie olbrzymie przyczyniłyby się do powstania międzygatunkowych hybryd. Wygenerowałoby to populację dwunożnych samców i samic na bagnach o różnych rodzajach interakcji seksualnych - heteroseksualnych, biseksualnych, homoseksualnych i lesbijskich. Różnorodność genetyczna jest wymagana, aby gatunek mógł przetrwać. Tak więc heteroseksualność jako sposób zachowania seksualnego stałaby się akceptowalna dla społeczeństwa jako takiego. Opisano koniugację bakteryjną i archeologiczną z komórkami ludzkimi. Chimery ludzi i zwierząt zostały wyprodukowane w laboratoriach. W laboratoriach ludzkich wytworzono międzygatunkowe hybrydy i wyprodukowano populacje. Międzygatunkowe mieszańce obejmują dzo między jakiem a bydłem, zubron między krową a żubrem, cama między wielbłądem a illamą, jakulo między jakiem a bawołem, owce-kozy i muły. Przykładem tego jest Roślina Małp Człekokształtnych.

Międzygatunkowe mieszańce byłyby chronione przed izolacją i zniszczeniem przed- i po-cygotycznymi zjawiskami immunosupresji i ucieczki immunologicznej za pośrednictwem tryptofanu katabolitu kynureniny. Dieta ryb w wodach bagiennych jest bogata w tryptofan. Hinduski mit o stworzeniu ryby Matsya, żółwia Koorma, dzika Varaha i lwa Narasimha wskazują na pokolenie międzygatunkowych hybryd jako główny linczowy punkt ewolucji. Pokolenie ludzkiej struktury mózgu również zależy od międzygatunkowej hybrydyzacji. Kompleks reptiliański mózgu jest dominujący u neandertalczyków. Kompleks reptilianów jest widoczny u amniotów, do których należą ssaki, gady i ptaki. W skład kompleksu wchodzą zwoje podstawne, pnia mózgu i móżdżek. Stanowi to podstawę zaburzeń poznawczych móżdżku afektywnych u neandertalczyków. Mózg reptilianów jest miejscem wyobraźni, intuicji, instynktu, kompulsywności i marzeń. Komunikuje się on za pomocą symboli i archetypów. Jest miejscem obsesyjnego nieładu kompulsywnego, przesądów, rytuałów, niewolnictwa i konformacji do wszelkich czynności. Jest to miejsce terytorialności, agresji, rasizmu, przemocy i hiperseksywności. Kompleks reptiliański dominuje u płazów, ryb i gadów. Mózg neandertalski ma zanik kory mózgowej i dominację móżdżku. Mózg gadów i geny gadów raptiliańskich dominują u neandertalczyków, co wskazuje na hybrydyzację międzygatunkową pierwszych ewoluujących samic neandertalskich i tylko samic matriliniowych społeczeństwa neandertalskiego. Hybrydy międzygatunkowe oznaczają znaczenie nawet palcowych zwierząt kopytnych, takich jak świnie i bydło, w kulturze i religii człowieka. Do kopytnych parzystokopytnych zalicza się bydło, świnie, jelenie, wielbłądy, owce, kozy i hipopotamy. Kopytne parzystokopytne to nosorożec i konie. Walenie wodne, takie jak wieloryby, delfiny i purpura, wyewoluowały z parzystych zwierząt kopytnych. Delfiny mogą komunikować się z ludźmi. Walenie wodne i nawet palce tworzą razem rodzinę zwaną cetardiodactyla. Parzystokopytne tworzą duże grupy społeczne z hierarchią, grupami haremowymi i kawalerskimi. Zaznaczają swoje terytorium poprzez wydzielinę gruczołową. Zwierzęta kopytne potrafią pływać, a wieloryby i delfiny galopować w wodzie. Antygeny świń są bardzo podobne do antygenów ludzkich, a organy świń mogą być ksenotransplanowane na ludzi. Odrzucenie jest spowodowane obecnością retrowirusa u świń, który infekuje ludzi. Celowe usunięcie retrowirusowego DNA od świń sprawia, że świnia jest cennym źródłem do przeszczepu organów. Retrowirusowo usunięta świnia została sklonowana i rozwinięta do embrionów i wszczepiona do loch. Świnie służą jako rezerwuar dla ludzkich narządów do przeszczepów. Organy wieprzowe mogą być przeszczepione ludziom, jeśli są uodpornione na surowicę ludzką. Surowica końska jest wykorzystywana do wytworzenia przeciwciał przeciwko tężcowi i anty-venom węża. Spożywanie wołowiny prowadzi do rozwoju choroby prionowej u ludzi. Insulina świńska może być wstrzykiwana ludziom, a zastawki serca świń mogą być przeszczepiane ludziom. Produkty krowie, takie jak mleko, gnój i mocz, są stosowane jako leki dla ludzi. Ludzkie komórki macierzyste wstrzykiwane do embrionów świń powodują rozwój chimer ludzkich świń. Ta ludzka świńska chimera może być użyta do przeszczepu organów. Rozwój ludzkich zarodków chimery ludzkiej i płucnej wskazuje na znaczenie hybrydyzacji międzygatunkowej w ewolucji człowieka. Oznacza to kult krowy jako Kamadhenu lub matki bogini w kulturze hinduskiej, kult Wisznu, dzika jako jednego z awatarów Wisznu oraz religijny związek pomiędzy szatanem a świniami w religiach semickich. The Hinduski gwiazda znak w religia i astrologia mieć figuratywny zwierzę przedstawienie. Wskazuje to na międzygatunkową hybrydyzację odgrywającą ważną rolę w ewolucji.

Małpa wodna ewoluowała od małp bonobo do homo neandertalczyków w słonawych wodach tylnych półwyspu Indyjskiego. Neandertalczycy wyewoluowali przez archeologiczną endosymbiozę. Archaiki mogą utleniać cholesterol i amoniak dla swojej energii. Archaiki wyewoluowały w komorach hydrotermicznych w oceanie, a amoniak powstał z azotu z siarczkiem żelaza jako katalizatorem. Ciekły amoniak może zastąpić wodę jako rozpuszczalnik życia. W wyniku amidowania mogą powstawać amidy, które mogą tworzyć polipeptydy. Ciekły amoniak może zastąpić wodę w DNA i RNA. Prymitywne archaiki uzyskują energię poprzez utlenianie amoniaku. Pochodzenie życia na innych planetach i galaktykach również wykorzystywałoby amoniak jako rozpuszczalnik. Pierwotny prymitywny organizm byłby organizmem izoprenoidalnym. Acetyl CoA może tworzyć się na powierzchniach aktynowych przez mechanizmy abiogenetyczne i generować związki izoprenoidalne, takie jak cholesterol i ubichinon. Utlenianie cholesterolu za pomocą katalizatora aktynowego może generować pirogronian będący konsekwencją utleniania pierścieniowego. Pirogronian przez transaminację może generować glutaminian, który może być odwodorniony do produkcji amoniaku. Utlenianie amoniaku może służyć energetyce archeologicznej. Amoniak może łączyć się z dwutlenkiem węgla w celu wytworzenia mocznika, który służy jako forma magazynowania amoniaku. Synteza mocznika została wykazana w mózgu neandertalskim i do pewnego stopnia w mózgu homo sapien i jest związana z zaburzeniami neurodegeneracyjnymi. Słoność krwi wskazuje na pochodzenie życia w wodzie, zwłaszcza w wodzie słonawej z wód zacofanych. Słonawe wody jezior komunikujących się z morzem mogą generować cząsteczki organiczne. Jeziora przylegające do wulkanów mogą generować cykle mokro-suche, które mogą prowadzić do abiogenezy.

Brackish jeziora przylegające do wulkanów można zobaczyć na starożytnym kontynencie lemuriańskim w Oceanie Indyjskim, którego częścią są Indie półwyspowe. Najbardziej prymitywnym protocellem byłaby kropla zdolna do podziału i replikacji. Stanowi to podstawę pierwszej membranowej teorii pochodzenia życia. Kropelki lipidowe utworzone z izoprenoidów byłyby prymitywną protokomórką lub organizmem izoprenoidalnym. Włączenie ubichinonu pozwoliłoby na prymitywny łańcuch transportu elektronów i syntezę ATP. Kropelki lipidowe to prymitywne organelle komórkowe widoczne w ludzkich komórkach. Komórka powstaje jako układ symbiotyczny, w którym mitochondria są riketsją, szkielet cytologiczny jest spirochaetą, komórka otacza archaea, peroksysom acinetobacter aceti, a jądro wirusem ospy. Organizmem izoprenoidalnym byłby pierwotny prymitywny protoarchaea. Cholesterol zostałby utleniony do produkcji pirogronianu i amoniaku. Utlenianie amoniaku zapewniłoby energetykę archaicznej kropli lipidów. Ubichinon służyłby do celów prymitywnego łańcucha transportu elektronów. Organelle kropli lipidowych mogą oddziaływać z lizosomami, mitochondriami, jądrem i siateczką endoplazmatyczną. Kropla lipidowa składa się z neutralnych lipidów, trójglicerydów i estrów sterylowych w siateczce endoplazmatycznej. Kropla lipidowa jest organelą komórkową. Kropelki lipidowe zawierają również białka i są pęcherzykami składowymi zapobiegającymi ich degradacji. Kropelki lipidowe mogą wchodzić w interakcje z porfirynami, o czym świadczy farnezylacja hemu. W wyniku izoprenylacji porfiryny mogą zostać włączone do kropli lipidowych. Porfjrion może mieć funkcję łańcucha transportu elektronów. Porfjrion może służyć jako wzorzec do tworzenia RNA i DNA. W ten sposób kompleksy porfirów z kropelkami lipidów służyłyby jako wydajne protocele, które ewoluowały w eukarioty, prokarioty i archaiki. Lipidowe kropelkowe kompleksy porfirów mogą również prowadzić do ewolucji RNA i wirusów DNA. Kropelki lipidowe służą jako organelle komórkowe do replikacji wirusów, co zostało udowodnione przez wirusa HCV. Lipidowe kropelki służą jako organelle komórkowe do replikacji wirusów, co zostało udowodnione przez wirusa HCV i wirusa dengi. Kropelki lipidowe są pobierane przez takie bakterie jak Chlamydia, tworzące inkluzje bakteryjne. Kropla lipidowa byłaby pierwotną, prymitywną kroplą lipidową, która po pokryciu skóry porfirami generowałaby sekwencje RNA i DNA, a także polipeptydy tworzące bardziej złożone archaiki. Kompleksy porfirów w postaci kropli lipidowych służyłyby do abiogenetycznej replikacji archetypów z porfirami służącymi jako wzorce. Lipidowe kompleksy porfirów w kroplach służą do generowania nowych wirusów RNA i DNA, które mogą być zintegrowane z ludzkim genomem lub przechowywane w organelle kropli lipidowych. Lipidowa kropelka organelle służy do replikacji wirusów i rozprzestrzenia się poprzez działanie jako platforma do tego celu. Kropla lipidowa może wchodzić w interakcję z mitochondriami wytwarzając indukcję rozproszenia białek (UCP) i rozproszenie łańcucha transportu elektronów. Kwasy tłuszczowe mogą stymulować białka UCP. Zostało to wykazane w mitochondriach tłuszczu brunatnego. Indukcja kropli lipidowych białek UCP hamuje mitochondrialną fosforylację oksydacyjną i aktywuje glikolizę wytwarzającą fenotyp Warburga. Kropelki lipidowe zawierają glicerol diacylowy (DAG), acyl CoA tłuszczu i ceramid. Mogą one wytwarzać insulinooporność. Kropelki lipidowe są związane z syntezą acyloalkoholowego koA, desaturacją stearyloalkoholowego koA i SREBP. Kropelki lipidowe dominują w komórkach macierzystych, komórkach nowotworowych i komórkach zarodkowych i indukują ich powstawanie. Kropelki lipidowe są widoczne w komórkach nowotworowych i prowadzą do oporności na raka oraz chemioterapii. Kropelki lipidowe są związane z białkami histonowymi. Białka histonowe w połączeniu z DNA czynią je toksycznymi. Kropelki lipidowe magazynują białka histonowe i uwalniają je, gdy są potrzebne do tworzenia chromatyny. Kropelki lipidowe biorą zatem udział w acetylacji i deacetylacji histonu przez enzymy HDAC i HAT. Kropelki lipidowe regulują w ten sposób ekspresję genów. Kropelki lipidowe są widoczne w powiązaniu z jądrem i jądrem. Kropelki lipidowe są widoczne w pierwotnych komórkach zarodkowych i komórkach partenogenetycznych i mogą indukować partenogenezę. Kropla lipidowa doprowadziła do ewolucji archaiki w wodach słonawych, jak również do ostatecznej ewolucji homo neandertalis. Kropla lipidowa organelle w homo neanderthalis indukuje tworzenie się komórek zarodkowych i macierzystych oraz partenogenezę i rozmnażanie bezpłciowe przyczyniając się do matriarchii w homo neanderthalis. Lipidowa kropelka organelle jest ewolucyjnie pierwotną protokomórką i prymitywną archaiką i stanowi podstawę endosymbiozy i neandertalizacji. Archaiki wiążą się z receptorem mytacyjnym, powodując dysfunkcję mitochondriów i hamując cykl TCA oraz wynikającą z tego aktywację szlaku glikolitycznego dla energetyki. Wytwarza to metaboliczny fenotyp Warburga w homo neandertalis. Homo neandertalis jest uzależniony od utleniania organizmu ketonowego w celu zaspokojenia jego potrzeb energetycznych i utrzymuje się na diecie ketogenicznej. Spożywanie diety ketogenicznej powoduje katabolizm aminokwasów i wytwarzanie amoniaku, który może być utleniony przez archaika dla jego potrzeb energetycznych. Amoniak może łączyć się z dwutlenkiem węgla produkującym mocznik, na który może oddziaływać ureaza archeologiczna generująca amoniak ponownie. Mocznik może hamować funkcje mitochondriów i produkować modulację białek poprzez karbomylowanie. Może więc wpływać na metabolonom. Zahamowanie cyklu TCA kieruje acetyl CoA do szlaku mewalonianu syntetyzującego cholesterol, który może być utleniony przez archaika dla jego potrzeb energetycznych. Utlenianie pierścienia cholesterolowego generuje pirogronian, który jest aktywowany przez SGPT generujący glutaminian, który jest katabolizowany przez dehydrogenazę glutaminianu generującą amoniak. Amoniak może być utleniany przez archaiki ze względu na swoją energetykę. Amoniak może być również przetwarzany na mocznik w cyklu mocznikowym do przechowywania amoniaku. Karbomylowanie białek za pośrednictwem mocznika prowadzi do dysfunkcji komórek somatycznych i wynikającego z tego przejęcia ludzkich komórek przez endosymbiotyczne archaiki produkujące zespół zombie z maszynerią komórkową przejętą do syntezy i utleniania cholesterolu, jak również do tworzenia i utleniania amoniaku, który służy archeologicznej energetyce. Mocznik służy jako substrat do przechowywania amoniaku. Małpa wodna ewoluowała w słonawych wodach zacofanych półwyspu indyjskiego i Kerali. Małpa wodna wyewoluowała z małp bonobo i ostatecznie rozwinęła się w homo neandertalczyka. Homo neanderthalis i małpa wodna miały wodnisty dom słonawej wody, a mocznik służył jako podłoże do zrównoważenia zawartości soli w płynach ustrojowych z wysoką zawartością soli w słonawej wodzie. Małpa wodna i homo neandertalczyk żywiły się rybami, małżami, krabami, a także bulwami roślin wodnych i nawyki te nie wymagały silnych samców i były wykonywane głównie przez samice. Archeologiczny katabolizm cholesterolowy powodował u małp wodnych niski poziom hormonów płciowych, a homo neandertalczyk wytworzył fenotyp bezpłciowy z naprzemiennymi zachowaniami płciowymi. Ta kolonia fenotypów bezpłciowych była matriarchalna i dominująca płciowo, a w jej skład wchodziły głównie grupy posłusznych eunuchów płci męskiej. Wysoka zawartość soli w organizmie spowodowana życiem w słonawych wodach posłużyła do wywołania u dominującej samicy partenogenezy. Synteza mocznika z amoniaku była również istotna w indukcji procesu partenogenezy. Mocznik może indukować rozwój żeńskich komórek płci żeńskiej do rozwoju zarodków partenogenetycznych. Mocznik może sprzyjać transformacji, jak również zachowaniu komórek macierzystych i zarodkowych. Endosymbiotyczne archaiki mogą powodować transformację komórek zarodkowych, jak również transformację komórek macierzystych i indukować partenogenezę. Partenogeneza byłaby dominującą formą rozmnażania u małp wodnych i homo neandertalczyków. Synteza mocznika może zachodzić w wątrobie, skórze i mózgu homo neandertalczyków oraz w pewnym stopniu w homo sapiens. Mózg homo neandertalczyka ewoluował w wyniku endosymbiotycznej endosymbiozy magnetotaktycznej. Archaiki magnetotaktyczne i porfiryny mogą wytwarzać zwiększoną absorpcję niskich poziomów EMF, powodując zanik korowy i dominację móżdżku. Wytwarza to móżdżkowe zaburzenie poznawcze afektywne homo neandertalicznego fenotypu mózgu z jego impulsywnym zachowaniem, wycofaniem społecznym, kreatywnością i autystycznymi, jak również schizofrenicznymi fenotypami. Endosymbiotyczne archaiki wykorzystują amoniak jako substrat energetyczny, a amoniak jest przechowywany w cząsteczce mocznika do wykorzystania w miarę potrzeb. Synteza mocznika w mózgu homo neandertalczyka jest pod tym względem znacząca i służy do celów endosymbiotycznej energetyki archaea. Mózg homo neandertaliczny może być uważany za kwantową, obliczeniową kolonię magnetotaktyczną. Komórki i obwody neuronalne homo neandertalczyka są przekształcane w obwody zombie przez karbomylowanie neuronów i białek synaptycznych przez mocznik mózgu. Tak więc synteza mocznika w mózgu ma ogromne znaczenie dla funkcjonowania magnetotaktycznej kolonii archeologicznej zdominowanej przez mózg homo neandertalczyków. Synteza mocznika jest również istotna w adaptacji małpy wodnej i homo neandertalczyków do słonych wód słonawych w Kerali oraz w utrzymaniu równowagi między zawartością sodu w płynach ustrojowych a słoną wodą słoną. Cząsteczka mocznika jest również ważna w generowaniu i zachowaniu komórek macierzystych i zarodkowych oraz ich partenogenetycznej indukcji niezbędnej do tworzenia zarodków przez rozmnażanie bezpłciowe. Tak więc utlenianie amoniaku i synteza mocznika jest kluczowa w endosymbiotycznej energetyce archeologicznej, która ożywia rusztowanie zombie neandertalskiego ciała i mózgu, utrzymanie sieci magnetotaktycznych kolonii archeologicznych, które funkcjonują jako siła sterująca w neandertalskim mózgu zombie oraz w generowaniu komórek macierzystych i zarodkowych, a także w indukcji partenogenezy.

Sprowokowana klimatem endosymbioza archeologiczna prowadzi do transformacji komórek macierzystych i generowania komórek zarodkowych prowadzących do partenogenezy. Prowadzi to do dysfunkcji mitochondriów i aktywacji glikolitycznej przyczyniającej się do powstania fenotypu Warburga. Mikrozarodki pasożytują na różnych tkankach, takich jak mózg, serce, wątroba i płuca. Mikrozarodki zawierają kropelki lipidowe organelle, które tworzą rezerwuar do replikacji archeologicznej. Fenotyp Warburga prowadzi do blokady dehydrogenazy pirogronianowej i cyklu TCA. Pirogronian kierowany jest do szlaku bocznicowego GABA generując sukcynylowy koagulant. Indukowany przez fenotyp Warburga wzrost glikolizy prowadzi do wytworzenia fosfogliceranu, seryny i glicyny. Glicyna może łączyć się z kwasem sukcynilowym generującym delta aminokwas lewulinowy, który stanowi podstawę syntezy porfiryn. Porfiryny mogą stanowić wzorzec dla tworzenia się wiroidów RNA, wiroidów DNA i prionów, a także organizmów lipidowych izoprenoidów. Wszystkie one symbiozują z archaicznymi organizmami poprzez szablonową replikację. Archaiki zawierają magnetyt i porfiryny, które są zdolne do absorpcji niskiego poziomu EMF. Prowadzi to do kwantowej percepcji niskiego poziomu EMF prowadzącej do zanikania korowego i dominacji móżdżku, które charakteryzowały mózg neandertalczyka. Neandertalczycy mają tendencję do występowania zaburzeń poznawczych afektywnych w móżdżku. Sieć archeologiczna w kroplach lipidowych w mózgu jest zdolna do transportu intersynaptycznego i funkcjonuje jako gigantyczna magnetotaktyczna kolonia archeologiczna w mózgu zombie i kontroluje funkcje mózgu. Olbrzymia neuronowa kolonia magnetotaktyczna jest zdolna do kwantowej percepcji i świadomości. To powoduje, że to, co nazywa się syndromem zombie. Fenotyp Warburga, który jest generowany przez endosymbiotic archaea prowadzi do przekształcenia komórek zarodkowych i komórek macierzystych i parthenogeneza. Partenogenetyczne mikrozarodki wraz z ich lipidową kroplą organelle zbiornik archaea tworzy podłoże mózgu neandertalskiego i jego zawartość magnetytu i porfiru jest w stanie kwantowej percepcji i świadomości. Może to prowadzić do powstawania fenotypów schizofrenicznych i autystycznych. Mikrozarodki partenogenetyczne z ich fenotypem Warburga badające wiele tkanek wytwarzają stan patogenetyczny. Fenotyp Warburga może wytwarzać insulinooporność i cukrzycę, a także zakrzepicę naczyniową. Fenotyp Warburga i partenogeneza mogą prowadzić do onkogenezy. Fenotyp Warburga i zarodki partenogenetyczne mogą prowadzić do choroby autoimmunologicznej. Fenotyp Warburga i zwiększona glikoliza powodują aktywację immunologiczną. Fenotyp Warburga może prowadzić do zwiększonej glikolizy i gliceraldehydu 3-fosforanowego, za pośrednictwem którego dochodzi do śmierci komórek jądrowych i neurodegeneracji.

Somatyczna partenogeneza jest spowodowana zmianami klimatycznymi. Zmiany klimatyczne mogą powodować arktyczną endosymbiozę i archaiczną partenogenezę wywołaną przez wiroidy RNA. W odpowiedzi na stres komórki somatyczne mogą zostać przekształcone w komórki macierzyste przez endosymbiotyczne archaea. Metabolonomia komórek macierzystych - glikoliza beztlenowa, dysfunkcja PDH, dysfunkcja mitochondriów z niedoborem CoQ, dysfunkcja dehydrogenazy ketonowej o rozgałęzionych łańcuchach, homo cystynuria i demitelacja genomowa, porfirie i wytwarzanie reaktywnych form tlenu, SLOS (Smith Lemli Opitz) prowadzące do zubożenia cholesterolu, niskich hormonów płciowych, niedoboru witaminy D i niedoboru kwasu żółciowego. Komórki macierzyste mogą ulegać endoreduplikacji, fuzji i pączkowania komórek oraz pękać jak bakterie wytwarzające poliploidalność. Te poliploidalne komórki mogą stać się parthogenicznymi embrionami. Komórki poliploidalne są odporne na stres i niestabilne genomowo. Komórki poliploidalne są genomowo, metabolicznie i fenotypowo różne i niestabilne. Mogą zostać przekształcone w różne tkanki, takie jak mózg, wątroba i serce, tworząc embriony somatyczne. Wielokrotne zarodki somatyczne z poliploidalnością wytwarzają liczne zaburzenia osobowości - schizofrenię, autyzm i zaburzenia nastroju. Wielokrotne zarodki somatyczne z poliploidią są antygenowe i mogą wywołać chorobę autoimmunologiczną. Wielokrotne zarodki somatyczne z poliploidiami są niestabilne genomowo i mogą produkować raka. Partogeneza może prowadzić do zmian społecznych, w tym społeczeństw matrilinowych, naprzemiennych płci i różnych tożsamości. Wielokrotne zarodki somatyczne z poliploidią są metabolicznie i genotypowo niestabilne prowadzą do neurodegeneracji. Wielokrotne zarodki somatyczne z różną niestabilnością metaboliczną mogą prowadzić do zespołu metabolicznego. Dysfunkcja mitochondriów wywołana przez wiroidy Archaea i RNA oraz regulowana glikoliza powodują transformację komórek macierzystych komórek somatycznych. Komórki somatyczne, które są komórkami macierzystymi przekształcają się w układzie aktywacji immunologicznej oraz wydzielania cytokin, mogą zostać przekształcone w komórki kiełkowe - spermę oraz komórki jajowe. Może to prowadzić do zapłodnienia i partenogenezy. Archaeal digoksyna może wytwarzać wewnątrzkomórkowy niedobór magnezu i nieudaną mitozę z powodu dysfunkcji wrzeciona. To może produkować komórki poliploidalne. Komórki poliploidalne mogą przejmować funkcje komórek macierzystych. Komórki macierzyste mogą naśladować komórki linii germinalnej. Programy mejotyczne poliploidalnych komórek macierzystych mogą się aktywować generując zarodki rozszczepiające, morule, które mogą zostać przekształcone w sferoidy guza. Sferoidy mogą być przekształcone w blastocysty i zarodki po implantacji produkujące onkogenezę. Mogą również udawać, że wytwarzają przerzuty.

Neandertalczycy jedli wysokobiałkową, wysokotłuszczową dietę nie-wegetariańską, polując i zmiatając mamuty i inne zwierzęta. Spowodowało to duże obciążenie tryptofanu w układzie wytwarzającym tryptofanurię i tryptofanemię. Mięso zawiera wysoki poziom tryptofanu i hemoglobiny, które mogą indukować enzym indoleaminy 2,3-dioksygenazy i tryptofanu 2,3-dioksygenazy, które są enzymami hemu. Neandertalczycy jedli dietę o niskiej zawartości błonnika, co powodowało zmniejszenie podaży krótkołańcuchowych kwasów tłuszczowych, zwłaszcza maślanu z jelit. Maślan może tłumić indoleaminę 2,3-dioksygenazy i tryptofanu 2,3-dioksygenazy i błonnika brakuje diety w neandertalach może regulować aktywność indoleaminy 2,3-dioksygenazy i tryptofanu 2,3-dioksygenazy, co powoduje wzrost katabolizmu tryptofanu wzdłuż ścieżki kynureniny. Naturalne substancje, które są niewystarczające w diecie nie wegetariańskiej, takie jak alkaloidy mosiądzu, kurkumina, kofeina, herbata i kokaina może hamować indoleaminy 2,3-dioksygenazy i tryptofanu 2,3-dioksygenazy, która staje się ponad aktywny w neandertalach produkujących tryptofan katabolizm. Tryptofan jest metabolizowany do formyl kynureniny, hydroksykynureniny, kwasu kynureninowego, kwasu 3-hydroksyantranilowego, kwasu chinolinowego i NAD. Kynurenina może wiązać się z receptorem AHR tworząc immunomodulację i immunosupresję. Może wytwarzać tolerancję immunologiczną w przypadku embirogenezy, partenogenezy, autoimmunizacji, nowotworów, tolerancji na lipopolisacharydy i przewlekłych infekcji. Kynurenina może wytwarzać supresję komórek T i odporność prowadzącą do immunotolerancji ważnej w wyżej wymienionych stanach. W ten sposób strumień szlaku kynureniny może przyczyniać się do embriogenezy i partenogenezy poprzez wytwarzanie tolerancji immunologicznej. Guzy mogą uciec przed zniszczeniem immunologicznym poprzez tłumienie komórek NK i T. Tak więc metabolizm nowotworów zależy od aktywacji katabolizmu tryptofanu wzdłuż szlaku kynureninowego. Szlak kynureninowy jest aktywowany w tolerancji na lipopolisacharydy i przewlekłe infekcje wytwarzające immunosupresję i immunotolerancję. Archealna endosymbioza zależy od immunotolerancji i immunosupresji poprzez aktywację katabolizmu tryptofanowego wzdłuż szlaku kynureninowego. Katabolizm tryptofanowy wzdłuż szlaku kynureniny może również przyczyniać się do zaburzeń psychicznych. Kynurenina blokuje receptor NMDA i receptor nikotynowy alfa 7. Prowadzi to do regulacji w dół transmisji NMDA i cholinergicznej. Kynurenina może również regulować transmisję dopaminergiczną. Prowadzi to do schizofrenii i autyzmu. Katabolizm tryptofanu wzdłuż szlaku kynureniny blokuje syntezę serotoniny z tryptofanu, przyczyniając się do zaburzeń depresyjnych i lękowych. Katabolizm tryptofanowy wzdłuż szlaku kynureninowego może prowadzić do syntezy kwasu chinolinowego i aktywacji immunologicznej, a w konsekwencji do autoimmunizacji, tolerancji immunologicznej i aktywacji immunologicznej. Kynurenina może wytwarzać immunosupresję i blokadę NMDA, podczas gdy kwas chinolinowy może wytwarzać aktywację immunologiczną i eksitotoksyczność NMDA. Katabolizm tryptofanowy wzdłuż szlaku kynureniny może wytwarzać kwas chinolinowy ważny w neurodegeneracji. Strumień tryptofanu wzdłuż szlaku kynureniny może generować kwas chinolinowy, który może wytwarzać niskiej klasy zapalenie i insulinooporność powodując zespół metaboliczny. Tak więc strumień tryptofanu wzdłuż szlaku kynureniny może wytwarzać choroby autoimmunologiczne, neurodegenerację, schizofrenię, depresję, autyzm, raka i zespół metaboliczny. Indukcja enzymu heme indoleaminy 2,3-dioxygenazy i tryptofanu 2,3-dioxygenazy może prowadzić do zubożenia hemu i indukcji syntazy ALA zwiększającej syntezę porfiryn i produkującej porfirie. Porfiryny mogą tworzyć samoreplikujące się porfiryny. Porfiryny tworzą szablon do tworzenia wiroidów RNA, DNA i izoprenoidów, które mogą się symbiozować w celu utworzenia endosymbiotycznej archaiki poprzez abiogenezę. Indukcja indoleaminowej 2,3-dioksygenazy i tryptofanu 2,3-dioksygenazy wytwarza kynureninę, która może tłumić układ odpornościowy generując immunotolerancję i archaiczną endosymbiozę. Tak więc ładunek tryptofanu i indukcja indoleaminy 2,3-dioksygenazy i tryptofanu 2,3-dioksygenazy powoduje systemowe zaburzenia cywilizacyjne w populacji neandertalczyków. Ładunek tryptofanu i indukcja 2,3-dioksygenazy indoleaminowej i 2,3-dioksygenazy tryptofanowej może powodować tolerancję immunologiczną i immunosupresję przez kynureninę produkującą archaiczną endosymbiozę i neandertalizację gatunku. Ładunek tryptofanu i indukcja 2,3-dioksygenazy indoleaminowej i 2,3-dioksygenazy tryptofanowej może powodować immunotolerancję, która może przyczynić się do partenogenetycznej embriogenezy lub ciąży somatycznej w wielu tkankach u neandertalczyków. Ładunek tryptofanu i indukcja indoleaminy 2,3-dioksygenazy i tryptofanu 2,3-dioksygenazy może produkować autystyczne schizofreniczne plemię Neandertalczyków z partenogenezą i matriarchią.

Archealna endosymbioza powoduje neandertalizację gatunku. Archaika może aktywować enzym AMPK (kinaza monofosforanowa adenozyna). Neandertalczycy spożywali ketogenną dietę nie wegetariańską bogatą w tłuszcze i białka. Ketogeniczna dieta neandertalczyków może indukować aktywację AMPK. Fenotyp małży wodnych zjadł wiele ryb w diecie, a kwasy tłuszczowe ryb mogą powodować aktywację AMPK. Fenotyp małpy wodnej zjadł również wiele bulw roślin zacofanych, takich jak lotos i lilie wodne, zawierających dużą ilość glukomannanu, który wytwarza aktywację AMPK. Bulwy roślin wodnych zawierają dużą ilość błonnika, którego trawienie generuje krótkołańcuchowe kwasy tłuszczowe, takie jak octan, maślan produkujący aktywację AMPK. Aminokwasy i kwasy tłuszczowe mogą indukować aktywację AMPK. Aktywacja AMPK może indukować stany niskiego poziomu glukozy i braku tlenu w epoce lodowcowej. Neandertalczycy mieli fenotyp dominujący w móżdżku o zwiększonej aktywności współczulnej wytwarzający impulsywny strach, ucieczkę, fenotyp walki. Katecholaminy - epinefryna i noradrenalina oraz dopamina mogą wytwarzać aktywację AMPK. Aktywacja AMPK może skutkować jednoczesną aktywacją mtora, co prowadzi do dendrytycznych wad cięcia kręgosłupa i autystycznego mózgu neandertalczyka. Aktywacja AMPK skutkuje jednoczesną aktywacją HIF alfa i indukcją fenotypu Warburga i fenotypu komórek macierzystych. Aktywacja AMPK może indukować uwolnienie białek UCP od fosforylacji oksydacyjnej, prowadząc do dysfunkcji mitochondriów. Aktywacja AMPK prowadzi do zwiększenia katabolizmu i zmniejszenia anabolizmu. Aktywacja AMPK prowadzi do utraty masy ciała. Aktywacja AMPK może również prowadzić do zwiększonej sygnalizacji insuliny i aktywności IGF. Nasila się glikoliza, utlenianie kwasów tłuszczowych i aminokwasów. Synteza białek jest zahamowana. Aktywacja AMPK zmniejsza syntezę kwasów tłuszczowych, cholesterolu i trójglicerydów oraz zwiększa ich rozkład. Zwiększone utlenianie aminokwasów prowadzi do katabolizmu tryptofanowego, w wyniku którego powstają zwiększone ilości kynurenin, które są ważne w procesie ucieczki immunologicznej i partenogenezy. Aktywacja AMPK, w wyniku której powstaje fenotyp komórek macierzystych, prowadzi do generacji komórek zarodkowych. Aktywacja AMPK może aktywować oocyt do rozwoju zarodków partenogenetycznych. Aktywacja AMPK może zwiększać wewnątrzkomórkowe oscylacje wapniowe, zwiększać wewnątrzkomórkową ROS i stosunek AMP/ADP powodując szokową i falową aktywację oocytów produkujących partenogenezę. Aktywacja AMPK może hamować układ odpornościowy wytwarzający ucieczkę immunologiczną i partenogenetyczną embriogenezę. Aktywacja AMPK może zwiększyć długość życia gatunku i zachować fenotyp neandertalczyka. Aktywacja AMPK może wytworzyć ochronę serca i neuroprotekcję. Aktywacja AMPK jest ważna dla płodności, transformacji komórek macierzystych i generowania komórek zarodkowych. Aktywacja AMPK może rozdzielić fosforylację oksydacyjną, jak również spowodować biogenezę mitochondriów. Aktywacja AMPK ma działanie antyoksydacyjne poprzez indukowanie NRF 2, dysmutazy nadtlenkowej i UCP. Aktywacja AMPK powoduje zmniejszenie generacji wolnych rodników, które pełnią rolę posłańców dla endogennej replikacji retrowirusowej. Wytwarza to sztywny genom, wadliwą łączność synaptyczną i zanik kory mózgowej. Aktywacja AMPK indukuje glikogenolizę i hamuje glikogenezę. Aktywacja AMPK zwiększa również transport glukozy. Fosforylacja oksydacyjna mitochondriów jest blokowana przez aktywację AMPK poprzez indukcję białek UCP. Glukoza jest przekształcana w fruktozę przez reduktazę aldozową i dehydrogenazę sorbitolową indukowaną przez archaiki i trafia do szlaku fruktolitycznego. Powoduje to fruktozemię i zwiększoną syntezę lipidów i mukopolisacharydów, co prowadzi do powstania zespołu hibernacji charakterystycznego dla metabolizmu neandertalskiego. Aktywacja AMPK skutkuje również zahamowaniem syntezy białek i zwiększeniem autofagii/mitofagii oraz odnową organizmu, zwiększając żywotność gatunku. W ten sposób indukowana przez archaika aktywacja AMPK prowadzi do wygenerowania gatunku partenogenetycznego, który jest dominującym gatunkiem żeńskim i macierzyńskim. Aktywacja AMPK następuje w okresie hibernacji, a u neandertalczyków występuje zespół hibernacyjny. 5' AMPK może aktywować AMPK powodując hipometabolizm i hibernację. Endosymbiotyczne archaiki syntetyzują digoksynę przez katabolizm cholesterolowy. Archaiki endosymbiotyczne używają cholesterolu jako substratu energetycznego. Digoksyna może wytwarzać błonową inhibicję ATPazy potasowo-sodowej, co może prowadzić do syntezy ATP błonowej. ATPaza sodowo-potasowa funkcjonuje jako enzym syntetyzujący ATP w neandertalach. Niski poziom EMF może również wytwarzać inhibicję ATPazy potasowo-sodowej i prowadzić do syntezy ATP błonowej. ATP działa na ectoATPazy, które przekształcają ATP do 5' AMP, który może aktywować AMPK produkując upregulation katabolicznych ścieżek. Katabolizm cholesterolu może generować kwasy żółciowe, które mogą rozdzielić fosforylację oksydacyjną i regulować funkcję mitochondriów prowadzących do metabolizmu hibernacji. Aktywacja AMPK może prowadzić do katabolizmu cholesterolowego i dalszej syntezy digoksyny. Aktywacja AMPK może zwiększyć poziom NAD w komórkach, powodując aktywację sirtuiny-1. Sirtuina jest NAD zależna od deacetylazy histonowej. Aktywacja sirtuiny-1 może spowodować odmłodzenie w obecności ograniczenia kalorycznego występującego podczas hibernacji. Sirtuina-1 pośredniczy w aktywacji AMPK w zależności od modulacji funkcji mitochondriów. Aktywacja Sirtuiny może indukować hibernację i odmłodzenie. Modulacja genów Sirtuiny obejmuje naprawę DNA, stan zapalny, syntezę i przechowywanie tłuszczu oraz metabolizm glukozy. Sirtuina może wytwarzać deacetylację i wzmacniać węglowy szkielet białek zwiększając ich trwałość. Aktywacja AMPK, akumulacja NAD, aktywacja sirtuiny i aktywacja HIF alfa występują razem. Może to powodować stan hibernacji i ucieczkę immunologiczną prowadzącą do partenogenezy. Neandertalczycy jedli dietę wysokotłuszczową o wysokiej zawartości białka ketogennego, jak również dietę bogatą w bulwy zacofane zawierające błonnik pokarmowy. Dieta ketogeniczna, aminokwasy, ograniczenie kaloryczności, kwasy tłuszczowe i błonnik pokarmowy generowane przez krótkołańcuchowe kwasy tłuszczowe mogą indukować aktywację AMPK, akumulację NAD, aktywację sirtuin i immunosupresję, prowadząc do ucieczki immunologicznej i partenogenezy. Aktywacja AMPK i aktywacja sirtuiny może prowadzić do fenotypu Warburga, transformacji komórek macierzystych, generacji komórek zarodkowych i stymulacji oocytów, prowadząc do partenogenezy.

Ewolucja neandertalczyków została określona przez archeologiczną endosymbiozę. Gatunek ludzki wyewoluował w homo neandertalczyk na podstawie archeologicznej endosymbiozy. Archeologiczna endosymbioza była mediowana przez tryptofanowy szlak kataboliczny kynureniny. Kynureniny mogą wytwarzać immunosupresję i tolerancję immunologiczną, co prowadzi do archeologicznej endosymbiozy. Szlak kynureninowy powoduje blokadę receptora NMDA, cholinergicznego receptora nikotynowego alfa-7, zmniejszenie produkcji serotoniny i zwiększenie transmisji dopaminergicznej. Wytwarza to autystyczne, schizofreniczne plemię neandertalczyków z mniejszą funkcją wykonawczą na froncie i większą dominacją móżdżku w zachowaniu impulsywnym typu. Indukcja indolaminy 2,3-dioksygenazy i tryptofanu 2,3-dioksygenazy doprowadziła do skierowania katabolizmu tryptofanu wzdłuż ścieżki kynureniny. Neandertalczycy jedli wysokobiałkową, nie wegetariańską dietę tryptofanową, co doprowadziło do indukcji katabolizmu tryptofanowego. W diecie neandertalczyków brakowało błonnika pokarmowego, a trawienie błonnika powodowało wytwarzanie krótkołańcuchowych kwasów tłuszczowych, zwłaszcza maślanu, co powodowało wzrost aktywności 2,3-dioksygenazy indolaminowej i 2,3-dioksygenazy tryptofanowej oraz wzrost katabolizmu tryptofanowego. Ścieżka kynureniny powoduje wytwarzanie kwasu chinolinowego, który może wytwarzać chroniczną aktywację immunologiczną i insulinooporność. Kwas chinolinowy jest również zaangażowany w neurodegenerację. Komórki immunologiczne indukowane przez kynureninę oraz supresja komórek NK mogą prowadzić do rozwoju raka. Archaeal endosymbioza generowane przez kynureniny indukowane immunotolerancji może prowadzić do raka, choroby autoimmunologicznej, zespół metaboliczny, neurodegenerację, schizofrenii i autyzm przez generowanie archeologicznych cholesterolu katabolitu digoksyna. Tak więc większe obciążenie tryptofanu dzięki diecie mięsnej i diecie o niskiej zawartości błonnika powoduje generowanie kynureniny, która ma działanie podobne do ketaminy i wytwarza zachowania neandertalskie. Indukcja enzymów hemowych indolaminy 2,3-dioksygenazy i tryptofanu 2,3-dioksygenazy powoduje zubożenie hemu, aktywację syntazy ALA i porfirii. Porfiryny mogą się samoorganizować tworząc porfiryny i mogą działać jako wzorzec do generowania izoprenoidalnych organizmów, wiroidów RNA, wiroidów DNA, które wszystkie symbiozowały do tworzenia archaicznych aktynowców. Porfiony mają falowo-cząsteczkowe istnienie i w obecności membranowych interkalacji porfionu z inhibicją ATPazy potasowej sodowej za pośrednictwem porfionu może skutkować pompowanym systemem fononowym i dipolarną percepcją kwantową za pośrednictwem porfionu. Inhibicja ATPazy potasowo-sodowej i błony komórkowej z udziałem porfiru może prowadzić do zwiększenia poziomu wapnia wewnątrzkomórkowego i zmniejszenia poziomu magnezu wewnątrzkomórkowego, co prowadzi do dysfunkcji mitochondriów, dysfunkcji błony komórkowej, zaburzeń w przetwarzaniu białka golgi związanego z ciałem, defektu funkcji DNA i RNA oraz zaburzeń funkcji komórek. To zwiększenie wewnątrzkomórkowego wapnia i zmniejszenie magnezu z powodu hamowania ATPazy potasowo-sodowej może spowodować aktywację immunologiczną, pobudzenie glutaminianów, aktywację onkogenów i stany chorobowe. Tolerancja immunologiczna wytwarza raka, transformację komórek macierzystych i partenogenezę. Komórki macierzyste raka mogą rozwijać programy mejotyczne generujące zarodki partenogenetyczne, które mogą przetrwać i rosnąć w obecności tolerancji immunologicznej tworzonej przez kynureniny. Wiele zarodków partenogenetycznych może tworzyć wiele osobowości prowadzących do schizofrenii i autyzmu, rosną do raka, jego metabolizm komórek macierzystych ze zwiększoną glikolizą i dysfunkcją mitochondriów może produkować zespół metaboliczny, komórka macierzysta za pośrednictwem zwiększonej glikolizy może prowadzić do aktywacji immunologicznej i normalnego obumierania tkanek kosztem zarodków partenogenetycznych może produkować degenerację. Przewlekłe zapalenie wywołane przez kwas chinolinowy i inne katabolity tryptofanowe produkujące chorobę autoimmunologiczną i kwas chinolinowy związane ze śmiercią i zwyrodnieniem komórek. Szlak kataboliczny tryptofanu powoduje powstawanie u neandertalczyków zespołów cywilizacyjnych prowadzących do ich wyginięcia. Ładunek tryptofanu u wyższych naczelnych i homo sapiens, spowodowany zwiększonym spożyciem mięsa mięsożerców w stepach euroazjatyckich, spowodował u nich immunosupresję, immunotolerancję, archeologiczną endosymbiozę i neoneandertalizację kynureniny. W ten sposób ładunek tryptofanowy, spowodowany dietą o wysokiej zawartości mięsa i niskiego błonnika, przyczyniłby się do powstania i immunotolerancji kynureniny, co doprowadziłoby do archaicznej endosymbiozy i ewolucji homo neandertalczyków i homo neoneandertalczyków. Neandertalczycy z powodu archaicznej endosymbiozy mieli transformację komórek macierzystych, aktywację programów mejotycznych w komórkach macierzystych, generację komórek zarodkowych i partenogenezę. Efektem tego była dominacja kobiet i społeczeństwa matriarchalne. Hybrydyzacja wewnątrzgatunkowa i konflikt wewnątrzgenomowy również przyczyniły się do partyzantogenezy i reptilianowej ekspresji genów wynikającej z hybrydyzacji międzygatunkowej i konfliktu wewnątrzgenomowego. Do genów dotkniętych konfliktem należą: PDH, BKCD, SLOS, porfiria, choroba Hartnupa, zmniejszona synteza cholesterolu, synteza CoQ i synteza witaminy D. Cecha Hartnupa rozwijałaby się, aby przeciwdziałać obciążeniu tryptofanów u neandertalczyków wynikającemu z diety wysokomięsnej. W ten sposób powstaje tzw. zwiększony katabolizm tryptofanowy i katabolity kynureninowe, które są mediatorami zespołu otorynowego opisywanego początkowo na obszarach okołokaspijskich. Endemiczne zespoły sztormu występowałyby w populacji neandertalczyków, powodując oporne zaburzenia myślenia i nastroju, zaburzenia ruchowe, w tym pląsawicę i tik, a także schizofrenię i autyzm. Generowanie zaburzeń tikowych jako część epidemii lub endemicznego zespołu sztorcowego prowadziłoby do generowania języka tikowego. Język ludzki, w tym starożytny, jak akkadyjski i sanskrycki, rozwinął się jako pierwszy na obszarach europejskich. Endemiczne zespoły otrzewnowe mogą również prowadzić do zmiany metabolizmu tłuszczów w wątrobie i marskości wątroby. Mogą one powodować dysfunkcję nadnerczy i nadpobudliwość, prowadząc do nadciśnienia tętniczego, chorób naczyniowych, nowotworów i chorób autoimmunologicznych. Częstość występowania zespołów toczniopodobnych i stwardnienia rozsianego jest wysoka w endemicznym zespole naczyniowym. Katabolizm tryptofanowy w zespole naczyniowym może powodować dysfunkcje poznawcze takie jak choroba Alzheimera, choroba Parkinsona i śmierć komórek. Partenogeneza może prowadzić do autystycznego fenotypu z dominacją móżdżku i móżdżku zaburzenia poznawcze afektywne. Partenogeneza indukowana ekspresją genów reptilianów może produkować porfirii i porfiryn indukowanych postrzegania pozazmysłowego. W ten sposób powstaje kreatywne plemię z postrzeganiem kwantowym.

Archealna endosymbioza i neandertalizacja zależały od immunotolerancji i immunoparaliżu z wykorzystaniem szlaku kynureniny. Ścieżka kataboliczna tryptofanu i kynureniny może mieć działanie podobne do ketaminy ze względu na blokadę NMDA powodującą ekstazy, CCAS, porażenie korowe mózgu i pozazmysłowe postrzeganie. Katabolizm tryptofanowy jest ukierunkowany na szlak kynureninowy, co prowadzi do wyczerpania melatoniny i aktywności nocnej oraz braku snu. Katabolity tryptofanowe kynureniny i kwasu kynureninowego mogą powodować zmniejszenie syntezy insuliny, zmniejszenie uwalniania insuliny, zmniejszenie aktywności biologicznej insuliny powodującej insulinooporność. Zespół katabolitów tryptofanowych może prowadzić do nadaktywności współczulnej i zespołu dysautonomicznego wytwarzającego odpowiedź na loty lękowe i impulsywność. Indukcja genów reptiliańskich przez konflikt wewnątrzgenomowy i hybrydyzację międzygatunkową może prowadzić do ekspresji szlaku shikimatycznego produkującego alkaloidalne neurotransmitery - LSD, nikotynę, strychninę, meskalinę produkującą stany szamańskie i pozazmysłową percepcję. W wyniku indukcji zubożenia IDO i hemu może dojść do powstania porfirii i pozazmysłowej percepcji za pośrednictwem porfirii. Wyczerpanie hemu może zmniejszyć aktywność enzymów hemowych. Enzym hemowy cytochromu C oksydazy jest inaktywowany, co prowadzi do dysfunkcji mitochondriów. Hemowe enzymy katalazy i peroksydazy glutationowej są inaktywowane produkując wolny stres rodnikowy. Enzym hemerowy cytochrom P450 jest inaktywowany, wytwarzając wadliwą syntezę kwasu żółciowego z powodu niedoboru cholesterolu 7 alfa hydroksylazy, powodując zespół metaboliczny X z powodu niedoboru kwasu żółciowego. Niedobór enzymu hemecytochromu F450 powoduje wytwarzanie wadliwej dehydrogenazy aromatazy i dehydrogenazy beta-hydroksy steroidowej, powodując zmniejszenie syntezy testosteronu, estrogenu i kortyzolu. Wytwarza to bezpłciowy i naprzemienny stan neandertalu płciowego. Enzym heme lanosterolu 14 alfa demetylaza jest inaktywowany, hamując syntezę cholesterolu i zespół zubożenia cholesterolu. Hemowy enzym kwasu retinowego hydroksylaza i hydroksylaza cholekalcyferolowa są niewystarczające produkując brak witaminy D i A, wadliwą odporność i niekontrolowaną proliferację komórek.

Początkowym zdarzeniem jest zwiększona ścieżka kataboliczna tryptofanu wytwarzająca immunotolerancję i immunoparaliż za pośrednictwem kynureniny. Powoduje to wzrost endosymbiotyczny i neandertalizację. Powoduje to konwersję komórek somatycznych do komórek zarodkowych i aktywację programów mejotycznych, co prowadzi do partenogenezy. Homo neandertalina rozmnaża się poprzez partenogenezę. W rozrodzie płciowym dochodzi do nieprawidłowego funkcjonowania, co prowadzi do powstania gatunku partenogenetycznego. Partenogeneza jest indukowana przez aktynowce i wiroidy RNA. Stres wywołany przez zmiany klimatyczne może wywołać partenogenezę. Enzymy hemowe cytochromu P 450 zależne od aromatazy i dehydrogenazy beta-hydroksy steroidowej są wadliwe, co skutkuje brakiem hormonów płciowych wytwarzających bezpłciowość i naprzemienność płciową. Enzymy hemerowe NOS, CBS i HO1 są wadliwe, co prowadzi do braku gazotransmiterów NO, CO i H2S, a w konsekwencji do dysautonomii i dysfunkcji seksualnej. Partenogeneza powoduje powstawanie wielu zarodków w tkankach, co prowadzi do powstawania wielu osobowości oraz schizofrenii i autyzmu. Partenogeneza powoduje również powstawanie nowotworów i chorób autoimmunologicznych. Partenogeneza w mózgu może prowadzić do śmierci normalnej tkanki i neurodegeneracji. Metabolizm komórek macierzystych zarodków partenogenetycznych ze zwiększoną glikolizą i dysfunkcją mitochondriów prowadzi do powstania zespołu metabolicznego. Zubożenie hemu prowadzi do powstawania porfirii i porfirii powodujących postrzeganie ilościowe. Związana ze szlakiem katabolicznym tryptofanu kynurenina może wytwarzać zespół ketaminowy podobny do schizofrenii. Podobny zespół schizofreniczny i autystyczny może wystąpić u neandertalczyków z powodu alkaloidów tryptofanowych syntetyzowanych przez aktywację genu reptiliańskiego - LSD i meskaliny. W ten sposób powstaje szamańskie, duchowe, kwantowe spostrzegawcze społeczeństwo. Indukowane porfirynem kwantowe postrzeganie niskiego poziomu EMF może powodować zanik korowy i CCAS i stan impulsywny, stan agresywny, przemoc, przestępczość, duchowość i terroryzm. Neoneandertalczycy tworzą małe kolonie i grupy plemienne. W wyniku percepcji kwantowej za pośrednictwem porfiru powstają spójne małe grupy, w których wspólne życie tworzy społeczeństwo anarchiczne. Społeczeństwo anarchiczne powstaje w wyniku zaburzeń poznawczych móżdżku afektywnego i zaniku korowej percepcji kwantowej. To społeczeństwo anarchiczne jest małe i plemienne, gwałtowne i agresywne, duchowe i transcendentalne. Powoduje to utratę tożsamości narodowej i recesję na rzecz prymitywnych tożsamości plemiennych. Cywilizacyjne tożsamości narodowe załamują się i są zastępowane przez małe tożsamości plemienne, powodując trwałą wojnę, niestabilność i kryzys. Rozmnażanie się partenogenetyczne u neandertalczyków i neonandertalczyków, jak również brak hormonów płciowych związanych z aseksualnością i naprzemienną seksualnością powoduje matriarchalne dominowanie kobiet w małych grupach społecznych. Może się to zdarzyć w otoczeniu neoneandertalczyków w wyniku endosymbiotycznego wzrostu archeologicznego. W matriarchalnym społeczeństwie neoneandertalczyków dominują kobiety, a mężczyźni zostają zredukowani do marginalnej roli w społeczeństwie, tworząc kompleksy nienawiści i słabości. Można to porównać do tworzenia społeczeństwa żeńskich amazonek i męskich eunuchów. Świat ma tendencję do przekształcania się w anarchiczne społeczeństwo amazońskich kobiet i męskich eunuchów. Reprezentuje to wykastrowany męski syndrom z pozbawieniem godności, integralności, pasji i dumy. Społeczności neandertalczyków funkcjonowały jako anarchiczne małe społeczności żyjące wspólnie. Brakowało w nich koncepcji altruistycznej, egoistycznej i obsesyjnej miłości oraz rodziny nuklearnej. Żyli jako małe grupy 15-20 osobowe o świadomości grupowej. Wywołane porfirią pozazmysłowe postrzeganie kwantowe zaowocowało dobrze zespolonymi anarchicznymi społecznościami, w których dzieci żyły wspólnie i wychowywały się. Relacje seksualne stały się partnerstwem pomiędzy równymi i funkcjonalnymi. Były rozwiązłe, samowystarczalne i nie były w społecznie usankcjonowanych związkach jak małżeństwo. Obowiązkiem męskiego eunuchoida była mała społeczność, która służyła związkom w społeczności zależnym od wspólnej świadomości opartej na pozazmysłowej percepcji kwantowej. Społeczności neandertalczyków i neoneandertalczyków były matriarchalne i równoprawne pod względem płci i nie miały żadnego hierarchicznego przywództwa. Nie było królów ani królowych i było to społeczeństwo bezpaństwowe. Było to stowarzyszenie dobrowolne i nie istniało żadne prawo pisane ani kontrola, chyba że w drodze konsensusu. Reprezentowane jest ono przez starożytne społeczeństwa indyjskie w okresie buddyjskim w historii Indii określane jako Janapadams. Były to małe społeczeństwa bezpaństwowe rządzone przez równość i konsensus. Starożytna cywilizacja harappańska była również zorganizowana jako bezpaństwowe społeczeństwo anarchistyczne. To samo odnosi się do starożytnych królestw celtyckich w Walii, Szkocji, Basku, Katalonii i Bretanii. Koncepcja społeczeństw anarchistycznych jest wzorowana na Mandalach w Azji Południowo-Wschodniej, które obejmują współczesną Indonezję, Wietnam, Laos, Kambodżę, Myanmar i Tajlandię. Cywilizacje te były przedłużeniem cywilizacji południowo-indyjskiej Dravidian, wywodzącej się z cywilizacji harappańskiej. W czasach nowożytnych odrodziły się społeczeństwa anarchistyczne w postaci współczesnej Grama Swaraj z Gandhiego, której filozofia była w zasadzie anarchiczna. Gandhi pochodził z obszaru Indii, gdzie cywilizacja harappańska rozwijała się w czasach prehistorycznych. Te same anarchistyczne społeczeństwa można zobaczyć w żydowskim Kibucu. Żydzi, Celtowie, Drawidianie wszyscy mieli neandertalskie pochodzenie. Stanowiło to podstawę prymitywnych, anarchicznych społeczności neandertalczyków. Związany z globalnym ociepleniem endosymbiotyczny wzrost archeologiczny powoduje neandertalazję. W archaicznych archaikach aktynowców kwantowa percepcja niskiego poziomu EMF skutkuje zanikiem korowym i dominacją w móżdżku, co prowadzi do zaburzeń poznawczych afektywnych w móżdżku. Percepcja kwantowa za pośrednictwem archaicznych porfirów prowadzi do powstawania niewielkich, powiązanych ze sobą społeczności neonandertalczyków o anarchicznych formach organizacji. Cywilizacja ludzka w wyniku globalnego ocieplenia i neandertalizacji mózgu cofa się, tworząc małe plemienne wspólnoty anarchiczne w wiecznych działaniach wojennych, których efektem jest koniec państw narodowych. Rozpoczął się neoneandertalistyczny świat anarchii. Matriarchalne społeczeństwa z partenogenetycznymi kobietami prowadzą do syndromu wykastrowanych eunuchów płci męskiej i społeczeństw równych płci. Anarchia staje się normą życia politycznego na świecie z towarzyszącymi jej katastrofalnymi zniszczeniami. Zespół eunucha płci męskiej w połączeniu z mózgowym zaburzeniem poznawczym afektywnym w świecie anarchicznym o plemiennych tożsamościach może powodować terroryzm, przestępczość, kreatywność, agresję, przemoc, brak empatii i autystyczne plemię.

Partenogenetyczni neoneandertalczycy ostatecznie wyginą z powodu braku różnorodności genów w populacji.

Zmiany klimatyczne i narażenie na pola EMF w internecie o niskim poziomie mogą wywołać aktywność HO1 i zwiększoną syntezę porfiryn. Porfiryny mogą tworzyć porfiryny, które działają jako wzór do tworzenia wiroidów RNA, wiroidów DNA i izoprenoidów w procesie abiogenezy. Są one symbiozą do tworzenia aktynowych archaicznych i wiroidów RNA. W wyniku tego dochodzi do endosymbiotycznej transformacji komórek macierzystych za pośrednictwem archaeów. Endosymbiotyczne archaiki mogą indukować aktywację receptorów opłat i aktywować HIF alfa, co prowadzi do metabolizmu komórek macierzystych o zwiększonej glikolizy i dysfunkcji mitochondriów. Endosymbiotyczne archaiki mogą indukować reduktazę aldozową i metabolizm fruktozy, powodując frukotemię, syntezę lipidów, mukopolisacharydozę, porfirie i zespoły hibernacji/zombie. Zwiększona glikoliza i fenotyp Warburga mogą aktywować układ odpornościowy. Programy mejotyczne komórek macierzystych ulegają aktywacji i prowadzą do powstawania komórek zarodkowych i partenogenezy. Tak więc zmiany klimatyczne i ekspozycja na Internet powodują zmiany w rozrodczości do dominującego rozrodu bezpłciowego i partenogenezy. Powoduje to powstanie fenotypu bezpłciowego męskiego eunucha. Skutkuje to równouprawnieniem płci i dominacją kobiet. Populacja płci męskiej zostaje wywłaszczona i jest peryferyjna w stosunku do funkcji społecznych. W ten sposób powstaje społeczeństwo eunuchów i matriarchów płci męskiej. Społeczeństwo wycofuje się do reżimu matriarchalnego z powszechnymi konsekwencjami społecznymi. Porfiriony i aktynoidalne archaiki magnetotaktyczne mogą odbierać pola elektromagnetyczne niskiego poziomu, powodując czołowy zanik korowy i dominację móżdżku. Prowadzi to do zaburzenia funkcji poznawczych móżdżku na skalę epidemiczną. Móżdżek jest miejscem impulsywnego zachowania, agresji, przestępczości, postrzegania pozazmysłowego, zjawisk duchowych i snów, a także transu. Powoduje to powstanie impulsywnego społeczeństwa bez żadnej logiki czy rozumu, wytwarzającego bezprawie i anarchię. W ten sposób powstaje anarchiczny świat neonandertalczyków z małymi społecznymi grupami plemiennymi i upadkiem zorganizowanego społeczeństwa obywatelskiego i państw narodowych. Konsekwencją tego są powszechne bezprawie, wojny, przestępczość, terroryzm, obietnica seksualna, upadek rodziny nuklearnej, alternatywna seksualność, wspólne życie i rozpad struktur społecznych społeczeństwa homo sapien. Otwiera się anarchiczny, eunuchoidalny świat neoneandertalczyków. Tak więc zmiany klimatyczne i internet powodują zmiany seksualne, anarchiczne zmiany społeczne i zmiany reprodukcyjne. Neandertalczycy żyją w wymarzonym świecie wyobraźni i zjawisk paranormalnych modulowanych przez przerost móżdżku i funkcję. W ten sposób powstaje duchowy świat transu i religijności. Mózg neandertalczyków aktywuje domyślną sieć w płacie przedtrzonowym, wytwarzając sen senny, twórczą wizualizację, zjawisko fantazji, depersonalizację i zmienioną świadomość. Zwiększony katabolizm tryptofanowy produkuje kynureninę, która blokuje receptor NMDA produkujący ketaminę lub fencyklidynę schizofreniczną psychozy na skalę epidemiczną. Zwiększony poziom kynureniny może również blokować receptor alfa 7 nikotynowej acetylocholiny, zmniejszać aktywność serotoninergiczną i aktywować receptor dopaminergiczny. Ścieżka kataboliczna tryptofanu wytwarza również alkaloidy halucynogenne, takie jak strychnina, meskalina i LSD. W neonandertalach przyczynia się to do powstawania stanów szamańskich w ciągu dnia. To przyczynia się do kreatywności, autyzmu, schizofrenii, braku kontaktów społecznych, małych populacji plemiennych i wymarzonego świata w społeczeństwie neandertalskim. Zwiększona ilość porfirów produkuje postrzeganie kwantowe i świat marzeń. Neandertalczycy tworzą małe grupy społeczne i brakuje im kontaktów społecznych z nie spokrewnionymi populacjami produkującymi małe, autystyczne plemiona. Neoneandertalczyków i homo sapiens można wyróżnić następujące zjawiska nieświadomości kontra świadomość, religii kontra nauka, magia kontra logika, sen kontra obudzenie i psychiczne kontra materiał. Neoneandertalczycy mają wielkie zdolności paranormalne i społeczeństwo było bardziej religijne i duchowe. Stworzyli oni miasta snów, które były klasycznie psychopatyczne, magiczne i przypominające sen. Neandertalska kultura magii, kultury i ducha była inna niż homo sapiens. Mity, folklor i religijność pochodzą od neandertalczyków. Kult węży jako symbol Boga i wykorzystanie kryształów i minerałów, czego przykładem są formy medycyny Siddha, są neandertalskie. Malowali oni skórę i twarze tworząc rozległe tatuaże, nosili ozdoby i byli niezwykle ceremonialni i rytualni. Stworzyli taniec jako formę kultu porównywalną z koncepcją Sziwy jako tancerki niebieskiej. Neandertalskie plemiona były nocne i znały gwiazdozbiory wielkiego niedźwiedzia, małego niedźwiedzia i drako. Neandertalczycy byli plemieniem nocnym ze względu na wrażliwość na światło spowodowaną porfiriami, które sprawiały, że preferowali noc do dnia. Bogowie neandertalczycy pochodzili z kosmosu zewnętrznego, a cywilizacja została zasiana przez kontakty międzygalaktyczne pośredniczące w oddziaływaniach kometarnych i asteroidalnych. Komety i asteroidy niosły magnetotaktyczne aktynoidalne archaiki, które tworzyły kolonie przekształcające się w homo neandertalczyków. Neandertalczycy byli religijni, mieli ceremonie pogrzebowe i wierzyli w życie pozagrobowe. Cywilizacja Dravidiańska, Uluzzian i Chatelperonean, a także Baskowie i Katalończycy byli neandertalczykami. Były to cywilizacje snów, rytuałów, tańców, religijności i transu z powodu epidemii CCAS. Neandertalczycy byli plemieniem nocnym, które czciło księżycową boginię, było matriarchalnym zbiorem pożywienia, a kobiety rządziły społeczeństwem. Homo sapiens byli słońcem czczącym patriarchalnych myśliwych wojowników i mężczyzn rządzących społeczeństwem. Kobiety były tylko adiunktami. Społeczeństwo neandertalczyków było religijne, rytualne, symboliczne i miało kosmologiczne podejście do świata. Było to społeczeństwo twórczej wyobraźni. Było to społeczeństwo w przeważającej mierze partenogenetyczne i aseksualne. Tantryczna forma duchowości i poczucie duchowego przebudzenia wskazane przez Kundaliniego ukazywały aseksualną naturę i eunuchoidalność charakterystyczną dla plemienia neandertalczyków. Móżdżek jest miejscem twórczych wizualizacji, paranormalnych i snów. W mózgu neandertalskim dominował móżdżek, tworząc stany transu, sny, telepatię, uzdrawianie psychiczne, zjawiska poltergeistyczne i religijność. Była to wysoka cywilizacja snów zapośredniczonych przez móżdżek. Móżdżek wytwarza ataksyjny zespół motoryczny oraz dysmetrię myśli. Dysmetria myśli prowadzi do autystycznego i schizofrenicznego plemienia neandertalczyków i neonandertalczyków, wytworzonego przez zmiany klimatyczne i ekspozycję w Internecie. Móżdżek jest miejscem występowania powszechnych guzów zarodkowych, a partenogeneza wywołana artefaktem jest wyższa w móżdżku produkującym przerost móżdżku, dominacja móżdżku i dysfunkcja móżdżku. Partenogeneza wywołana artefaktem powoduje dominację neandertalskiego mózgu w móżdżku i wymarzoną cywilizację neandertalczyków.

Umysł homo sapiens może charakteryzować się ego, a homo neandertalczykiem id. Cechy homo sapiens to słońce, faszyzm, psychoza, logika, nauka, przebudzenie, dorosły, dzień, Bóg, mężczyzna i yang, natomiast cechy homo neandertalczyków to komunizm, księżyc, nerwica, intuicja, religia, senny dzień, dziecko, noc, diabeł, kobieta i ying. Cro-Magnonowie byli myśliwymi, patriarchalnymi i czcicielami słońca. Homo neandertalczycy byli czcicielami księżyca, patriarchalnymi i zbieraczami żywności. Homo neandertalczycy zamieszkiwali Europę i Środkowy Wschód. Gooch postulował podwójną spiralną koncepcję umysłu w przeciwieństwie do dominacji półkulistej. Podwójna spirala umysłu Goocha obejmuje móżdżek, który zajmuje się snem i kreatywnością oraz mózg zajmujący się logiką. Jego koncepcja świętego życia człowieka, podwójna helisa umysłu, miasta snów, kreacje przestrzeni wewnętrznej i podzielonego ja są obszernie opisane w jego pracy. Móżdżek jest miejscem zjawisk paranormalnych i nadprzyrodzonych i rodzi wytwory z przestrzeni wewnętrznej. Są to kreacje z przestrzeni wewnętrznej, za pośrednictwem której móżdżek tworzył podstawy dla wampirów, troglodytów, demonów i asurasów. Kora mózgowa jest miejscem ego, a móżdżek miejscem id. Móżdżek staje się dominującym miejscem dzięki artefaksie i wiroidowej partenogenezie zarodkowej. Krzyżowanie się Cro-Magnona z neandertalczykami spowodowało wybuch duchowości, artyzmu i kreatywności. Ludzkie zachowanie można wytłumaczyć podwójną spiralną koncepcją umysłu. Socjaliści są neandertalczykami i konserwatystami Cro-Magnona. Neandertalczycy mieli rude włosy ze skośnym czołem i byli czcicielami księżyca. Kult księżycowy był powszechny w Żyznym Półksiężycu, który obejmował Turcję, Egipt, Harappę, Sumerię i Arabię. Podstawą tych cywilizacji był księżyc. Społeczeństwa neandertalskie były matriarchalne, całkowicie rozwiązłe i napędzane seksem i prowadzone przez kobiety. Można je porównać z zachowaniami bonobo naczelnych. Neandertalczycy byli krótkowzroczni, leworęczni i niedowidzący. Cro-Magnony były wyższe, dalekowzroczne i praworęczne. Neandertalczycy żyli wspólnie, a Cro-Magnonowie byli monogamiczni i związani parami. Neandertalczycy mieli większy móżdżek, piknikowy typ ciała, nieatletyczny typ ciała, leworęczność, mniej łysienia typu męskiego, wydatne brwi oczu, recesywne podbródki, byli neurotyczni, a mniej psychozy, bardziej hipnotyzujący i lepszy wzrok w nocy. Fenotyp neandertalczyka można zaobserwować u osób porzucających naukę, uzależnionych, alkoholików, bezrobotnych i bezsennych. Żyli w świecie marzeń sennych i wzmożonej aktywności seksualnej, a także naprzemiennej seksualności. Neandertalczycy byli zorganizowani religijnie byli widziani na południu Europy, na wschodzie Europy wśród nietykalnych, podczas gdy Cro-Magnonowie mieli duże społeczeństwo obywatelskie i byli widziani w północnej Europie, Europie Zachodniej, wspólnotach Braminów i byli wyżsi. Polityczne idee rewolucji francuskiej, rosyjskiej i talibów były neandertalskie, podczas gdy idee nazistów i KKK były Cro-Magnonami. Neandertalczycy byli w zasadzie społeczeństwem marzycielskim, księżycowym i byli reprezentowani przez Celtów, czarownice, kabalistów, różokrzyżowców i judaistów. Nazistowska nienawiść do Żydów i zachodnia nienawiść do islamu wynikają z ich neandertalskiego pochodzenia. Homo sapiens natomiast byli czcicielami słońca. Neandertalczycy byli leworęczni i leworęczni, a Cro-Magnonowie praworęczni i prawoskrętni. The Neandertalczyk społeczeństwo reprezentować Nairs, Nagas, Sakas, Scythians, Saxons, Celts, Berbers, Sumerians, Dravidians, Harappans, Etruskowie i Egipcjanin. Księżyc był czczony w Egipcie, Babilonie, Indiach, Sumerii, Asyrii, Akkadyjczykach i Chaldejczykach. Bóg księżycowy był nazywany jako grzech i Thoth. Są to najstarsze ludzkie bóstwa i są reprezentowane przez Sziwę w Indiach. Egipski bóg Izyda, celtycki bóg Morgana, grecki bóg Artemida, Afrodyta i Selena byli przedstawicielami boga księżycowego. Wszystkie pogańskie święta zależą od cykli księżycowych. The księżycowy Bóg czcić w the Kabbala, the Talmuds, the Ur Chaldees, Harappa i w the Żyzny Półksiężyc. Cywilizacja Harappan miała Sziwę z jej półksiężycem symbolizującym księżycowy kult. Soma była bóstwem przewodniczącym ceremonii Rig Vedic i jest reprezentowana przez księżyc. Soma jest właściwie napojem z mleka, miodu, marihuany i innych ekstraktów roślinnych, które wytworzyły stan halucynacji. Kultura hinduska była neandertalska i księżycowo-centryczna, podobnie jak kolejne sekty hinduizmu Shaivite, takie jak Aghoras i Nagas. Określenie na chorobę psychiczną - szaleńca pochodziło od księżycowego kultu. Cywilizacja Cro-Magnon była przeciwieństwem, gdzie słońce było dominującym elementem, a logika - kulturą społeczeństwa. Wojny historii i nienawiść do takich cywilizacji jak Żydzi, islam i hinduiści opierały się na neandertalskim pochodzeniu i ich księżycowym kulcie.

Neandertalczycy rozwinęli się poprzez wysiew kometarnych genów reptiliańskich z kosmosu. Międzygalaktyczne porfiryny, wiroidy RNA, wiroidy DNA i wzorce replikujące archaiki magnetotaktyczne są podstawą genów kometarnych i wysiewania życia na Ziemi. Replikacja wzorca i partenogeneza są związane z ewolucją neandertalczyków. Konflikt wewnątrzgatunkowy i hybrydyzacja międzygatunkowa powoduje ekspresję genów reptiliańskich w niedoborze ludzkiego PDH, dysfunkcji mitochondriów, SLOS i porfirii. Partenogeneza i matriarchia są ze sobą powiązane, podobnie jak SLOS, aseksualność i alternatywna seksualność. Prowadzi to do powstawania anarchicznych społeczeństw anarchicznych o charakterze hierarchicznym. Równość i wrażliwość na płeć są związane z wężowym kultem Khylsta i Capracoitów - Nagów i Asurasów - Drawidiuszów i Sumerów - Punktów i Egipcjan. Matka Bogini, lud wężowy i Neandertalczycy są synonimami. The Dravidians, Celt, Egipcjanin, Żyd, Berber, Sakas, Nagas, Nairs, Asuras i Neanderthals być partenogenetyczny. Spożywali oni wysokotłuszczową dietę wysokobiałkową - mleko i miód, a także mieli utrzymującą się tolerancję dorosłych na laktozę. Przyczyniło się to do spożycia diety ketogenicznej, metabolizmu komórek macierzystych i partenogenezy. Globalne ocieplenie i zmiany klimatyczne mogą prowadzić do archaicznej endosymbiozy i neandertalizacji gatunku. Prowadzi to do hybrydyzacji międzygatunkowej i konfliktów wewnątrzgatunkowych przyczyniających się do partenogenezy. Wiroidy Archaea i RNA mogą indukować partenogenezę. Partenogeneza może prowadzić do matriarchii i dominacji samic. Partenogeneza może powodować ekspresję genów reptilianów, porfirii, pozazmysłowej percepcji i fenotypu autystycznego. Prowadzi to do powstania twórczej, duchowej i matriarchalnej populacji. Ma to podobieństwo do kolonii mrówek i pszczół. Zachowują się one jak partenogenetyczne społeczeństwa neandertalczyków. Ekspresja genów reptilianów wytwarza fenotyp SLOS, niski poziom cholesterolu i brak hormonów płciowych, co prowadzi do bezpłciowości i naprzemiennej seksualności.

Partenogeneza może prowadzić do chorób człowieka. Partenogenetyczna Ciąża somatyczna może prowadzić do raka. Zarodki partenogenetyczne zachowują się jak autoantygeny powodujące chorobę autoimmunologiczną i autoimmunologiczną. Partenogeneza i glikoliza komórek macierzystych może prowadzić do aktywacji limfocytów i choroby autoimmunologicznej. Partenogeneza w mózgu może prowadzić do wielu osobowości powodujących schizofrenię i autyzm. Partenogeneza zarodków w tkance nerwowej może prowadzić do neurodegeneracji poprzez głodowanie komórek gospodarza. Partenogeneza prowadzi do powstania fenotypu Warburga. Fenotyp Warburga przyczynia się do glikolizy beztlenowej, dysfunkcji mitochondriów i zespołu metabolicznego. Partenogeneza może prowadzić do ewolucji płciowej i naprzemiennej seksualności. Partenogeneza prowadzi do braku zapotrzebowania na rozmnażanie seksualne. Ekspresja genów reptilianów i fenotypu SLOS powoduje zubożenie cholesterolu i niedobór hormonów płciowych. Powoduje to powstanie fenotypu bezpłciowego. Ekstremalne zmiany klimatyczne mogą powodować symbiozę archeologiczną i partenogenezę. Prowadzi to do hybrydyzacji międzygatunkowej i konfliktów wewnątrzgatunkowych. Prowadzi to do powstania społeczeństwa matrilinowego i dominacji kobiet. Status samców jest niski w społeczeństwach matrilinealnych. W społeczeństwach neandertalskich dominowały kobiety. Hybrydyzacja międzygatunkowa i konflikt wewnątrzgatunkowy prowadzi do archaicznej i RNA wiroidowej partenogenezy. Ekspresja genów reptilianów wytwarza fenotyp SLOS, niski poziom cholesterolu, niskie stężenie hormonów płciowych i bezpłciowość. Prowadzi to do naprzemiennej seksualności, społeczeństw matrilinealnych, dominacji kobiet i zespołu DEVI. Przyczynia się to do powstawania fenotypu autystycznego i neandertalistycznych plemion autystycznych.

Partenogeneza wywołana zmianami klimatycznymi jest wynikiem pośrednictwa archaicznych i wiroidów RNA. Prowadzi to do powstania społeczeństwa matriliniowego, matriarchicznego i aseksualnego. Ekspresja genów reptilianów i porfirii prowadzi do generowania porfirii i pozazmysłowej percepcji. Partenogeneza i kult Bogini Matki są ze sobą powiązane. Porfiryny wytwarzają pozazmysłowe postrzeganie kwantowe i cywilizację kwantową. Prowadzi to do kreatywności i autyzmu. Powrót Nagas i Asuras z powodu zmiany klimatu jest związany z archeologiczną endosymbiozą i partenogenezą. Archaea i wiroidy mogą indukować partenogenezę. Archaea and RNA viroid indukują dysfunkcję mitochondriów i regulowaną glikolizę, co prowadzi do transformacji komórek macierzystych komórek somatycznych. Metabolizm komórek macierzystych obejmuje glikolizę beztlenową, dysfunkcję PDH, mutację CoQ 2 i dysfunkcję mitochondriów. Komórki somatyczne będące komórkami macierzystymi ulegają transformacji w układzie aktywacji immunologicznej i wydzielania cytokin, mogą być przekształcone w komórki kiełkowe - plemniki i komórki jajowe. Może to prowadzić do zapłodnienia i partenogenezy. Porfiryny są wynikiem wewnątrzgenomowej hybrydyzacji konfliktowo-gatunkowej i ekspresji genów reptiliańskich. Archaiki mogą indukować aktywację receptorów HIF alfa i toll, co prowadzi do glikolizy, dysfunkcji mitochondriów i GABA shunt. Prowadzi to również do syntezy porfiryn i porfiryn. Porfiryny mogą wytwarzać postrzeganie pozazmysłowe/kwantowe. Porfiryny mogą powodować percepcję kwantową i cywilizację kwantową istniejącą w wielorakich światach. Archaiki aktynowców i porfiryny pełnią funkcję magnetotaktyczną, czego efektem jest funkcja neuronów lustrzanych. Prowadzi to do powstania plemienia autystycznego. Kora mózgowa staje się atroficzna, a kora mózgowa dominująca, wytwarzając zaburzenie poznawcze afektywne. Hybrydyzacja międzygatunkowa i konflikt wewnątrzgatunkowy prowadzi do symbiozy archeologicznej i partenogenezy. Istnieje konflikt wewnątrzgatunkowy i hybrydyzacja międzygatunkowa powodująca to zjawisko. Skutkuje to ekspresją genów reptiliańskich i aktywacją szlaku kwasu shikimowego. Prowadzi to do zwiększonej syntezy dopaminy. Transmisja hiperdopaminergiczna może wytwarzać endemiczną chorobę la tourette z tikami motorycznymi i wokalnymi. Syczenie jak tiki wokalne doprowadziło do ewolucji języka.

Neandertalczycy spożywają dietę wysokotłuszczową o wysokiej zawartości białka, ketogenną. Prowadziło to do hibernacji, fruktolizy i fruktozemii, lipogenezy i odkładania się tłuszczu, gromadzenia się mukopolisacharydów, partenogenezy i metabolizmu komórek macierzystych, glikolizy i dysfunkcji mitochondriów. Dieta wysokotłuszczowa o wysokiej zawartości białka może prowadzić do zmniejszenia SCFA, modulowanej acetylacji histonu, ekspresji HERV i modulacji genomowej. Niski poziom krótkołańcuchowych kwasów tłuszczowych, w tym maślanu, wynikający z diety o niskiej zawartości błonnika, prowadzi do zmniejszenia ekspresji HDAC, co jest związane z ekspresją HERV. Ekspresja genu Reptilian może prowadzić do homo cystynurii i modulacji ekspresji genomowej poprzez demetylację. Neandertalizacja mózgu powoduje pozazmysłowe postrzeganie, zanik korowy, dominację móżdżku i zaburzenia poznawcze afektywne (CCAS). Współczynnik neandertalażu jest związany z neurotycznością, społecznym strachem, unikaniem społecznym, depresją, zaburzeniami dwubiegunowymi i autyzmem. Iloczynnik neandertalczyka jest związany z obawą przed obcymi, agresywnym zachowaniem i ograniczeniem społecznym. NQ jest również związany z rozwiązłością seksualną, emocjonalnym stoicyzmem i strachem w sytuacji społecznej. NQ wiąże się również z lękiem, ksenofobią, brakiem empatii, współczuciem. Współczynnik NQ jest związany z brakiem pamięci operacyjnej i świadomości oraz rozwojem pamięci długoterminowej. Współczynnik NQ jest związany z ryzykownymi zachowaniami fizycznymi, społecznymi i seksualnymi. Współczynnik NQ odnosi się do małych grup liczących 8-10 osób. Grupy neandertalczyków były małe. Grupy homo sapien liczyły 150 i były duże. NQ tworzą sojusze w ramach grup krewnych i więzi rodzinne były silne. Homo sapiens mogli tworzyć sojusze z grupami nie spokrewnionymi i rozwiniętymi dużymi cywilizacjami.

Fenotyp autystyczny i schizofreniczny został przypisany przez Leo Kannera i Bruno Bettelheima jako chłodzona matka matriarchalnego fenotypu neandertalskiego. Homo neandertalczyk jest żeńskim dominującym matriarchalnym społeczeństwem. Mózg neandertalczyka przyczynia się do zaburzenia funkcji poznawczych móżdżku z dużą częstością występowania autyzmu i schizofrenii. Prowadzi to do rodzicielskiego zimna, obsesyjności, społecznej izolacji i rytualizmu. Autystyczne i schizofreniczne matki neandertalczyków dają początek autystycznym i schizofrenicznym dzieciom. Autyzm i schizofrenia są zaburzeniami socjalizacji. Matki dzieci autystycznych i schizofrenicznych są społecznie wycofane i zdominować ich dzieci prowadzące do tego, co jest nazywane jako zespół Mahlera lub symbiotyczny zespół psychotyczny. Jest to syndrom różnicowania i deanimacji, w którym dziecko postrzega siebie jako przedłużenie matki. Neandertalczycy mają magnetotaktyczne archaiczne i porfirynowe postrzeganie kwantowe, a dominująca matka jest niezróżnicowana psychologicznie od dzieci neandertalczyków. Dzieci neandertalczyków z matek dominujących stają się społecznie wycofane i odizolowane, co prowadzi do paleologicznego procesu myślenia przyczyniającego się do autyzmu i schizofrenii. Mózg neandertalczyków ewoluuje w wyniku symbiozy archeologicznej, a archeologiczny katabolizm cholesterolowy prowadzi do obniżenia poziomu cholesterolu i kwasów żółciowych w neandertalach. Archaiki używają cholesterolu jako substratu energetycznego i mają aktywność oksydazy cholesterolowej. Kwasy żółciowe mogą wiązać się z receptorami węchowymi i modulować zachowanie płata limbicznego i człowieka. Kwasy żółciowe biorą udział w wiązaniu społecznym, a ich niedobór w neandertalach przyczynia się do powstawania mniejszych społeczeństw i ciasnych grup rodzinnych. Niedobór kwasów żółciowych przyczynia się do zmniejszenia więzi społecznych u neandertalczyków oraz do powstawania autyzmu i schizofrenii. Relacje rodzinne w społeczeństwie matriarchalnym są napięte, co prowadzi do powstania zespołu pustej twierdzy.

Porfiryiry mają falowo-cząsteczkowe istnienie i mogą istnieć w przestrzeni międzygalaktycznej. Tworzą szablon do tworzenia abiogenetycznych organizmów izoprenoidalnych, wiroidów DNA, wiroidów RNA, podwójnych szablonów helikalnych przypominających gady. Tworzenie się wszechświata zależy od abiogenetycznego pola magnetycznego związanego z międzygalaktycznym polem magnetycznym w archaicznych archaikach. Geny kometarne pochodzące z międzygalaktycznych archaicznych i wiroidów przez asteroidalny wpływ życia nasion w ziemi. Archaiki międzygalaktyczne i geny kometarne wytworzyły ewolucję życia na Ziemi. Archeologiczne kolonie aktynowców stały się wielokomórkowe i ewoluowały w neandertalczyków. Partenogenetyczne embriony neandertalczyków mają szablon pośredniczący w replikacji.

Hybrydyzacja międzygatunkowa i konflikt wewnątrzgatunkowy doprowadziły do powstania archaicznych i wiroidowych procesów partenogenezy. Spowodowało to matriarchię i dominację samic. Ekspresja genów reptilianów i fenotyp SLOS powodowały niski poziom cholesterolu, hormonów płciowych i aseksualność. W ten sposób powstała kultura równości płci i alternatywnej seksualności. ESP wywołane przez porfirynę może prowadzić do zjednoczonej świadomości, równości i jedności. Prowadzi to do powstania anarchicznego i niehierarchicznego społeczeństwa. Neandertalizacja mózgu może prowadzić do zaburzeń poznawczych afektywnych w móżdżku. CCAS prowadzi do ewolucji złości i duchowości. CCAS prowadzi również do nielogicznych, impulsywnych aktów przyczyniających się do terroryzmu. Pozazmysłowa percepcja i ataksja spowodowana dysfunkcją móżdżku może prowadzić do kreatywności, tańca, malarstwa i sztuki.

Hybrydyzacja międzygatunkowa i konflikty wewnątrzgatunkowe mogą prowadzić do partyjogenezy - archaiki i indukcji wiroidowej. Ekspresja genów reptilianów i metabolizm komórek macierzystych prowadzi do dysfunkcji mitochondriów, niedoboru PDH, glikolizy, fruktolizy, fruktozemii, lipogenezy, zespołu hibernacji, mukopolisacharydozy i zespołu zombie. Wytwarza to zespół metaboliczny z otyłością i cukrzycą imitujący nawyki reptilianów. Hybrydyzacja międzygatunkowa i konflikty wewnątrzgatunkowe prowadzą do zmian klimatycznych, archaiczności i partenogenezy wywołanej przez wiroidy. Ekspresja genów reptilianu wytwarza HIF alfa i zwiększa aktywację immunologiczną glikolizy. Partenogeneza somatyczna jest związana z autoimmunizacją. Ekspresja genów gadów szpikułowych i synteza digoksyny prowadzi do aktywacji immunologicznej. Geny Reptilianu i ekspresja HLA są ze sobą powiązane. Geny HLA pochodzą od neandertalczyków. Indukowana przez wiroidy archaiczna i RNA aktywacja receptora poboru opłat może prowadzić do aktywacji immunologicznej. To powoduje chorobę autoimmunologiczną. Hybrydyzacja międzygatunkowa i konflikty wewnątrzgatunkowe mogą prowadzić do partenogenezy, archaiki i wiroidów wywołanych RNA. Ekspresja genu reptilianów prowadzi do porfirii. Porfiryny są związane z postrzeganiem ilościowym. Neandertalczycy są oporni na retroviral z mniejszą ekspresją HERV, co prowadzi do zaników korowych i dominacji móżdżku, przyczyniając się do CCAS. Percepcja kwantowa indukowana przez porfiryny może prowadzić do powstania cywilizacji kwantowej. Wynika to z neandertalizacji mózgu, zmniejszenia kory mózgowej. Hybrydyzacja międzygatunkowa i konflikt wewnątrzgatunkowy, jak wspomniano wcześniej, może prowadzić do partenogenezy - archaiki i wiroidy indukowane. Ekspresja genów reptilianów prowadzi do wytworzenia porfirii i porfirii wytwarzającej ESP i percepcję kwantową. Funkcjonalność neuronów lustrzanych jest związana z porfirią archaiczną. Prowadzi to do percepcji kwantowej i cywilizacyjnej, a także do biologicznej reinkarnacji.

Tabela 1. Wywiad partenogenetyczny w ciążach kobiet

Grupa	Procent
Matrilineal Nair	11
Nie-matrylinowy	2

Tabela 2. Współczynnik neandertalczyka

Grupa	NQ
Matrilineal Nair	Wysoki
Nie-matrylinowy	Niski poziom

Referencje

1. Gordon Scherer (2013). The Serpent People. Blog: Węże. Mar. 22, 2013.
2. Geher, G., Holler, R., Chapleau, D., Fell, J., Gangemi, B., Gleason, M., Rolon, V., Shimkus, A., i Tauber, B. (2017). Wykorzystanie technologii genomu osobistego i psychometrii do badania osobowości neandertalczyków. *Human Ethology Bulletin*, 3, 34-46.

ROZDZIAŁ 11

WSPÓŁCZESNA CYWILIZACJA NEANDERTALSKA I KONFLIKT NEANDERTALSKI CRO-MAGNON - DOWODY Z BIOLOGII CZŁOWIEKA

Wprowadzenie

Ekstremalne zmiany klimatyczne powodują endosymbiotyczny wzrost archeologiczny. Archaiki są organizmami katabolizującymi cholesterol. Prowadzi to do neandertalizacji gatunku ludzkiego. Nastąpiło to podczas epoki lodowcowej i prawdopodobnie jest zjawiskiem ciągłym w okresach globalnego ocieplenia. Homo neandertalczyk jest matrilinealny, a pozostałe matrilinealne społeczności Drawidian, Semitów, Basków, Celtów i Berberów są neandertalczykami. Globalne ocieplenie powoduje endosymbiotyczny wzrost archeologiczny i neandertalizację. Powoduje to zmiany w mózgu, przy czym kora mózgowa staje się dysfunkcyjna, a móżdżek dominuje. Jest to spowodowane zwiększonym postrzeganiem niskiego poziomu EMF przez archeologiczny magnetyt. To powoduje zmiany w społeczeństwie ludzkim, zachowania i wzorce choroby. [1-17]

W społeczności Nair w Kerali występuje wysoka częstość występowania autyzmu i fenotypów antropometrycznych neandertalczyków. Społeczność Nair jest matrilineal i jest jedną z niewielu funkcjonalnych matriarchii na świecie i mówi językiem Dravidian z podobieństwem do społeczeństw celtyckich, scytyjskich, berberyjskich i baskijskich. Mózg autystyczny jest porównywalny do wielkiego mózgu neandertalskiego. Społeczeństwa autystyczne i matrilinealne, takie jak Nair, można uznać za skamieniałe resztki populacji neandertalskiej. Endosymbiotyczne archaiki aktynowców wykorzystujące cholesterol jako substrat energetyczny zostały opisane w chorobie systemowej z naszego laboratorium. Populację autystyczną i Nair badano pod kątem aktywności cytochromu F420 zależnego od aktynowców, sugerującej wzrost endosymbiotycznych archaikach. [1-17] Hipotezę tę zbadano oceniając wzrost endosymbiotyczny w populacjach pochodzących z populacji matrilinealnych.

Materiały i metody

Do badań wybrano trzy grupy, po 25 numerów w każdej z nich - populację autystyczną zdiagnozowaną według kryteriów DSM, normalną populację Nair i normalną populację spoza Nair. Badano charakterystykę matrilinową i antropometryczną neandertalczyków w populacji normalnej Nair i nienairskiej oraz w populacji autystycznej.

Próbki krwi pobierano w stanie postu przed rozpoczęciem leczenia. Oceny przeprowadzone w pobranych próbkach krwi obejmowały aktywność cytochromu F420, cytochrom F420 oszacowano mącznikowo (długość fali wzbudzenia 420 nm i długość fali emisji 520 nm). Analiza statystyczna została wykonana przez ANOVA.

Wyniki

Wyniki badania były następujące. Nair oraz grupa osób z autyzmem i chorobami cywilizacyjnymi wykazywały zwiększoną aktywność cytochromu F420.

Tabela 1. Występowanie autyzmu w populacji Nair, autystycznej i nienairskiej

Grupy	Autyzm	Procent
Nair	68 przypadków	68
Inne niż Nair	32 przypadki	32
Razem	100	

Tabela 2. Cechy antropometryczne w populacji Nair, autystycznej i nienairskiej

Grupy	Neandertalska antropometrycz na	Razem	Procent
Nair	72 przypadki	100	72
Inne niż Nair	21 przypadków	100	21
Autyzm	81 przypadków	100	81

Tabela 3. Metabolizm neandertalczyków

		Nair	Inne niż Nair	Autyzm	Wartość F	Wartość P
Cytochrom F 420	Mean	4.00	0.00	4.00	0.001	< 0.001
	± SD	0.00	0.00	0.00		

Dyskusja

Skamieniałe klastry neandertalczyków

Neandertalizacja jest zdarzeniem symbiotycznym ze względu na symbiozę archeologiczną. Neandertalczycy zwiększyli symbiotyczny wzrost aktynowców. Ma to miejsce w skrajnych warunkach klimatycznych, takich jak epoka lodowcowa i globalne ocieplenie. Homo neandertalczyk wyewoluował z bonobo naczelnych w wyniku tej symbiozy. Istnieje zwiększona neandertalizacja homo sapiens podczas globalnego ocieplenia w konsekwencji zwiększonego aktynowego wzrostu archeologicznego. Homo neandertalczyk nigdy nie wyginął, lecz przetrwał jako matrilinealista w dolnym regionie Eurazji. Pierwotne cywilizacje matrilinealne neandertalczyków to Harappan, Sumeryjczycy - Akadyjczycy, Asyryjczycy, Etruskowie, Minojczycy, Celtowie, Baskowie, Semicydzi, Żydzi, Arabowie, Australijczycy. Wszystkie cywilizacje są cywilizacją matrilinealną. Początkowa cywilizacja neandertalska przetrwała jako dolna kasta Sudry Indii, Drawidianie, australijscy Aborygenowie, Persowie, Arabowie semiccy, Żydzi semiccy, Berberowie, Baskowie, Grecy, Celtowie i rodowici Amerykanie. Ludzie zamieszkujący te cywilizacje to grupy religijne, intuicyjne, kobiece, dziecięce, senne, senne, świadome wspólnoty, prymitywne socjalistyczne, bardziej seksualne. Przyzwyczajenia ciała tych populacji są krótsze, nachylone czoło, recesywny podbródek i bardziej sprawiedliwe w kolorze. Jest to przeciwieństwem populacji Cro-Magnona w północnej części Eurazji i Afryki. Populacje te są naukowe, logicznie myślące, patriarchalne, bardziej dorosłe, bardziej czuwające, faszystowskie i mniej seksualne. Populacje neandertalczyków zamieszkują brzegi Oceanu Indyjskiego w Azji Południowej, Azji Zachodniej, jak również w regionie okołośródziemnomorskim. Neandertalczycy wywodzili się początkowo z mitycznego superkontynentu lemuryjskiego na Oceanie Indyjskim. Trzęsienia ziemi i tsunami na Oceanie Indyjskim doprowadziły do rozpadu superkontynentu i migracji neandertalczyków na Harappę, Sumerię, Egipt i Basków. Cywilizacja harappańska była w przeważającej mierze neandertalska. Są to asura opisane w Rig veda. Większość opisów w Rig veda odnosi się do asuras, przy czym bogowie z Rig vedic są w przeważającej mierze asuryjni. Sanskryt był prawdopodobnie językiem harappańskim. Dewy opisane w Rig veda były aryjskimi najeźdźcami Cro-Magnona. Wedycja opisuje trwający konflikt między asurami a dewasami. W końcu neandertalskie asurasy harappańskie zostały stłumione i podbite. Cro-magnonic Aryjczycy, którzy podbili Harappę stali się górną kastą hinduskiej elity, a asury Harappan stały się dolną kastą sudras. Cro-Magnon Aryjczycy przejęli asurycznych bogów, Wedy i język i uczynili go swoim własnym. Harappańska cywilizacja asurów była niezwykle zaawansowana, a Aryjczycy Cro-Magnonowie byli prymitywnym plemieniem koczowniczym. Cro-Magnonowie pochodzili z Afryki i wyemigrowali do Eurazji. Ludność Cro-Magnona stłumiła populację neandertalczyków i próbowała ich eksterminować. Między ludnością Cro-Magnona a neandertalczykami dochodziło również do krzyżowania się i mieszania się. Współczesne społeczeństwa neandertalczyków znajdują się na periodyjskim obszarze oceanicznym Indii, Iranu i Arabów semickich. Zasiedlają one także obszar okołośródziemnomorski jako semiccy Żydzi, Berberowie, Baskowie i Celtowie. Dominującą ludnością Afryki i północnej Europy jest Cro-Magnon.

Neandertalski konflikt Cro-Magnon - wydarzenie o charakterze ciągłym

Istnieje odwieczny konflikt pomiędzy Neandertalczykami i Cro-Magnonem. Cro-Magnonowie próbowali eksterminować Neandertalczyków, ale przeżyli jako Żydzi, Arabowie, Indianie z niższej kasty, Aborygenowie i rdzenni Amerykanie. To są ludzie, których Cro-Magnon wykluczył ze społeczeństwa. Podklasa cywilizacji indyjskiej i europejskiej była neandertalczykiem. Wraz z nadejściem globalnego ocieplenia i rosnącą archeologiczną symbiozą, neandertalczycy uaktywniają się i próbują eksterminować Cro-Magnon. Symbiotyczne archaiczne archaiki generują nowe wirusy, które zarażają nieimmunologiczny Cro-Magnon i próbują je wytępić. Punkty zapalne globalnego konfliktu i terroryzmu mogą być zlokalizowane na terenach neandertalskich. Neandertalczycy dominują w trzech religiach świata - Żydach, muzułmanach i hinduistach. Cro-Magnonowie to przede wszystkim Afrykańczycy i Europejczycy. Wyznają oni religię chrześcijańską. Światowe konflikty toczą się zasadniczo między rasami neandertalskimi a rasami Cro-Magnonów. Przykładem tego jest żydowskie kierownictwo rewolucji rosyjskiej i francuskiej z jej ideą wolności, równości i braterstwa. Idee neandertalskie w zasadzie starały się stworzyć równe społeczeństwo. Buddyjski ruch i religia wśród religijnej niższej kasty Indii może być uważana za neandertalskie powstanie przeciwko aryjskiej dominacji Cro-Magnona. Obecne pogłoski w muzułmańskim świecie semickim, manifestujące się jako globalny terroryzm, są odzwierciedleniem neandertalskiego konfliktu Cro-Magnon. Konflikt ten jest w zasadzie pomiędzy ideami kolonizacji Cro-Magnona, kapitalizmu, globalizacji wolnego rynku, prawicowych, faszystowskich, nazistowskich idei, a neandertalskimi ideami równości, demokracji, wolności i socjalizmu. Cywilizacja Cro-Magnona produkuje coraz więcej gazów cieplarnianych, co prowadzi do zwiększenia endosymbiotycznego wzrostu archeologicznego. Endosymbiotyczny wzrost archeologiczny jest podstawą neandertalizacji. Neandertalizacja jest wydarzeniem symbiotycznym, a nie zmianą genetyczną. Powoduje ona ekspansję istniejących społeczeństw neandertalczyków - Semitów, Dravidów i południowych Europejczyków oraz wyginięcie fenotypu Cro-Magnon Aryan. Obecne obszary neandertalskie obejmują południową Europę, Indie, Iran, Półwysep Arabski, żydowską ojczyznę i australijskich aborygenów. Obszary Cro-Magnon obejmują Europę i Afrykę.

Mózg Neandertalczyka i Cro-Magnona - Neoneandertalizacja

Neandertalczycy dominowali w móżdżku. Móżdżek zajmuje się intuicją i pozazmysłowymi zjawiskami percepcyjnymi. Neandertalczycy byli odporni na retroviral. Archaika metabolizuje cholesterol i generuje digoksynę, która wytwarza błonową inhibicję ATPazy potasowo-sodowej i wewnątrzkomórkowy niedobór magnezu. Niedobór magnezu powoduje hamowanie odwrotnej transkryptazy. Digoksyna sama moduluje edycję RNA. Oporność retrowirusowa prowadzi do niedoboru endogennych sekwencji retrowirusowych. Endogenne sekwencje retrowirusowe funkcjonują jako skokowe geny wymagane do dynamiki połączeń synaptycznych. Dynamiczna łączność synaptyczna jest wymagana dla funkcji korowej. Kora mózgowa jest dysfunkcyjna u neandertalczyków, co prowadzi do dominacji w móżdżku. Neandertalczycy zamieszkują świat móżdżku. Populacja neandertalczyków jest psychodeliczna, duchowa, senna, bardziej kobieca, intuicyjna, równa i dominująca. Oni mieli wspólne życie. Byli hiperseksualni i rozwiązli. Można je porównać do małp bonobo. Były matriarchalne i dominujące samice. Są dziecinne, mają sen senny, senny, altruistyczny i potulny. Populacja neandertalczyków wierzyła w życie wspólnotowe i miała hiperseksualne zachowania. Nieprzytomny umysł dominował u neandertalczyków. Mieli prekoncepcję i postpoznanie. Mieli telepatię i jasnowidzenie. Mogli mieć mediumistyczne posiadanie i mogli przejść w regresję hipnotyczną. Mieli zjawisko poltergeist, osobowość zbiorową, osobowość wieloraką, zjawisko porywania obcych osobowości, pamięć o przeszłym życiu, inkub i sukubus. Mieli magiczną cywilizację snów. Były subiektywne, osobiste, emocjonalne, irracjonalne i senne. Woleli ciemności i noce. Mieli więcej autyzmu i schizofrenii. Mieli więcej nadpobudliwości i uzależnienia od uwagi. Byli magiczni, mieli dominującą sztukę, a religia była seksualna i wierzyli w rzeczy bez dowodów. Wiara była intuicyjna. Mieli szamańską i magiczną świadomość. Neandertalczycy byli leworęczni, dominowała prawa półkula/cerebella. Były to istoty zmysłowe i tworzyły duchową senną cywilizację. Byli dziećmi ciemności. Samotny stary mózg wampirów, troglodytów, demonów i okultystów należy do Neandertalczyków. Dominacja i hipertrofia móżdżku prowadzi do dysfunkcji móżdżku i ataksji mowy, a także ruchów ruchowych. Ataksja mowy prowadzi do ewolucji muzyki. Ataksja ruchów ruchowych prowadzi do sztuki abstrakcyjnej. Tak więc mózg neandertalczyka z jego pozazmysłową percepcją jest niezwykle artystyczny. Digoksyna i dipolarny magnetyt w ustawieniu błony sodowo-potasowej inhibicji ATPazy produkuje pompowany system fononowy modulujący percepcję kwantową. Ilościowe zjawiska percepcji są dominujące w neandertalach. Prowadzi to do zwiększonej percepcji pozazmysłowej. Wywołuje to również uczucie jedności i równości zwane zbiorową nieświadomością. Prowadzi to do socjalistycznego równego społeczeństwa neandertalskiego. Neandertalczycy byli również bardziej duchowi i nieświadomi. Dysfunkcja korowa prowadzi do utraty różnicowania półkulistego i różnicowania płciowego. Prawa półkula jest w przeważającej mierze męska, a lewa żeńska. Prowadzi to do zachowań aseksualnych, a dominacja móżdżku prowadzi do hiperseksalności. Populacja Cro-Magnona wierzyła w łączenie par i wzorce rodzinne. Były one bardziej gwałtowne i agresywne. Byli patriarchalnymi i dominującymi mężczyznami. Byli dorośli i logiczni. Mieli tendencje prawicowe i faszystowskie. Byli konserwatywni w swoich praktykach seksualnych. Byli świadomi, egoistyczni, budzący się, męscy dominujący, faworyzowali światło, obiektywni, bezosobowi i okrutni. Świadomy, logiczny mózg dominował. Polegały one na dowodach, logika była oderwana, aseksualny i dominujący mężczyzna. Cro-Magnonowie dominowali głównie na lewą półkulę i praworęczni ludzie praktyczni. Stworzyli materialną cywilizację. Mieli racjonalną świadomość. Byli dziećmi światła.

Globalne ocieplenie powoduje endosymbiotyczny wzrost archeologiczny i neandertalizację homo sapiens. Wszystko to wytwarza dualistyczną świadomość. Lewe skrzydło kontra prawe i konserwatywne kontra liberalne. Produkuje podwójne "ja" i podzielone "ja". Skutkuje to osobowością Caine'a i Abla, a także Jekyll'a i Hyde'a. Neandertalczycy mieli pochylone czoło, małą szczękę, bułkę potyliczną i dużą czaszkę. Ich wzrost był krótszy, a masa ciała większa. Mózg Neandertalczyków był większy. Drugi palec stopy był większy od dużego palca. Miały fałdę simiańską. Homo sapiens mieli mniejszy mózg i mniejszą czaszkę. Byli wyżsi. [1-17]

Referencje

1. Weaver TD, Hublin JJ. Neandertal Birth Canal Shape and the Evolution of Human Childbirth. *Proc. Natl. Acad. Sci. USA* 2009; 106:8151-8156.
2. Kurup RA, Kurup PA. Endosymbiotic Actinidic Archaeal Mediated Warburg Phenotype Mediates Human Disease State. *Advances in Natural Science* 2012; 5(1):81-84.
3. Morgan E. The Neanderthal theory of autism, Asperger and ADHD; 2007, www.rdos.net/eng/asperger.htm.
4. Graves P. New Models and Metaphors for the Neanderthal Debate. *Current Anthropology* 1991; 32(5): 513-541.
5. Sawyer GJ, Maley B. Neanderthal zrekonstruowany. *The Anatomical Record Part B: The New Anatomist* 2005; 283B(1):23-31.

6. Bastir M, O'Higgins P, Rosas A. Facial Ontogeny in Neanderthals and Modern Humans. *Bastir M, O'Higgins P, Rosas A. Ontogeneza twarzy u neandertalczyków i współczesnych ludzi. Sci.* 2007; 274:1125-1132.

7. Neubauer S, Gunz P, Hublin JJ. Endocranial Shape Changes during Growth in Chimpanzees and Humans: Analiza morfometryczna Unique and Shared Aspects. *J. Hum. Evol.* 2010; 59:555-566.

8. Courchesne E, Pierce K. Brain Overgrowth in Autism during a Critical Time in Development: Implikacje dla rozwoju Neuronu Piramidalnego i Interneuronu i łączności. *Int. J. Dev. Neurosci.* 2005; 23:153–170.

9. Green RE, Krause J, Briggs AW, Maricic T, Stenzel U, Kircher M, Patterson N, Li H, Zhai W, *et al.* A Draft Sequence of the Neandertal Genome. *Science* 2010; 328:710-722.

10. Mithen SJ. *The Singing Neanderthals: The Origins of Music, Language, Mind and Body*; 2005, ISBN 0-297-64317-7.

11. Bruner E, Manzi G, Arsuaga JL. Encephalization and Allometric Trajectories in the Genus Homo: Dowody z linii neandertalskiej i nowoczesnej. *Proc. Natl. Acad. Sci. USA* 2003; 100:15335-15340.

12. Gooch S. *The Dream Culture of the Neanderthals: Strażnicy Starożytnej Mądrości.* Inner Traditions, Wildwood House, Londyn; 2006.

13. Gooch S. *The Neanderthal Legacy: Obudzenie naszych genetycznych i kulturowych korzeni.* Inner Traditions, Wildwood House, Londyn; 2008.

14. Kurtén B. *Den Svarta Tigern*, ALBA Publishing, Stockholm, Sweden; 1978.

15. Spikins P. Autyzm, Integracja "Różnicy" i Pochodzenie Nowoczesnego Zachowania Człowieka. *Cambridge Archaeological Journal* 2009; 19(2):179-201.

16. Eswaran V, Harpending H, Rogers AR. Genomika odrzuca wyłącznie afrykańskie pochodzenie człowieka. *Journal of Human Evolution* 2005; 49(1):1-18.

17. Ramachandran V.S. The Reith wykłada, BBC Londyn. 2012.

ROZDZIAŁ 12
EWOLUCJA GATUNKÓW LUDZKICH - HOMO NEANDERTHALIS, HOMO SAPIENS, HOMO SAPIEN EXTINCTUS I HOMO NEONEANDERTHALIS

Endosymbiotyczne archaiki i ewolucja gatunkowa

Globalne ocieplenie prowadzi do endosymbiotycznego i kolonialnego wzrostu archeologicznego, prowadząc do zmian w strukturze i funkcji ludzkiego ciała i układu. Przerost archeologiczny w komórkach prowadzi do powstania nowych organelli komórkowych zwanych archaeaonami. Archeoeony mają szlak shikimatyczny, który może syntezować tyrozynę i dopaminę. Dopamina może być przekształcona w dopachrom, a epinefryna w adrenochrom. Dopachrom i adrenochrom mogą ulec polimeryzacji poprzez utlenianie generujące melaninę. Archaiki wydzielające melaninę można nazwać melanosomami archeologicznymi. Melanina w melanosomach ma szeroki zakres absorpcji widm światła i promieniowania gamma i może go przenosić do generowania energii. Ta transdukcja energii może rozszczepiać wodę na H2 i O2 i generować protony modulujące gradient protonów w błonie mitochondrialnej syntetyzując ATP. Melanina w melanosomie może pochłaniać fotony redukując ubichinon do ubichinolu i generować syntezę ATP poprzez fosforylację oksydacyjną. W ten sposób melanina w archaikach w ludzkiej komórce może funkcjonować jako organella fotosyntetyczna. Archaiony i ich melanina mogą wykorzystywać promieniowanie gamma do syntezy ATP i mogą istnieć w ekstremalnych warunkach. W ten sposób archaeaony mogą wytwarzać źródło energii ze światła i fal elektromagnetycznych oraz promieniowania gamma. Melanina jest zdolna do przewodzenia fal elektromagnetycznych i pól elektromagnetycznych niskiego poziomu i może być zdolna do odbioru kwantowego. W ten sposób melanina w melanosomach jest zdolna do wykrywania i przechowywania informacji, jak również do produkcji energii z fal elektromagnetycznych i wody. Mózg ludzki mógł ewoluować przez ten mechanizm. Ludzie są bezwłosieni w porównaniu z innymi naczelnymi i są narażone na więcej światła indukującego melaninę indukowanej fotosyntezy i wytwarzania energii, które mogłyby przyczynić się do ewolucji kory mózgowej człowieka i skomplikowanego ludzkiego mózgu. Archaiczne melanosomy są zdolne do gaszenia wolnych rodników i opierają się fagocytarnej destrukcji. Melanosomy są również odporne na promieniowanie i promieniowanie UV. Archaeony są niezniszczalne i wieczne. Archaeony posiadają magnetyt i są zdolne do kwantowej percepcji i przechowywania informacji. Melanina służy również do kwantowej percepcji i przechowywania informacji. Archaeonowie mogą również syntezować cząstki magnetytu tworzące subkomórkowe organelle zwane magnetosomami. Magnetytit może oddziaływać z melaniną tworząc nadcząsteczkowe układy złożone. Archaeaon może syntezować porfiryny, które mogą się organizować w celu utworzenia samoodtwarzających się struktur zwanych porfiryntami. Porfiryny mogą oddziaływać z melaniną tworząc również nadcząsteczkowe układy złożone. Pigmenty eumelaniny zawierają tetramery na bazie indolu, które są ułożone w domenach przypominających porfirynę. Struktury oparte na indolach mogą samodzielnie organizować się na rusztowaniach porfirynowych, tworząc struktury tetrameryczne i melaninę. Struktura chemiczna melaniny w skali makromolekularnej wykazuje strukturę pierścieniową tetrameryczną, co może wynikać z samoorganizowania się na rusztowaniach porfirynowych. Porfiryny mogą generować kompleksy melanosomowe i tworzyć samoorganizujące się nadcząsteczkowe układy złożone. Archaeonowe cząstki melanosomów, magnetosomów i porfirów tworzą złożoną sieć kolonii o wyspecjalizowanych funkcjach. Mogą one funkcjonować jako kwantowy system obliczeniowy. Porfiry i melanosomy mogą przetworzyć energię i syntezować ATP funkcjonując jako prymitywny system fotosyntetyczny. Magnetosom, porfiony i melanosomy mogą funkcjonować jako systemy przechowywania informacji. Magnetosomy i porfiryny są dipolarne i mogą mieć kwantową funkcję spostrzegawczą w oparciu o inhibicję ATPazy potasowo-sodowej za pośrednictwem pompowanego systemu fononowego. Melanina może funkcjonować jako nadprzewodnik dla promieniowania wysokiej częstotliwości i neurotransmisji, jako półprzewodnik dla dźwięku i ciepła, przewodzić ładunki jonowe ciała i rezonować dla częstotliwości światła widzialnego. Archaeaon - magnetosom, porfirany i sieć melanosomów może funkcjonować jako kwantowy mózg komputerowy, zmniejszając klasyczny mózg człowieka do mózgu zombie. Tak więc wywołana globalnym ociepleniem sieć kolonii archaicznych i melanosomów jest niezniszczalna i wieczna i przejmuje ludzkie ciało. Programy metaboliczne organizmu ludzkiego są tłumione, w tym mitochondrialna fosforylacja oksydacyjna. Organizm ludzki zostaje zredukowany do zombie lub ramy dla rozwoju kolonii archaicznej. Archaeaon indukuje transformację komórek macierzystych żywiciela komórek ludzkich i zmienia metabolikę komórek ludzkich. Fosforylacja oksydacyjna komórek ludzkich jest tłumiona i jest uzależniona od glikolizy na potrzeby energetyczne. Szlak glikolityczny człowieka jest przejmowany przez archaika dla jego potrzeb. Metabolity glikolityczne są kierowane do szlaku kwasu shikimowego i szlaku fosforanu D-ksylulozy. Ścieżka DXP może syntetyzować cholesterol, który jest katabolizowany przez archaika dla jego energii. Pierścieniowe oksydazy cholesterolowe przekształcają cholesterol w pirogronian, który następnie wchodzi w ścieżkę bocznikową

GABA. Oksydazy z łańcucha bocznego oksydazy cholesterolu przekształcają łańcuch boczny w krótkołańcuchowe kwasy tłuszczowe i żółciowe. Aromatazy cholesterolowe przekształcają pierścień cholesterolowy w pozostałości fenylu oraz syntezę tyrozyny i tryptofanu. Ścieżka kwasu shikimowego wykorzystuje również substraty ze ścieżki glikolitycznej i generuje tyrozynę i tryptofan. Syntezowana tyrozyna jest przekształcana na dopa, dopaminę, dopachrom i utleniana do melaniny. Melanina służy do wychwytywania promieniowania elektromagnetycznego, promieni UV, promieniowania gamma i światła syntetyzującego ATP. Melanina może służyć jako podłoże do prymitywnej fotosyntezy archeologicznej. Prowadzi to do zmian w funkcji i strukturze mózgu. Mózg funkcjonuje jako archaiczna, melanosomalna sieć kolonii magnetytowych zdolna do kwantowej percepcji, przechowywania informacji i generowania energii. To zmienia funkcję mózgu na impulsywny i anarchiczny tryb funkcji społecznych i funkcjonowania społeczeństwa jako grupy lub organizmu zbiorowego. Kwantowa percepcja archaicznych prowadzi również do ewolucji pewnego rodzaju komunikacji ze światem kwantowym tworząc rodzaj uniwersalnej osobowości lub siebie. Komórka i system ludzki zostaje przekształcony w kolonię komórek macierzystych, która jest niedojrzała i pozbawiona funkcjonalnego zróżnicowania, stając się zombie dla archeologicznej kolonii. Melanosom i melanina stanowią pierwszą linię obrony przed infekcją i są niezbędne do uzyskania odporności wrodzonej. Melanosomy mogą zabijać bakterie, wirusy i inne organizmy, o czym świadczy związany z albinizmem zespół Chediaka Higashi i zespół Griscellego. Archeologiczny melanosom chroni go również przed wysoką temperaturą, chemikaliami, rodnikami tlenowymi, utleniaczami, promieniowaniem UV i metalami ciężkimi. Archeologiczna melanina czyni endosymbiotyczną archaea niezniszczalną.

Międzygalaktyczna chmura kwantowych obliczeń archeologicznych universalis

W przestrzeni międzygalaktycznej znajdują się mikroorganizmy, szczególnie takie jak archaiczne archaiki. Kolonia archeologiczna ze swoimi melanosomami, magnetosomami i porfirami może tworzyć w przestrzeni międzygalaktycznej gigantyczną kwantową chmurę obliczeniową funkcjonującą jako międzygalaktyczna nadludzka inteligencja. Porfiony mogą tworzyć szablon do generowania wiroidów RNA, wiroidów DNA i prionów, które mogą się samodzielnie organizować tworząc archaiki. Same porfiony są zdolne do falowo-cząsteczkowego istnienia i samoreplikacji. W ten sposób kwantowa chmura obliczeniowa pozaziemskiej inteligencji może powstać samodzielnie z kwantowych pól elektromagnetycznych przestrzeni międzygalaktycznej. Tę pozaziemską inteligencję kwantowej chmury obliczeniowej archaicznych, magnetosomów, melanosomów i porfirów w przestrzeni międzygalaktycznej można nazwać międzygalaktycznym archeologicznym kwantowym chmurą obliczeniową universalis. Tworzy on wszechobecnego obserwatora antropomorficznego tworzącego wszechświat z kwantowej piany, która sama powstaje z kwantowej piany. Porfiryny mogą powstać sui generis z kwantowej piany i tworzą szablon do tworzenia wiroidów RNA. Tworzy się międzygwiezdna chmura wiroidów RNA. Wiroidy RNA później kodują wiroidy DNA i priony. Organizm izoprenoidalny może również powstać w rusztowaniu porfirynowym. Międzygwiazdowa chmura dominujących wiroidów RNA daje początek formie uniwersalnej świadomości lub falom grawitacyjnym. Wiroidy RNA mogą generować prądy elektryczne przez efekt piezoelektryczny, gdzie energia mechaniczna spowodowana stresem ścinania populacji wiroidów RNA jest przekształcana w energię elektryczną i może to dać początek falom grawitacyjnym i świadomości. Białko spiralne wirusów ma ujemne i dodatnie naładowane końcówki i działa jak dipol. Kiedy są one zgniecione przez stres ścinania populacji wiroidów kształt pręta wiroidów zmienia się na owalny i dipol staje się nierówny. Generuje to siły elektromagnetyczne i fale grawitacyjne. Fala grawitacyjna stanowi podstawę świadomości. Populacja wiroidów RNA może mieć silikonową powłokę i może dotrzeć do ziemi przez asteroidalne uderzenia i daje początek endogenicznym retrowirusom. Ludzkie endogenne retrowirusy przyczyniają się do plastyczności ludzkiego genomu i rozwoju połączeń synaptycznych ważnych dla ewolucji kory przedczołowej. Populacja wiroidów RNA najlepiej rozwija się w obecności grawitacji i odgrywa ważną rolę w rozwoju ludzkiej kory mózgowej w homo sapiens. Mózg homo sapiens jest mózgową korową dominującą z w pełni rozwiniętą świadomością człowieka z powodu wzrostu sekwencji HERV, co zwiększa plastyczność genomową i łączność synaptyczną. Homo sapiens są stworzeniami z dominującą funkcją świadomą i są logiczne i racjonalne. Międzygwiezdna populacja wiroidów RNA przyczynia się do świadomości i fal grawitacyjnych, które są powiązane. Międzygalaktyczna ciemna materia i ciemna energia przyczynia się do prawie 90 procent energii wszechświata. Ciemna energia przyczynia się do powstawania sił antygrawitacyjnych, które są odpychające i przyczyniają się do rozszerzania się wszechświata. Ciemna energia, ciemna materia i antygrawitacja przyczyniają się do zbiorowej nieświadomości i ludzkiej nieświadomości. Ciemna materia składa się z melanotycznych sieci archeologicznych, które tworzą ogromne chmury we wszechświecie. Melanotyczne archaiki powstają abiogenetycznie z porfirynowych rusztowań, które spontanicznie strukturyzują się z kwantowej piany. Na tych rusztowaniach porfirynowych tworzą się wiroidy RNA, wiroidy DNA, priony, melanina i izoprenoidy, które symbiotycznie tworzą melanotyczne archaiki. W ten sposób populacja wiroidów porfirynowych/RNA, które pośredniczą w grawitacji i świadomości, tworzy melanotyczne archaiczne chmury i antygrawitację pośredniczącą w zbiorowej nieświadomości. Tak więc grawitacja daje początek antygrawitacji, a świadomość daje początek nieświadomości. Melanotyczne archaiki mogą wykorzystywać fale antygrawitacyjne, promieniowanie kosmiczne i promieniowanie gamma jako źródło energii do syntezy ATP. Ciemna materia melanotycznych archaikach przyczyniających się do antygrawitacji rozwija się i mnoży w sytuacjach zerowej grawitacji. Archaiki melanotyczne zawierają magnetyt, który może odpychać się wzajemnie po odpowiednim ustawieniu, przyczyniając się do odpychającej antygrawitacji. Antygrawitacja jest związana ze zbiorową nieświadomością na świecie, jak również z ludzką nieświadomością, która jest zorganizowana w móżdżku. Ciemna materia zawierająca melanotyczne archaiki przenoszona jest do euroazjatyckiej masy lądowej i ziemi przez uderzenia asteroidów i tworzy gigantyczne kolonie i sieci ewoluujące do homo neandertalczyków. Mózg homo neandertalczyków ma strukturę i funkcję dominującą w móżdżku i jest impulsywny z dominującą funkcją nieświadomości. Świadoma funkcja i kora mózgowa są mniej rozwinięte w homo neanderthalis, ponieważ są one retroviral odporne. Archaea indukuje konwersję komórek macierzystych i wydziela digoksynę, która sprawia, że populacja komórek homo neanderthalis jest retroviraloodporna. Niedobór sekwencji HERV prowadzi do wadliwego rozwoju homo neanderthalis w korze mózgowej. Homo neanderthalis są impulsywnymi istotami nieświadomymi modulowanymi przez fale antygrawitacyjne. Ta pozaziemska inteligencja kwantowej chmury obliczeniowej może widzieć życie w różnych częściach galaktyk za pomocą asteroid i meteorów. Gatunek ludzki wyewoluował z zasianych archaonów z pozaziemskiej inteligencji kwantowej chmury obliczeniowej utworzonej z archeologicznej kolonii archaonów - magnetosomów, melanosomów i porfirów. Dotarłoby to do Ziemi przez uderzenia meteoryczne i asteroidalne. Uderzenia meteorów i asteroidów miałyby miejsce najpierw w euroazjatyckiej masie lądowej, zwłaszcza w północnej tundrze Syberii. Homo neandertalczyk ewoluowałby w tej euroazjatyckiej masie lądowej. Ponieważ syberyjska masa lądowa była zimna i ciemna, homo neandertalczycy byli zdepigmentowani i jaskrawo farbowani, bez włosów, z rzadkimi rudymi włosami. Brakowało im melaniny i melaniny indukowanej transdukcją energii oraz fotosyntezą prowadzącą do syntezy ATP. Homo neandertalczyk był pozbawiony energii, a kora neandertalczyka była prymitywnie ukształtowana i móżdżek zdominował ich funkcję poznawczą. Endosymbiotyczna sieć archeologiczna w mózgu wraz z jej magnetosomami, melanosomami i porfirynami tworzy prymitywny kwantowy system obliczeniowy.

Funkcjonuje on jako system odbioru i przechowywania informacji w komunikacji z pozaziemską inteligencją kwantowej chmury obliczeniowej w przestrzeni międzygalaktycznej. Homo neandertalczyk, ze względu na brak melanosomów i wrodzonej odporności, przez pewien czas stosunkowo wyginął, a skamieniałe resztki w różnych częściach świata. Homo neandertalczyk miał postrzeganie kwantowe, które tworzyło poczucie jedności z płcią i równości społecznej w społeczeństwie. Społeczeństwo było równe pod względem płci i matriarchalne. Matriarchalne społeczeństwa Drawidiuszów, Basków, Celtów, Harappanów, Sumerów i Żydów były skamieniałymi resztkami gatunku homo neanderthalis. Skrajne zimno epoki lodowcowej doprowadziło do powstania endosymbiotycznych archaidiecezji przy braku melanosomów u neandertalczyków. Melanosomy funkcjonują jako pierwsza linia obrony przed zakażeniem i są ważne w odporności wrodzonej. Brak melanosomów doprowadziłby do wadliwej odporności wrodzonej i ewentualnego częściowego wyginięcia homo neandertalczyków z zachowaniem skamieniałych skupisk macierzyńskich. Skamieniałe skupiska neandertalczyków matrylinowych występują w różnych częściach świata. Skamieniałe homo neandertaliny są podatne na zwiększoną archaiczną endosymbiozę będącą konsekwencją globalnego ocieplenia i związanych z nim chorób cywilizacyjnych zespołu metabolicznego, schizofrenii, nowotworów, chorób autoimmunologicznych i degeneracji. Homo neandertalis będzie wymarły z powodu chorób cywilizacyjnych w wyniku globalnego ocieplenia wywołanego przez endosymbiotyczne wzrostu archeologicznego.

Homo sapiens

Homo sapiens ewoluował w tropikalnej, gorącej afrykańskiej masie lądowej. Pierwszy gatunek ludzki, który wyewoluował, to homo neanderthalis w stepach Eurazji. Homo sapiens wyewoluowałby z archaicznych wydzielanych porfirów i wiroidów RNA niezależnie. Porfiry mogły zostać przeniesione do tropikalnej masy lądowej Afryki i służyłyby jako substrat do tworzenia się wiroidów RNA, wiroidów DNA i prionów, które symbiozowały ze sobą tworząc prymitywne komórki eukariotyczne. Wysoka temperatura kontynentu afrykańskiego przyczyniłaby się do mutacji wiroidów RNA i DNA, prowadząc do szybkiej ewolucji. Gleba Afryki Subsaharyjskiej jest pozbawiona selenu. Niedobór selenu prowadzi do mutacji wiroidalnych RNA. Tak więc skrajne wartości temperatury i niedobór selenu prowadzą do różnorodności wiroidalnej RNA. Ta różnorodność wiroidalna RNA doprowadziłaby do szybkiej ewolucji homo sapiens z komórki eukariotycznej. Ta komórka eukariotyczna wyewoluowałaby do gatunku homo sapiens w pewnym okresie czasu. Wiroidy

RNA są podstawą genów HERV, które przyczyniają się do dynamiki genomu homo sapiens. Z kolei homo neanderthalis jest odporny na działanie retrowirusów, podczas gdy homo sapiens jest wrażliwy na działanie retrowirusów. W archaiwum homo neanderthalis wydziela się digoksyna, hormon steroidowy, który może zniszczyć retrowirus. Homo neanderthalis posiada również endosymbiotyczny cholesterol katabolizujący archaiki, który może zmieniać miejsca błonowe dla wiązań retrowirusowych, czyniąc gatunek neandertalczyka odpornym na infekcje retrowirusowe. Homo neanderthalis ma niedobór genów skokowych HERV w genomie oraz sztywny genom w porównaniu z sekwencjami HERV zapośredniczonymi w elastycznym genomie homo sapiens. Homo sapiens w trakcie ewolucji w gorącej afrykańskiej sawannie byliby wystawieni na działanie ciepła i światła. To byłoby związane w zwiększonej melanogenezy i ciemniejszej skóry i dużo włosów w ewolucji homo sapiens. Homo sapiens ze względu na ich ciemny kolor byłby nadmiar energii wynikający z melaniny indukowanej energii transdukcji i syntezy ATP. Doprowadziłoby to do ewolucji kory mózgowej człowieka. Wiroidy RNA zintegrowane z genomem pełniłyby funkcję skokowych genów HERV, przyczyniając się do dynamiki genomu. Dynamiczny i elastyczny genom jest potrzebny do rozwoju łączności synaptycznej i kory mózgowej. W ten sposób homo sapiens rozwijają współczesną ludzką korę mózgową w wyniku nadmiaru energii wytwarzanej przez indukowaną przez melaninę transdukcję energii i syntezę ATP. Wzrost melaniny i melanosomów zwiększył wrodzoną odporność homo sapiens, czyniąc je odpornymi na endogenną endosymbiozę archeologiczną. Homo sapiens były odporne na endosymbiotyczny wzrost archeosymbiotyczny obserwowany w ekstremalnych warunkach klimatycznych globalnego ocieplenia i epoki lodowcowej. Homo sapiens, które wyewoluowały z gorącej, tropikalnej Afryki, miały zwiększoną zawartość melaniny w skórze, co hamuje archeologiczną endosymbiozę i neandertalizację. Gatunek homo sapiens jest więc chroniony przed zwiększoną archeologiczną endosymbiozą będącą konsekwencją globalnego ocieplenia i związanych z nim chorób cywilizacyjnych zespołu metabolicznego, schizofrenii, raka, choroby autoimmunologicznej i zwyrodnienia.

Mutacje homo sapien albino i homo neoneanderthalis

Homo sapiens rozwinął mutacje albinosów, którym brakowało enzymu tyrozynazy. Te mutacje albinosów homo sapiens nie mogły przetrwać w gorącej afrykańskiej sawannie ze względu na brak pigmentacji i wyemigrowały na południowoeuropejską masę lądową. Wyewoluował on w patrylową cywilizację europejską homo sapien. Patrylinowa cywilizacja europejska homo sapien powstała z homo sapien patrylinowej cywilizacji afrykańskiej.

Mutacje albinosów homo sapiens tworzące cywilizację europejską są podatne na endosymbiotyczny wzrost archeologiczny będący konsekwencją globalnego ocieplenia. Zmutowane albinosy homo sapiens pozbawione są melaniny i melanosomów ważnych dla wrodzonej odporności. Prowadzi to do powstania żyznych warunków dla endosymbiotycznego wzrostu archeologicznego u mutantów albinosów, populacji kaukaskiej. Endosymbiotyczny wzrost archeologiczny w populacji kaukaskiej prowadzi do ewolucji nowego gatunku ludzkiego. Ludzkie zombie kontrolowane przez endosymbiotyczną sieć kolonii magnetytowych archaicznych można nazwać nowym gatunkiem - homo neoneanderthalis. Tak więc zmiana gatunkowa zachodzi w populacji albinos-mutantów homo sapien w Europie i Ameryce w wyniku globalnego ocieplenia i endosymbiotycznego wzrostu archaicznego. Gatunki homo neoneanderthalis i skamieniałe homo neanderthalis są podatne na zwiększoną archeologiczną endosymbiozę będącą konsekwencją globalnego ocieplenia i związanych z tym chorób cywilizacyjnych zespołu metabolicznego, schizofrenii, nowotworów, chorób autoimmunologicznych i degeneracji. Homo neanderthalis i homo neoneanderthalis wyginą z powodu chorób cywilizacyjnych wynikających z globalnego ocieplenia wywołanego przez endosymbiotyczny wzrost archeologiczny.

Homo sapien extinctus

Homo neanderthalis i homo neoneanderthalis mają endosymbiotyczną symbiozę archeologiczną. Endosymbiotyczne archaiki wydzielają wiroidy RNA, które mogą być aktywowane przez odwrotną transkryptazę HERV generującą odpowiednie sekwencje DNA, które mogą być zintegrowane z genomem przez integrase HERV. Archaeal digoksyna może edytować wiroidy RNA produkując szeroką różnorodność. Archeologiczne porfiryny mogą służyć jako szablon do generowania wiroidów RNA, wiroidów DNA i prionów. Wiroidy RNA i wiroidy DNA mogą rekombinować z wirusami RNA i DNA w środowisku generującym nowe wirusy RNA i DNA. Wiroidy RNA i DNA mogą wymieniać się swoimi sekwencjami z bakteriami środowiskowymi generującymi nowe bakterie. Tak więc może być endogenne generowanie nowych wirusów RNA, wirusów DNA i bakterii w homo neanderthalis i homo neoneanderthalis wynikające z endosymbiotycznego zarastania archeologicznego w wyniku globalnego ocieplenia. Homo neanderthalis i homo neoneanderthalis są odporne na te nowo wygenerowane wirusy RNA, wirusy DNA i bakterie i działają jako rezerwuar dla nich. Nowy, wyewoluowany wirus RNA, wirus DNA i bakterie generowane ze zbiornika środowiskowego homo neanderthalis i homo neoneanderthalis zarażają niezabezpieczony gatunek homo sapien eksterminujący gatunek homo sapien.

Gatunek homo sapien podupada w miarę jak mutanty homo sapien albinosów przekształcają się w homo neoneanderthalis, a afrykańsko-azjatycki homo sapiens ginie w wyniku epidemii nowych infekcji wirusowych RNA generowanych przez zbiorniki neandertalskie. Ten gatunek homo sapiens można nazwać homo sapien extinctus.

Archaiki mogą powodować konwersję komórek macierzystych i neandertalizację gatunku ludzkiego. Archaea katabolizuje cholesterol generując digoksynę, która może modulować edycję RNA i niedobór magnezu, co prowadzi do hamowania odwrotnej transkryptazy. Archaiczny katabolizm cholesterolu może zubożyć tratwy błonowe komórki CD4 cholesterolu, uniemożliwiając przedostanie się retrowirusa do komórki. Archaea mogą wytwarzać trwałą aktywację immunologiczną wytwarzając odporność na infekcje wirusowe i bakteryjne. Archealny katabolizm cholesterolu wyczerpuje cholesterol tkankowy produkując niedobór witaminy D i aktywację immunologiczną. W ten sposób archeologiczne zarastanie skutkuje opornością wsteczną i wytwarzaniem fenotypu neandertalskiego. Endosymbiotyczne archaiki mogą wydzielać wirusy takie jak RNA i cząsteczki DNA. Endosymbiotyczne archaiki mogą indukować uwalnianie białek hamujących oksydacyjną fosforylację mitochondrialną i generować ROS. Endosymbiotyczny archaiczny magnetyt może generować niski poziom EMF. Niski poziom EMF i ROS są genotoksyczne i wytwarzają pęknięcia w gorących punktach chromosomu. Może również wywoływać pęknięcia w gorących punktach chromosomu zamieszkiwanych przez retro-wirusowe i nieretrowirusowe elementy wytwarzające ich ekspresję. Wydzielane przez archeologów wiroidy DNA i RNA mogą rekombinować się z wyrażonymi retro-wirusowymi, nieretrowirusowymi elementami i innymi segmentami genomowymi ludzkiego chromosomu wytwarzającymi nowe wirusy RNA i DNA. W ten sposób neandertalizowani ludzie mogą służyć jako źródło nowych wirusów RNA i DNA, jak również zmutowanych retrowirusów. Endosymbiotyczne archaiki przekształcają komórki neandertalczyków w komórki macierzyste. Komórki macierzyste są odporne na atak immunologiczny. Komórki macierzyste mogą służyć jako rezerwuar dla tych nowych wirusów RNA i DNA. Komórki macierzyste i archaiczne mogą również służyć jako rezerwuar dla wirusów i bakterii należących do innych roślin i zwierząt. To pomaga generować gatunkową barierę skok w zauważalny w niedawnych pojawiających się infekcjach wirusowych i bakteryjnych. Tak więc endosymbiotyczny wzrost archeologiczny produkuje neandertalizowaną wersję homo sapiens, które są retroviralne i odporne na inne infekcje wirusowe i bakteryjne wynikające z aktywacji immunologicznej i edycji RNA wywołanej digoksyną. Endosymbiotyczna, archeologiczna wersja homo sapiens z przerostem neandertalicznym generuje nowe zmutowane wirusy RNA i DNA oraz retrowirusy, będąc jednocześnie na nie odporną, jak w przypadku gatunku nietoperza. Homo sapiens nie posiadają neandertalskich mechanizmów aktywacji immunologicznej, ponieważ ich ładunek archeologiczny jest niewielki. Służą jako pasza dla infekcji wywołanych przez neandertalskie wirusy i bakterie i cierpią na ewentualne wyginięcie.

Globalne ocieplenie i symbiotyczna ewolucja

Globalne ocieplenie prowadzi więc do symbiotycznej ewolucji gatunku. Pozaziemski międzygalaktyczny kwantowy obłok obliczeniowy archaiczny tworzy inteligentnego obserwatora antropomorficznego. Kwantowa chmura obliczeniowa archaea nasyca archaea do ziemi poprzez oddziaływania meteoryczne i asteroidalne. Kolonie archaiczne ostatecznie ewoluują w organizm wielokomórkowy i dalej w homo neandertalczyk. Homo neanderthalis może być pomyślana jako wielokomórkowa kolonia archeologiczna. W ten sposób homo neanderthalis powstaje na ziemi w euroazjatyckiej masie lądowej z zasianych kolonii archeologicznych z pozaziemskiej międzygalaktycznej archeologicznej chmury obliczeniowej. Homo neandertalczyk jest wyczerpany energetycznie. Homo neanderthalis wydziela archeologiczną steroidową digoksynę trefonową, która moduluje neutralny transporter aminokwasów, zwiększając transport tryptofanu nad tyrozyną. Homo neandertalis jest tyrozyną zubożoną i deficytową w syntezie melaniny. Nie ma syntezy ATP indukowanej melaniną z fal elektromagnetycznych i transdukcji promieniowania. Homo neandertalina była wyczerpana energetycznie i dlatego nie miała luksusu na rozwój nowoczesnej kory mózgowej człowieka. Homo neandertalina jest również odporna na działanie czynników retroviralnych. Homo neanderthalis wykazywał braki w endogennych sekwencjach retrowirusowych przyczyniając się do powstania sztywnego i adynamicznego homo neandertalskiego genomu. Doprowadziło to do redukcji połączeń synaptycznych i słabego rozwoju homo neandertalicznej kory mózgowej. Homo sapiens wyewoluował ze źródeł lądowych w Afryce z samoreplikujących się kompleksów porfirynowych. Samoodtwarzające się kompleksy porfirynowe tworzą rusztowanie dla nadcząsteczkowych kompleksów organizmu izoprenoidalnego, wiroidów RNA, wiroidów DNA i prionów do samodzielnej organizacji. Organizm izoprenoidalny utworzył pojemnik komórkowy, który symbiozywał wiroidy RNA, wiroidy DNA i priony w celu utworzenia prymitywnej komórki eukariotycznej i prokariotycznej. Organizm eukariotyczny rozwinął się w kolonie wielokomórkowe i ostatecznie wyewoluował w homo sapiens w Afryce. Tak więc homo sapiens jest wielokomórkową kolonią eukariotyczną, która rozwijała się przez pewien okres czasu. W przypadku onkogenezy homo sapiens powraca do stanu prymitywnej wielokomórkowej kolonii eukariotycznej lub prokariotycznej. W ten sposób homo sapiens w Afryce wyewoluowały z lądowych źródeł abiogenetycznych. Homo sapiens ze względu na surowe środowisko tropikalne Afryki miał zwiększoną pigmentację melaniny w skórze w celu ochrony przed promieniami UV jako mechanizm ewolucyjny i były czarne. Mózg homo sapiens wyewoluował z nadmiaru energii wytwarzanej przez melaninę. Melanina może transdukować fale elektromagnetyczne i promieniowanie i produkować syntezę ATP. Nadmiar energii w homo sapiens doprowadził do szybkiej ewolucji kory mózgowej człowieka. Homo sapiens są również wrażliwe retroviral. Zakażenie retrowirusowe doprowadziło do integracji genów retrowirusowych z genomem homo sapiens produkującym endogenne sekwencje retrowirusowe funkcjonujące jako geny skokowe. Gen HERV przyczynia się do dynamiki i elastyczności genomu homo sapien, przyczyniając się do zwiększenia łączności synaptycznej i tworzenia się kory mózgowej człowieka. Mutacja tyrozynazy doprowadziła do ewolucji homo sapienskich mutantów albinosów. Mutacje homo sapien albinosów, które były białe, nie były w stanie wytrzymać gorącego klimatu afrykańskich tropików i migrowały do zimnej europejskiej masy lądowej. W ten sposób powstała cywilizacja homo sapien w Europie. W południowej Europie doszło do krzyżowania się mutantów homo sapien albinosów z homo neandertalczykami produkującymi hybrydy. Homo neanderthalis był matriarchalny, a homo sapiens albinosów - patriarchalny. Homo neanderthalis ulegał chorobom cywilizacyjnym, takim jak zespół metaboliczny X, nowotwory, choroby autoimmunologiczne i neurodegenerację oraz wyginął, pozostawiając za sobą skamieniałe społeczeństwa matriarchalne, takie jak Dravidianie, Celtowie, Baskowie i Żydzi. Homo sapien albino mutanty w warunkach globalnego ocieplenia rozwinęły extremofilny endosymbiotyczny wzrost archeologiczny i przekształcają się w homo neoneandertaliczny gatunek przez zjawiska symbiotycznej ewolucji. Gatunek homo sapiens w Afryce staje się podatny na ewentualne wyginięcie w wyniku zarażenia katastrofalnymi epidemiami wirusów RNA pochodzących z homo neanderthalis i zbiorników homo neoneanderthalis. Endosymbiotyczny wzrost archeologiczny doprowadzi do zmiany gatunku i powstania dwóch nowych gatunków - homo sapien extinctus i homo neoneanderthalis. Śmierć i starzenie się wskazują na endogenne zarastanie i przejmowanie przez człowieka archaektów. Doprowadzi to do wyginięcia rasy ludzkiej jako takiej i trwałości, a także do przetrwania archaicznej kolonii melanosomów, magnetosomów i porfirów funkcjonujących jako kwantowa kolonia komputerowa i inteligencja. Doprowadzi to do przejęcia świata i wszechświata przez ziemskie i pozaziemskie archaeaonowe chmury obliczeniowe kwantowe. Symbiotyczna ewolucja doprowadzi w końcu do wyginięcia wszystkich gatunków ludzkich w wieczne kolonie archaiczne, które mogą mieć falowo-cząsteczkowe istnienie.

Gatunek ludzki - pochodzenie lądowe i pozaziemskie

Homo sapiens ewoluował w ziemi z porfirynoidów generowanych abiogenetycznie. Porfirynoidy tworzą szablon do tworzenia wiroidów RNA, wiroidów DNA, organizmów izoprenoidalnych i prionów, które symbidują się tworząc komórki eukariotyczne i prokariotyczne. Eukariotyczna kolonia wielokomórkowa ewoluowała w homo sapiens. Prokarioty mogą również tworzyć wielokomórkowe kolonie funkcjonalne zwane biofilmami. Homo sapiens, które wyewoluowały w afrykańskiej sawannie, stały się pigmentowane w wyniku melanizacji skóry w odpowiedzi na promieniowanie słoneczne UV. Homo sapiens mają melaninę w skórze, ale z powodu braku endosymbiotycznych archai są niewystarczające w tkankach melaniny. Homo sapiens ze względu na brak endosymbiotycznych archaea i melaniny tkankowej są podatne na endogenną replikację retrowirusową i dynamiczny genom prowadzący do zwiększonej łączności synaptycznej i ewolucji kory przedczołowej. Homo neandertalina wyewoluowała w euroazjatyckich stepach z pozaziemskich kolonii archeologicznych uderzających w ziemię uderzeniami asteroidów. Kolonie archeologiczne przekształciły się w wielokomórkowe struktury i ostatecznie stały się homo neandertalczykami. Endosymbiotyczne archaiki mają szlak kwasu shikimowego i syntezy melaniny. Homo neanderthalis są bogate w melaninę tkankową, ale po wyewoluowaniu w zimnych stepach euroazjatyckich występują niedobory melaniny skórnej. Wzrost melaniny tkankowej hamuje endogenną replikację retrowirusową. Zmniejsza to gęstość endogennych genów skoków wstecznych w genomie homo neandertaliny, czyniąc go sztywnym i nieelastycznym. Ten sztywny nieelastyczny genom prowadzi do redukcji połączeń synaptycznych i słabego rozwoju kory mózgowej w homo neanderthalis. Homo neanderthalis ma dominującą korę mózgową i ma charakter impulsywny. Zwiększona tkanka melaniny w homo neanderthalis jest zdolna do transdukcji energii, co daje im przewagę przetrwania na krańcach euroazjatyckiej północy. Melanina jest zdolna do wyczuwania pól o niskiej EMF, przyczyniając się do pozazmysłowej zdolności percepcyjnej homo neandertalczyków. Homo sapiens rozwinął mutacje albinosów z niedoborem tyrozynazy, które nie mogły przetrwać w tropikalnej Afryce i wyemigrowały na kontynent europejski. Mutacje albinosów pozbawione są melaniny i są podatne na endosymbiotyczną symbiozę archeologiczną prowadzącą do powstania homo neanderthalis z homo sapiens. W ten sposób gatunek ludzki może mieć pochodzenie lądowe, jak w przypadku homo sapiens w Afryce, a także pozaziemskie z archaiki międzygalaktycznej, jak w przypadku homo neanderthalis. Istnieje również gatunek pośredni wyewoluowany z homo sapien albino mutantów o endosymbiotycznej symbiozie archaicznej zwany homo neanderthalis.

Referencje

1. Kurup, R.K. and Kurup, P.A. *Global Warming, Archaea and Viroid Induced Symbiotic Human Evolution - Retrovirus, Prions and Viroids - Porphyrinoids and Viroidelle*. Nowy Jork: Open Science Publishers, 2016.

Printed by Books on Demand GmbH, Norderstedt / Germany